U0856887

黑龙江大学马克思主义理论研究丛书　第二辑

人格境界论

孙慧玲◆著

On the realm of personality

黑龙江大学出版社
HEILONGJIANG UNIVERSITY PRESS

图书在版编目（CIP）数据

人格境界论 / 孙慧玲著. -- 哈尔滨 : 黑龙江大学出版社, 2015.3（2021.7 重印）
（黑龙江大学马克思主义理论研究丛书. 第 2 辑）
ISBN 978-7-81129-841-3

Ⅰ. ①人… Ⅱ. ①孙… Ⅲ. ①人格—研究 Ⅳ. ① B825

中国版本图书馆 CIP 数据核字（2014）第 271283 号

人格境界论
RENGE JINGJIE LUN
孙慧玲　著

责任编辑　魏翕然　杨琳琳
出版发行　黑龙江大学出版社
地　　址　哈尔滨市南岗区学府三道街 36 号
印　　刷　三河市春园印刷有限公司
开　　本　720 毫米 ×1000 毫米　1/16
印　　张　23.25
字　　数　280 千
版　　次　2015 年 3 月第 1 版
印　　次　2021 年 7 月第 2 次印刷
书　　号　ISBN 978-7-81129-841-3
定　　价　65.00 元

目　录

第二编　道德人格之境界

第三编　审美人格之境界

绪论　人格与人格境界

古希腊哲人苏格拉底提出了一个最著名的命题——“认识你自己”,他的后继者柏拉图进一步发挥道:“我们知道许多外部世界的知识,但我们却很难认识自己。”于是千百年来,几乎所有的思想家都在探究人类自身,企图认识自我。当人类的理性廓清了不知多少的迷误,终于认识到自己是人,在高举起大写的“人”的理性旗帜时,“斯芬克司之谜”①仿佛被破译了。然而,人类的理性马上便又发觉,“斯芬克司之谜”并未真正破译,而是在跨过了俄狄浦斯式的悲剧之后以另一种形式提出这个谜。于是,“人是什么”便又重新困惑着人类。

作为对“人是什么”之谜的分解,“人格是什么”的问题正是由此而显示了它永恒的理论魅力。

一、人格与人格要素

“人格是什么?”这是个看似简单,其实却极为复杂的问题。人格,这是一个在许多学科以及日常生活中被广泛使用的概念。然而,正如黑格尔所说的:熟知并非真知。人类创造庞大的文化宝库和思想体系,试图以此来解释人类自身。于是我们发现,哲学、心理学、社会学、

① “斯芬克司”是古希腊神话人物,常出谜给过往行人,不能解者则为之而丧生。后来这个谜底被俄狄浦斯解出,谜底是:人。

伦理学、美学、法学、医学、教育学、民俗学等众多的学科,都在解释和界说“人格是什么”的问题。据有关学者统计,目前理论界关于“人格”就有一百多个定义。①

(一)人格的定义

由于不同的学科和研究者有各自不同的研究参照系,因此,可以认为,几乎每一个关于人格的定义均具有不充分性,都只是对人格的片面界定。在这些关于人格的定义中,人们比较多地是从心理学上解释的。譬如,关于“人格”,《辞海》增补本给出了这样的解释:心理学上有两种不同的含义:(1)人格是个人所独有的,并且不同于他人的心理特征的总和,即“个性”;(2)人格是个人之不同于任何的其他动物的心理特征的总和,即只是人所具有的共同心理特征。现代心理学表明:人的机体是由一些特殊的结构(其中包括人的自然环境、社会环境以及一些组织结构等)所构成的整体,因而,人格也就是个人作为一个有机结构,同他的环境特别是他的社会环境之间的各种关系的反映的总和。在伦理学上,人格则是指个人的道德品质。在法律上,人格主要是指人能够作为权利义务主体的某种资格。

显然,这几种解释都很难令人十分满意。因为我们发现,不管是在实际日常生活中,还是在理论的意义上,对“人格”的解释远较上述这些解释丰富。而且,在我们的理解看来,人格首先应该从哲学上给予定义,因为它关系到人的最基本的生活意义,它也是个人对自身价值和他人价值的基本看法,以及它所包含的对自身特有的性格、气质和生活方式的充分肯定。

与“人格”这个中文词语相对应的英文是 personality,而对 personality 的最简明的注释是“state of being a person”或“existence as an

① 曲炜:《人格之谜》,中国人民大学出版社 1991 年版,第 3 页。

individuality”。前者是指人的某种存在状态;后者则是指人的个性存在。这样的注解尽管是非常抽象的,但它至少说明了以下三层意思:其一,personality 是就人而非就物所说的,这是讨论人格概念的前提;其二,它强调的是个体相对独立的存在、状态和个性,因此,人格有时被强调为个性的代名词;其三,在这种存在、状态和个性之中,人格是一种整合的意思,即不是仅仅强调个体的某一孤立的方面和特征。从词源上考察,人格一词源于晚期拉丁文的 persona,意即面具。所谓面具,是在演戏时应剧情的需要,不同角色所妆戴的特殊的脸谱。在中古英语中,person 演化为 personalite,直至现代英语中,才出现了 personality,即人格。

在这个概念的演化过程中,我们可以受到一种启示,可以更加深入地了解,为什么在现代英语中要把 personality 注解为人的存在状态。把这种高度抽象的概念展开来,结合它的词源来考察,我们可以知道,personality 所讲的那种存在状态,实际上是讲一个人是怎样以自己的内心活动和外部言行来表现自己的存在。这个存在当然主要是指人的性格和个性的存在,所以在西语中,“人格”一词又可用 character 来表示。character 的词义很丰富,而其基本意义是“性格”。性格明显地指向个体独有的特色,即通常说的“个性”。“个性”,虽然也有好有坏,但一般说来,它多半与先天气质相关。但我们通常谈的“人格”则绝不仅仅只是先天气质,它更大程度上是后天修炼的产物。美国国立人格实验室(The National Character Laboratory)将人格定义为一个包含有七种特质的组合,即道德稳定性、自我力量、超我力量、生活目的、自觉性、友谊以及无敌视与欺诈等。① 这个定义虽然比较全面地概括了人格的基本内涵,但也并不是完美的,因为这七种特质相互之间有很

① John M · 怀特利:《大学生人格发展》,浙江大学出版社 1993 年版,第 23 页。

大的重合性,况且人格特质似乎也不止这七种。从这个意义上说,在人格研究中,缺乏科学的抽象与概括地单纯枚举是永远无法穷尽事物现象,也无法准确地揭示出事物的性质与其发展规律的。

基于此,我们认为,若要比较准确地揭示出“人格”的本质性含义,还需要对这一概念做更为深入的理论辨析。显然,人格与人性、人品等概念非常近似,但其中也有重要区别。人格无疑是建立在对人性的准确理解的基础之上的,但人格绝不等同于人性,因为人性是指人所具有的类的普遍性,它的对立面是兽性。而人格显然是属于个体或群体的特殊的人性,是这个人与那个人或这群人与那群人显著的精神和境界的区别。人品主要是指人作为人体现出来的品质,更多地属于道德范畴。与人格相比,人品的内涵要更宽泛,而人格无疑包括人品,但又不只是指人品。

也许过多地讨论不同的人格定义,只会使问题变得更加复杂,因此,我们根据理论界已有的研究成果可以对人格做一种哲学认识论的界说。从这样的研究视角来看,我们认为,人格一般地说是对单个人的精神和境界的质量层级的定位。这里说的“质量”,就是“价值”。人格作为价值,是指人对自身存在的地位、作用、意义和价值等的认识与评估。因此,尽管“人格”也用来对他人进行评判,但在更多情况下,它体现为评判者对自身价值的认识与评估。因此,人们总是对自身人格的修养、对自我人格的尊重十分看重。可以说,人格就是人的一种可贵的自我意识,以及依据这种自我意识而活动的存在状态。

自我意识属于人类意识的高级形态,它的本质特点就是个人对个体自身存在意义的清醒自觉,它是个人用以将个体自我与他人区别开来的主要标志。不过,自我意识又不是对个体自我的孤立的认识,因为个体的价值是在与他人的复杂关系中体现出来的,离开这种关系,个体自我就谈不上具有什么意义,个人自我的价值也无从谈起。关于这一点,黑格尔深刻地指出,“自我意识只有在一个别的自我意识里才获得它的满足”[①]。自我意识在与其对象的互动中才得以呈现,因此“这里的问题是一个自我意识的自我意识。这样一来,它才是真实的自我意识;因为在这里自我意识才第一次成为它自己和它的对方的统一”[②]。

因此,在现实生活中,每个人都十分看重自己的人格,有些人甚至将自我人格看得比生命还重要。儒家历来强调主体人格的不可屈辱性,即孔孟所谓的“士不可不弘毅”、“士可杀而不可辱”、“杀身成仁,舍生取义”等等。这都充分证明了,人格是在相当自觉的自我意识指引下的一种生存状态。

(二)人格的基本要素

正如人格的定义异义纷生一样,相应的关于人格基本要素的理解也存在诸多不同的看法,其中比较流行的一种看法是认为人格有五个基本要素:生理要素、心理要素、社会要素、道德要素以及审美要素。[③]这个概括当然是全面的,但是我们认为,倘若我们把人格理解成人的一种自我意识以及这种自我意识指引下的生存状态,那么,由于这种自我意识和生存状态主要是指人的社会性的规定,生理要素和心理要素也许只构成人格的自然前提,而不再是人格本身的基本内涵。因此,我们认为,人格的基本要素主要包括社会要素、道德要素和审美要素。对这些基本要素在人格中的意义我们可做如下的基本分析。

其一,人格的社会要素。人格的社会要素在人格的自我意识中表现为对人的社会本性的认知和实践。这是人格得以确立和发展的必要条件。在历史唯物主义看来,人从本质上讲是一种社会性的存在

---

① 黑格尔:《精神现象学》上卷,商务印书馆 1983 年版,第 121 页。

② 黑格尔:《精神现象学》上卷,商务印书馆 1983 年版,第 122 页。

③ 曲炜:《人格之谜》,中国人民大学出版社 1991 年版,第 28 页。

物,因此,人格的社会要素就意味着在自我意识中形成这一社会认知。也正是从这一意义上我们强调,人格的形成受社会大文化环境的制约和影响。社会的形态、结构、经济、政治、科技、教育、习俗等因素,通过家庭、学校、舆论等多种渠道持续地、“无意识”地渗入个体的身心,从而形成个体人格中的“社会基因”的积淀。这种积淀达到一定程度,便可形成个体的某种较为稳定的社会价值取向。这亦即是说,人格一方面具有生物学意义上的遗传性;另一方面又有所谓的“社会遗传”,每一个时代的个体人格中,必然融注进社会的内容,而不可能超越那个时代的现实规定性。

人格的形成和发展,除了在社会大文化氛围中,通过人与人的“无意识”交往而获得外,更重要的途径还在于,通过人与人的有意识交往而强化。因此,家庭、学校的教育,除了具有“无意识”的影响功能外,还具有明显的主体对于客体的作用。人具有主观能动性。人不仅是一个被动的受教育者,同时还是一个主动的交往者,无论在生产劳动中,还是在生活的其他领域中,人都具有交往的主体意识,即主动地汲取知识,获取能力,学会生存,发展自身。因此,在一定意义上讲,社会,即是具有主体性的人的相互作用的社会;人格,即是社会中人与人相互交往的产物。

因此,社会大文化与个体人格之间的融通和转化,从个体人格角度看,也是人的社会化的过程。我们发现,在以往的理论思维和实践过程中,我们往往将个性与社会性对立起来,一强调个性,似乎便抹杀了社会性;而一强调社会性,又不顾及个性的发展,要求一切社会个体都是千人一面似的整齐划一,如同一个型号的铸件那般相同。这种形而上学的两极化的思维方式的呆板就在于,没有看到这样一个合事实的逻辑或合逻辑的事实,即:个体人格的社会化程度越高,其人格特征必亦越鲜明。这亦即是说,一个个性化程度很高的人格主体,其社会化程度必定是很高的。他必然对于他人和社会有着很强的认同感，而这种认同感又是在自我人格的个性相当丰富和独立的基础上的认同。一个没有经过社会化过程熏陶的个体，只是一个浑浑噩噩的生物，分不清自我与他人的区别和联系，从而也就谈不上所谓人格。

所以，个性化程度越高的个体，其人格结构中沉淀的社会内容就越丰厚，他的社会调适的可能性就越大，而他与社会的差距也就会越小。没有达到社会化的人，就很难有真实的人格；反过来说，一个有人格的人，必定是社会化和个性化相统一的人。因此，我们认为，社会要素是人格的最重要因素之一。

其二，人格的道德要素。个体人格同时也是程度不同的道德自律主体，对于正常人来讲尤其如此。以一定的身心统一方式在一定社会中活动着的个体，时刻面对与其他个体、群体以至社会的矛盾，总要不同程度地把社会和他人的要求转化为内心的道德自律。这种道德自律，也可以称作个体人格系统中的良心。一方面，个体人格的道德自律是社会道德系统的要求向个体的内化过程，表现为个体调整自己的行为方式，按照社会的习俗、风尚来保持某种合规范的状态；另一方面，个体人格的道德自律又是个体实现自身的潜能与价值，按照一定的方式积极进取和改变社会的过程。它表现为，个体人格按照一定的道德价值目标指向，积极地投身于社会的道德实践，以清醒的道德主体的意识，为道德的进步和发展做出自身的努力。因而，扬善抑恶，以巨大的社会责任感去维护某种道德理想和道德原则，这原本就是健全的道德人格的鲜明标志。

人格的道德要素通常也称品德。品德作为人格道德要素的主体部分，其最有光彩的体现便是气节。人们常说，人是要有“那么一股劲儿”，即人要有点精神，而这“精神”主要是指气节。所以，中国传统儒家思想最为推崇气节，孔子说：“三军可夺帅也，匹夫不可夺志也。”[①]孟子则推崇“富贵不能淫，贫贱不能移，威武不能屈。此之谓大丈夫”[②]的人格气度。“气节”当然可以表现在许多方面，但最重要的则是表现在对待国家和民族利益的态度上，尤其是在国家和民族利益遭受严重威胁，或者国家利益、民族利益与个人利益发生严重冲突时。中国历史上那些具有崇高气节的伟大人格从来都是不胜枚举的。这些伟大人格的崇高之处就在于，他们在个体人格与国家和民族利益发生矛盾和冲突时能以国家民族大义为重。

由此可见，脱离了道德实践，不按一定的道德规范和道德原则行事，人就很难在社会上生存，或者说没有品德的人也就是没有人格的人。因为，道德原本就是人们生存发展的内在要求。人格的道德要素，从本质上讲是一个完整人格的重要组成部分。

其三，人格的审美要素。人格的基本要素除了社会要素、道德要素外，还有一个重要的组成部分，那就是审美要素。审美通常被习惯地等同于“艺术修养”，其实它的含义远比艺术修养丰富，因为个体人格本身也是具有审美价值的主体。所以，审美是人的类本质中的一种固有的需要和本性。人们在生产实践中，不仅发现了客观对象对人的实用性价值，还发现了客体与主体在情感上的某种联系，发现了客体对象能够激起人的优美或崇高的情感体验。这是具有完整意义上的人格的人所独有的能力。马克思称这种能力是人的类本能。

所以，一个完整的个体人格，或美或丑，可以通过其身心统一结构的状态、社会化程度、道德自律情形等要素的整合来表现。还可以通过上面这些要素的对象化产物，即个体性主体以其独特的对于美的理

① 朱熹：《四书集注》，岳麓书社1987年版，第156页。

② 朱熹：《四书集注》，岳麓书社1987年版，第381页。

解、感受与情感而创造的美的产品来表现。作为一种存在的状态，一个完整的人格时刻在周围的环境输出着关于自身的美的或丑的信息，从而也就成为他人评价其美或丑的价值的对象。我们可以这样认为，个体人格的形成过程，也是个体展示自身的美的或丑的价值的过程，因而从这个意义上，人们可以说某个体是美好的人格或丑陋的人格。

在一定程度上，我们甚至可以认为，美的人格，也是美的人生。个体人格以其整个状态（包括他的全部空间与时间）来表现一种存在。从人格发展的最高状态上看，或从理想化的描述上看，人格应当是完美的、无瑕的。因此，美的人格在这里就包容了人生的所有美好的方面，并成为人们人格发展的极致目标。在研究中，我们可以把美的人格作为一个要素单独地抽出来，加以具体的描述，但在哲学认识论的意义上考察，美是人的存在和追求的最高境界。所以，人格的审美化在内容上可以包含个体生理的、心理的、社会的、道德的诸多因素；在层次上可以认为它是诸要素中居于最高层次的要素。

我们认为，在人格的三个基本要素中，社会要素是人格的基础，道德要素是人格的内核，而审美要素则是人格之社会要素、道德要素的升华，属于人格要素的最高层次，是人格要素在理论和实践上的最终指向。

二、人格的三重境界

人格境界作为人格自我意识和生存状态的一种具体样式（或称范式），是指人格在社会认知、品德造就和审美感受力等方面所达到的程度或综合表现的状况。所以在现实生活中，人格境界在程度上有高低之分，在表现上有高尚与卑劣之分。

相对于人格的三要素说，我们可以在理论上将人格境界区分为自觉人格境界、道德人格境界和审美人格境界。

（一）自觉人格境界

本书中的自觉人格境界，是指对人的社会关系之本质有充分认识，并能践行于人格追求实践中的这种人格情形，因而其具体人格范式就是“社会我”的形成。这一人格境界从人格三要素的角度考察，显然是以社会要素为主而发展起来的。

从哲学认识论层面来审视，自觉人格境界所关注的是人的社会性问题。马克思在《关于费尔巴哈的提纲》中批评了费尔巴哈的人本主义人性观，他指出：“人的本质并不是单个人所固有的抽象物。在其现实性上，它是一切社会关系的总和。”[①]我们认为，这个著名的科学论断为我们研究自觉人格境界问题提供了如下的理论启迪。

其一，人的本质不是先天所固有的，人是在后天的社会生活中获得自己的质的规定性的，因而人所特有的自然属性、社会属性、思维属性都是在社会实践活动中形成和发展的。或者说，人具有的潜在本质，只有在后天的社会生活中才能表现和显示出来，如果脱离了社会，独立于社会之外，那就不能获得或显示人的本质，人就不成其为人。这是自觉人格所必须把握的理论和实践前提。

其二，人与人之间的个体差别，既表现在人的自然方面，也表现在人的社会方面，既表现在人的肉体方面，也表现在人的精神方面，但本质的方面是人的社会方面、精神方面，即人的社会属性、思维属性。“‘特殊的人格’的本质不是人的胡子、血液、抽象的肉体的本性，而是人的社会特质……”因此，虽然我们不能无视或忽略人的个体之间的自然方面的差别性，但也不能把它视为本质的方面。构成人格的最本质的规定是我们的社会特质。这是自觉人格所必须拥有的一种内在

① 《马克思恩格斯选集》第1卷，人民出版社1972年版，第18页。

规定性。

其三,人在生活、学习、工作、生产以及各种社会活动和相互交往中,形成多种多样的社会关系,且处在多层次、多方面的社会关系之中,因而,人的社会特质也不是单一的,而是多方面的。人的本质应是一切社会关系的总和。即是说,我们对人的社会特质的理解,不应片面化、简单化。否则,就不能如实地和全面地反映一个人的本质。

存在主义哲学家萨特把人看作是一种独立的、自由的存在,人的本质完全是由人自己的自由选择和行动决定的,纯粹是人自我设计的结果。为此,他提出"存在先于本质"的著名命题,因为在他看来,"首先是人存在、露面、出场,后来才说明自身"。所以,人与物不同:物是先有本质,然后有存在;人是先存在,然后才选择和形成自己的本质。萨特看到了人最初的空无所有,人的本质是先天的、固有的,看到个人自身在形成个人本质中的作用,看到了主体的能动性,这些无疑是对的,但他却把人的自由选择完全立足于人的意识,夸大了个人意志的作用,忽视了人的意识的物质根源,忽视了他人、群体、社会对个人选择的制约作用。事实上,人作为社会动物,绝不可能独立于社会之外,只能生存在社会之中,他的思想和行为包括他的个人选择必然受到他人、群体和社会的制约和影响,社会对他不可能不起任何作用。正是在这一意义上,"存在先于本质"的命题是不科学的。因此,自觉人格之自觉,就在于对自我的社会特质进行自觉的认知把握,并能依据这种认知上的自觉,借助情感、意志的品性,使自我从"单个我"走向"社会我"的过程。

(二)道德人格境界

我们所理解的道德人格境界是指,在自觉人格境界的基础上,因自觉而能在行为实践中自觉规范自我的情形。这是自我人格为了实现自己的社会特质而自觉自愿的过程。自我人格之所以能做到自我规范,从自我意识的角度考察,是因为自我能自觉认识到,既然人作为社会关系的存在物,为了维护这一社会关系,就必须有调整这一社会关系之规范的存在,因而,道德人格境界的具体人格范式是“道德我”(或称“规范我”)的形式。

从我们对人格是一种自我意识及这意识指引下的生存状态这一定义出发,我们认为,道德人格境界的自我意识具体说主要就是形成一种善恶意识。处于道德人格境界中的“道德我”,必须能自觉自愿地以善的意识支配自己的行为,从而在扬善抑恶的自我规范中实现自我人格的追求目标。

因此,善是道德人格的核心。亚里士多德说:“人类的善,就应该是心灵合于德行的活动;假如德行不止一种,那末,人类的善就应该是合乎最好的和最完全的德行的活动。”[①]亚里士多德的说法无疑是正确的,问题是,什么是“最好的和最完全的德行”。关于此问题,虽然众说纷纭,但在我们的理解看来,正确认识此问题的关键是如何看待人生的权利与义务。人总是社会的人,人生的权利与义务都不能离开社会。因此,道德从根本上来说是正确处理人与社会关系的一种实践观念。故康德称之为“实践理性”。从社会这一方面而言,它应该尽可能尊重、保障作为社会一员的人的权利,自然,这权利应是既合乎人的本性又合乎社会整体利益的。任何破坏社会整体利益的行为,不管如何迎合某些个人的贪欲,都不能视为合理的、应为社会尊重和保障的权利。从个人这一方面而言,它要求人们尽可能为社会做贡献,为社会的生存、发展尽义务。

正是从这一意义上,我们或许可以断言,道德从其本质来说,是把社会的利益看得高于一切的。在处理个人与他人、个人与集体的关系

---

① 周辅成:《西方伦理学名著选辑》上卷,商务印书馆 1964 年版,第 287 页。

时，道德一般是强调他人、集体的利益的。所以，道德总是反对个人主义、自私自利的。道德天然地具有自我牺牲的色彩，这一点不管是古代还是现代，是东方还是西方，基本上是一致的。古往今来，人们推崇的那些为了祖国、民族，甚至整个人类的利益，不惜赴汤蹈火、英勇献身的人，都具有大公无私、先人后我的道德人格。这些人格作为一种楷模榜样在历史与现实中对于激发人的德行力量总能产生极大的心灵影响。

可以肯定地说，道德人格境界这一层次中还可以分为若干个小层次。其中，最低层次（即第一个层次）是，不自愿地“自愿”接受道德规范的约束，因为人从内在心理上对道德规范并不是自愿接受的。第二个层次是，自愿或主动接受道德规范对自我行为的约束，因此内心比较自觉地理解与认同外在的道德规范。第三个层次是，主体自我完全认同道德规范，并能创造性地将道德规范化作主体的活动原则和行为准则。这也就是说，“道德规范对他来说根本就不是外在的约束，而完全是内心的需求。为了实现某种在他看来是至高无上的道德规范，不仅是心甘情愿地而且是视作莫大光荣地去做出自己最大的牺牲乃至牺牲生命”[①]。可见，道德人格的第三个层次无疑是道德人格的最高境界。

（三）审美人格境界

审美人格是自我人格实现的最高境界。我们把审美人格境界理解为这样一种人格样式：审美人格是在自我人格因对人的社会本性的自觉和为维护这一社会本性而规范自我之自愿的基础上，达到的一种自由愉悦的人格境界。孟子曾对这一美的人格下过一个极为深刻的

① 陈望衡：《试论审美人格》，《求索》1994年第6期。

定义:“充实之谓美。”①借鉴孟子的这一说法,我们或许可以说,审美人格的形成也就是充实自我德行的过程,其人格表现范式是“审美自我”的形成。因此,与自然美、社会美之本质不同,人格美是一种德行之美。审美人格作为自觉人格、道德人格的升华,表现为一种“美善”②。所以,我们可以发现,中国传统美学观向来将善视为美的本质。孔子讲“里仁为美”,“君子成人之美”,还有他讲的“五美”(“君子惠而不费,劳而不怨,欲而不贪,泰而不骄,威而不猛”),其实都是讲善。至于孟子称的“充实之谓美”,我们的理解是,这里所谓的“充实”就是指道德品质上的高尚、完满。西方也有视善为美的结论,远至古希腊的苏格拉底、亚里士多德,近至当代的麦金泰尔,也都认为善与美是难以彻底分开的,并且都把内在的善看得比外在的美更重要。培根曾说:“美德好比宝石,它在朴素背景的衬托下反而更华丽。同样,一个打扮并不华贵却端庄严肃而有美德者是令人肃然起敬的。……有些老人显得很可爱,因为他们的作风优雅而美。有一句拉丁谚语说过:‘暮秋之色更美。’而尽管有的年轻人具有美貌,却由于缺乏完美的修养而不配得到最好的赞美。”“应该把美的形貌与美的德行结合起来。这样,美才会放射出夺目的光辉。”③所以,在这些哲学家看来,美与善这二者有着丰富的内在联系,“美”与“善”甚至可以相通。这也就意味着,高尚的道德人格会有助于提高人的审美境界;反过来,卓越的审美修养也会有助于提高人的道德水准。

所以,审美修养在人的人格心理结构中具有独特的存在方式,一方面,它以审美能力、审美趣味以及审美理想的方式相对独立地构成

① 朱熹:《四书集注》,岳麓书社 1987 年版,第 530 页。

② 这一概念为美国哲学家桑塔耶纳最先提出,其基本内涵是指人性因善而美。详见其著作《美感》,中国社会科学出版社 1982 年版。

③ 培根:《人生论》,湖南人民出版社 1987 年版,第 186 ~ 187 页。

人格心理结构的不同层次；另一方面，它又融入到人格心理结构中的其他部分，去影响智能提升、道德修养等的质量，并且，在我们的自我人格中，一旦融进了审美的成分，那自我人格所必需的智能提升与道德修养往往更见灵光，更具活力，更有奇效。

需要特别指出的是，审美在人格结构中比智能与品德更能显之于外，亦即，一个人的审美品格与鉴赏能力如何，从其外在的行为与做事风格中很快就能被人识别。这种带有很强的审美色彩的外在风格，我们常称之为风度（抑或气质）。作为人格美的一种表现，风度虽是无言的，但它往往能比较真实地传达出主体自身的内在修养、独特气质与个人性格。

也正因为如此，人类对审美人格境界的追求与对自然美、社会美追求中体验到的单纯的愉悦情感不同，它往往是一个充满着艰辛创造的过程。我们追求审美人格境界，也就往往意味着主动地驾驭生活。为此，我们必须自由地生存，勇敢地与命运搏斗。而要搏斗就会有失败。因此，战胜命运固然美，被命运吞噬也不可悲。在某种意义上，失败的英雄更壮美。人格之美的最大价值有时恰在于此。

所以，美学家桑塔耶纳曾深刻地指出：如果没有澎湃的涛声，滔天的白浪，风的怒号，桨的抵抗，船舵和风帆的紧张，一艘船也不会有诗意。因此，从马克思到爱因斯坦，从《资本论》到《相对论》，我们都能鲜明地感受到生命的创造力轨迹上跳跃着的那些摄人魂魄的美的精灵。而且，马克思对文学的爱好，爱因斯坦对小提琴演奏艺术的执着追求，几乎与他们事业上的杰出创造活动一样，充满着令人感动的诗情画意。正是这种充满创造力的美，体现着他们深刻的人生洞察，从而丰富着这些人类巨星思维运动的规模和超越气息。显然，这已是审美人格的最高境界了。

三、人格境界论的理论与现实意义

尽管科学研究有时可能源于纯粹的个人研究兴趣，或者有时也可能带有这样或那样的功利目的，但我们认为，对人格境界问题的研究却是超越于两者之上的，在我们的理解看来，以马克思历史唯物主义为基本方法进行人格境界的研究，本身有着不可忽视的重要的理论和现实意义。

（一）人格境界研究的理论意义

人类理性和思想的一个最大睿智在于，揭示了如下一个真理——“人是目的”。因而哲学、科学、艺术、道德、宗教乃至整个人类文化，归根结底是以人的完善为最终目的。可以这样断言，人类所有文化的最终指向都是为了使人类能在自己创造的理想社会中培养、造就完美的理想人格。

我们认为，这也是马克思的基本结论。我们看到，马克思曾这样来理解共产主义：共产主义社会在创造内在本质自由发展的个人的同时，也创造具有丰富而全面的感觉的人。[①] 那时，人将作为一个完整的人，用全面的方式——通过视觉、听觉、嗅觉、味觉、思维、直观、感觉、愿望、活动、爱等等，占有自己的全面的本质、生命活动和对象世界。[②] 这正是人类个体的最高也是最终的人格境界的实现。

因此，作为对人的全面丰富的完整性的占有，人格境界的研究自然也就具有最高的理论意义。也因此，人格境界的研究或许就能给我们提供如下的一个理论研究启迪，这就是，为了与人的真、善、美永恒

---

① 参见《马克思恩格斯全集》第42卷，人民出版社1979年版，第123页、第126～127页。

② 参见《马克思恩格斯全集》第42卷，人民出版社1979年版，第123页。

追求的实践过程相适应。我们在人格理论研究中,迫切需要有人格认识论(或称人格认知论)、人格伦理学和人格美学的研究。

作为对人格境界之真的探讨,人格认识论在理论上主要是研究人格对自身社会性的认知,并以此认知为指导自觉完成人格的社会化过程。在这个研究中,关键的理论问题是"社会化"。我们所谓的社会化,"就是指一个个体,通过学习群体文化、学习承担社会角色,把自己一体化到群体中去的基本过程"①。照这一理解,所谓人格社会化,正是自我个体在社会化的成长过程中逐步形成稳定和缓慢流变的,把社会的价值、态度、技能都内化为自我人格内部知、情、意的活动过程。

因此,人格认识论所要研究和把握的主要是个体与社会的关系。在这个人格社会化的过程中,就有所谓人格的调适和解组。前者是指个人行为与社会标准能互相配合而有效地参与社会生活;后者则是指个人行为与社会标准脱节,不能有效地参与社会生活。所以,人格认识论的研究是人格社会化认知的前提。因而,这一研究当然是非常重要的。

作为对人格境界之善的探讨,人格伦理学主要是研究道德人格。我们知道,在道德哲学的视野范围内,人格通常被称为道德人格。在我们的理解看来,道德人格是个人在一定社会中的地位、尊严和作用的统一体,是做人的资格和为人的品格的总称,或者说是做人的资格和人起码应具有的权利。从这一点发挥开来,作为一个人,在人格上应自尊、自爱、自重;蔑视或侮辱他人,专以损害他人的利益为手段,以达到自我利益目的的人,则是不道德的,因而也就意味着是道德人格的丧失。

在人格伦理学的研究中,西方有所谓人格主义(personalism)流

---

① 《社会学教程》,北京大学出版社 1987 年版,第 60 页。

派。一般认为,是德国古典哲学的先驱康德首开人格主义理论研究的先河。康德认为,人格是一个有理性的存在物,并且是有权利的;如果他同时也有义务意识,他就是一个人;如果没有,那人格的存在是不可能的,除非他就是上帝。在中国哲学发展史中,也有着丰富的道德人格思想。而且,在这其中,几乎都特别强调"自律"这一道德人格的本质规定。因此,孟子主张"不动心";荀子主张"节情";道家则较为极端,主张"无情"、"无欲";到了宋明理学,则主张"存天理,灭人欲"。在这些思想中,虽然有着明显的禁欲主义等非人道主义的糟粕,但是,这些思想家关于道德人格的本质在于能够"节制"自律的思想,却是有一定积极意义的。显然,对中外思想史上的这些思想,我们无疑应给予批判地继承,从而建构起真正科学的人格伦理学。

作为对人格境界之美的理论探讨,人格美学要研究的就是如何造就审美人格的问题。我们认为,从美学的角度来看人格,可以有两个层次的划分:一是从艺术的角度来看人格;二是从审美人生的角度来看人格。

从艺术的角度来看,人所创造的艺术,如绘画、音乐、舞蹈、文学、戏剧、电影等,都对主体人格产生审美影响作用。而且,无论是中国的艺术,还是西方的艺术,它们的风格都表现了人的特定的内容,作为一种人的存在的外化和表现,风格也就是人格。黑格尔在《美学》中就论述过严峻的风格、理想的风格和愉快的风格等等。因此,艺术的审美追求也就是人类对自我人格的审美追求。

从审美的角度来看,人格在审美活动中得到升华,最终造就完美的人格。我们发现在真、善、美三大人生要素中,美被许多思想家推崇为最高的境界。在美的境界中,人格的智慧力量、道德力量等都得到了升华,从而展示了一个人的人格境界的完美性。人生,也就是追求这种最高境界的一个过程。这也许就是人格美学所要研究的主要问题。

我们在本书中对人格境界的理论研究,正是遵循如上的基本思路而进行的。这一研究对这一课题理论意义的开掘也许只是初步的,但我们自信这一开掘肯定是有意义的。

(二)人格境界研究的现实意义

当前,一个改革开放的中国正以前所未有的新姿态迈向现代化,中国人民在东方这块古老而广袤的大地上正描绘着具有中国特色的社会主义现代化的壮丽画卷。可以肯定地说,现代化的历史进程,呼唤着现代化人格的出现和现代化人格境界的造就。因此,我们对人格境界研究的现实意义正是从中凸现出来的。

诚然,我们缺乏对当代中国人人格现状的系统的、定量的研究,但有一点是可以明确的,这就是,在现阶段中国人的人格发展状况是不平衡的。正如有学者提出的那样,借助语义学的方法似乎能为我们的定性分析提供一条途径。我们可以对中国人的人格境界程度用四个语义空间来划分:理想型人格、先进型人格、中间型人格和落后型人格。

通过当今社会生活实践的考察分析,我们大致同意如下一种结论:就我们的现状而言,理想型人格在现阶段只是一种人格目标,还没有成为现实。这是因为,马克思所设想的那种自由全面发展的个体,是在特定的共产主义社会才能实现的,在社会主义市场经济的现阶段,我们显然还不具备这样的条件。先进型人格在现阶段则为数甚少。因为只有少数人在现阶段充分地发展了人格的各个要素,表现了高度的社会化与个性化的统一以及先进的道德和审美价值的充分实现。中间型人格占国民人格的多数。也就是说,多数中国人在改革开放的新形势下,面临着人格的重大历史性选择,这个选择是一个充满迷惘困顿的过程,也许其人格可以说是先进与落后、积极与消极、集体主义与个人主义相混合的非稳定情形。而落后型人格则占国民的少数。落后型人格的基本特征是:人格三要素的关系处于分裂状态,发展又不平衡,人格系统处于萎缩封闭的状态。在现阶段,这种人有的与改革开放、进步发展的社会大潮格格不入;有的在心理上出现失衡,甚至有严重的悖德型和反社会型人格障碍;有的在道德价值取向上完全以自我为中心,置他人、集体、国家和民族利益于不顾;有的则既不能正确地审美,更谈不上为社会创造出美的劳动产品。

显然,现阶段的中国人的人格状况,急切地呼唤着人格主体的自我意识的提高,也急切地呼唤着理论工作者与实际工作者一道,建立理想与实际相结合的人格境界模型。这当然是一项巨大的社会系统工程,有待于各方面的通力合作。但理论工作者的理性探寻,无疑是这一社会系统工程实践的理论基石。我们认为,现时代人格境界问题的理论探讨,正是因此而具有重要的现实意义的。因此,也许幼稚,也许粗浅,也许不完善,但我们还是执着地把自己的理论思考展现在本书下面共三篇九章的具体论述之中。

第一编　自觉人格之境界

自觉人格是指，我们在自我意识中对人的社会性存在这一事实有一种觉悟，从而使我们能自觉地以社会集体来规范自我生存和发展的一切可能性和现实性，其人格表现方式是“集体我”。

——研究札记

第一章　自觉人格的认识论前提

人是自然之子，但人的本质性存在却是其社会性，因此把握人的社会性是造就自觉人格的认知前提。

——题记

如果说，人作为自然之子，是大自然赋予了人自然秉性的话，那么这仅仅是意味着，自然赋予了人格的生物基础（或称自然基础），而如果从哲学认识论的角度审视，我们的人格理论所要探讨的则是人格的社会内涵。人格的这一社会内涵在马克思看来就是人之本质的社会性存在。

一、人格的双重规定：个体性与社会性

从哲学认识论上分析，人格的个体性与社会性的双重规定是简单明了的。马克思曾这样指出过这一基本的事实："人是一个特殊的个体，并且正是他的特殊性使他成为一个个体，成为一个现实的、单个的社会存在物，同样地他也是总体、观念的总体、被思考和被感知的社会的主体的自为存在。"①个体人格的这种双重存在和内在矛盾，不仅使个体和社会的关系构成了蕴含于社会发展深层的基本关系，而且使其

① 《马克思恩格斯全集》第42卷，人民出版社1979年版，第123页。

始终作为社会发展必须正确认识和把握的基本矛盾,规定和制约着社会的发展。因而,“正确理解个人与社会的关系,合理阐明个人与社会各自的地位与作用,并在实践中使个人与社会达到协调和统一,乃是社会发展的内在需要”①,也必然是人格研究要关注的认识论前提。

(一)人格——个人与社会的辩证统一之关系存在

关于个人和社会的关系,马克思、恩格斯曾经从两个视角与两条路线上提出两个经典命题。第一个是:“每个人的自由发展是一切人的自由发展的条件。”②这是在强调个人自身的发展对于社会的先在价值和主导作用。第二个则是:“只有在集体中,个人才能获得全面发展其才能的手段,也就是说,只有在集体中才可能有个人自由。”这是在强调,社会是个人自身发展的基础和前提,社会对于个人发展具有制约作用。按照马克思的本意,这两个命题是平行的、双向的,并统一于现实的、历史的人及其实践活动之中。但是,有些人却不能辩证地理解这两个命题,他们不仅无法看到这两个命题的内在辩证统一,还往往把二者割裂开看待,甚至对立起来,从而导致在理论上和实践中产生重大的失误,把社会看作最高价值和目的,而把个人作为手段,因此片面地要求个人为社会承担义务,而忽视个人的正当权利和需要。这样,对个人来说,将导致对个人利益、权利和自我发展的严重忽视,导致个人人格发展受到严重阻碍,从而也必然使社会丧失其存在基础和发展活力;而对社会来说,必然会使其结构集中化以及极权化,并最终使社会蜕变为马克思所言的“虚幻的共同体”,从而导致社会与现实的个人相对立,使个人得不到自由建构其健全人格的发展空间与社会条件。

---

① 万斌:《论个人与社会的关系》,《浙江社会科学》1991 年第 1 期。

② 《马克思恩格斯选集》第 1 卷,人民出版社 1972 年版,第 273 页。

客观地说，这种失误并不能归罪于一两个人的荒唐，而是具有深刻的认识背景和文化背景的时代性错误。从认识论的原因看，社会既是个人创造的产物，同时又是人类生存和发展的首要条件。人类的生产与生活，必然以既定的社会群体为前提，这种组织不是由人任意选择的，而是由客观的、既定的生产方式和社会生活条件所决定的。它一开始就作为一种秩序、定式和习惯力量，限定和拘束着个人的发展和自由。这就必然导致人们观念上对社会整体的崇拜和畏慑。这就是为什么我们在人格造就问题中极易走向社会绝对主义而导致人格异化的社会认识论根源。

在个人与社会的关系问题上，另一种失误突出地表现在，把社会看成是异于个人的存在物，从而单方面地强调个体人格的主观性，并把个人自我看作绝对地独立于社会而存在的孤立的存在。这种失误明显是一种非理性的自我中心主义，它一方面使个人在人格塑造中向实用主义和功利主义倾斜，自私、冷漠乃至意义丧失盛行于世；另一方面，这种个体自我中心主义又势必会影响到社会价值目标和总体方向的统一，导致社会缺乏内在凝聚力，人与人之间没有持久的价值、利益的平衡，社会关系紊乱，最终走向社会崩溃。

客观地说，这种失误同样也有其深厚的认识背景和时代背景。从认识论的原因看，尽管由社会所维系的联合和秩序是个人生存和获得自由的条件，但却同时蕴含着束缚个人自由的危险。而个人在避免这种危险，追求自身发展的过程中，又容易走向另一种片面，即滋生出一种摆脱一切束缚，对社会、对他人不负责任，乃至厌恶和排斥社会秩序和群体凝聚的非理性情绪与倾向。一般来说，由于任何社会都贯穿着个人与社会的矛盾与冲突，因而这种错误认识和情绪都可以找到潜存和萌发的土壤。特殊地说，这种错误认识和情绪在我国改革开放的特殊历史条件下一度蔓延和扩张，则具有特定的社会文化背景。这主要表现为,一方面,我们以往在确立和宣传以马克思主义为理论基础的社会主义、集体主义价值导向时产生了片面性,即脱离了社会现实和个人自我的内在要求,从而导致了社会与个人的隔离。这种片面性,作为我国长期存在的极“左”思潮的一部分,已经因为其所造成的严重历史后果,遭到广泛的批判和摒弃。而另一方面,改革开放的新形势和社会主义市场经济的发展,也迫切要求打破封闭性的社会结构,召唤着新的社会主体,因而有利于个人人格的自我觉醒和重塑。但是,也带进了一些西方个人主义的东西,导致集体主义的贬损和个人主义、利己主义以及个人自我中心主义的价值观在一定意义上的复活。

从根本上说,个人的任何发展无论能达到何种特殊性以及拥有什么具体内容,都必须以社会发展的实际内容和一致方向为基础,而不能脱离社会的普遍规定性。社会主义的市场经济显然为个人自我的主体性、能动性以及创造性提供了广阔的平台,但其自身若要健康发展,仍需要构建崭新的社会秩序,需要一整套政治、法律、道德等社会调节机制来维持和保证。社会主义改革的本质也正是在于,个体自我发展有其共同利益诉求和统一价值目标,从而在事实上把个体自我全面的需要、利益协调统一起来,并且凝聚为一个充满活力与生机的自由共同体。因此,“既不能简单地把个人主义、利己主义和自我中心主义视为改革开放与发展商品经济的必然伴生物,又必须重视其对个人与社会关系可能产生的复杂的多重性影响效应”①。

我们认为,人格造就中的上述两种失误在实质上都是建立在一个共同的错误理论的前提下,那就是,在一开始就把个人与社会截然区分对立起来,把两者视为不可通约的两极。这样就必然在个人与社会的关系上陷入进退维谷的境地。正是由此,马克思主义认为,从来就

① 万斌:《论个人与社会的关系》,《浙江社会科学》1991年第1期。

不存在什么自我与社会在本体论上的绝对对立。对个人与社会各自地位及相互关系做出简单化的手段－目的式的机械理解，期待毫无社会经验的“纯粹的个人”或天马行空式的自在人格，这从理论上说都是在抽象地讨论个人与社会之间的关系，并在二者之间做非此即彼的机械选择的结果。

（二）个人与社会的矛盾构成自我人格永恒的矛盾变换关系

从理论上分析，我们不得不承认，同个人与自然的关系相比，个人与社会的关系总是处在永恒的变换中，二者具有更为复杂的性质，并且这种变换始终被矛盾和冲突缠绕着。

首先，个人与社会的关系蕴含着特殊与一般的矛盾。对于社会来说，它以普遍化的形式代表了大多数社会个人的共同利益与意愿，体现着具有不同目标指向的个人之间相互冲撞、相互扬弃而达到的客观对象化的根本利益的一致以及一般意志的趋同。因此，社会作为对现实个人的一般本质抽象，对于每一个人都具有权威性，具有普遍的约束功能与协调功能。而且，社会通过把不同的个人联结起来，凝聚成具有普遍共同性的、超越了个人单个力量的强大的客体力量。

但是，社会一般只能反映个人的某个部分或某一方面，而不能取代只有在个人那里才具有的特殊性与多样性，因此也不能排除个人进行自我发展的相对独立性，以及进行独特的主体自由的追求过程。诚然，在其消极意义上，个人自我发展的特殊性与多样性容易在人格造就和社会实践中迷失其社会发展的一般方向，而产生不负责任的非理性冲动，因而个人对自我人格的探索过程始终都必须接受社会普遍一般的规制和引导。但是，就个人自我发展特殊性与多样性的积极意义而言，个人人格的造就又充分体现了其自身的能动性与独创性。正是由此，个人才避免了社会的停滞甚至倒退，避免了社会单向度地发展，从而使社会发展具有现实的内容和丰富多彩又层出不穷的样式。这种个人自我发展又涌现出人在类本质上越来越全面的自由与自觉,不断地冲破既有的社会一般的普遍规定,促使社会尊重与容忍个人,实现社会整体的自我完善,进而向个人与社会的全面、具体的辩证统一发展。

其次,个人与社会的关系也蕴含着要素与系统的矛盾。一方面,社会作为一定的经济、政治、文化、法律、道德和心理习惯等多方面的综合构成体,是个人相互联合、共同生存的现实基础。另一方面,社会作为系统的存在物,不只是个人的简单集合和机械相加,而是构成一种有机的存在,个人之间相互配合,通过分工与合作等方式实现各自的利益交合与协调,从而也使个人自身具有特定的总体性。不同的个人由于先天与后天主客观条件的不同,会在自身发展中有着各自不同的内在和外在的自我规定和具体差异,但无论如何,个人都是在社会之中活动的,都是社会的产物,因而最终都毫无例外地要服从社会总体的系统规定,个人作为主体要素和客体要素双重地存在于这个系统之中。

正是因为这样,马克思多次明确强调个人对社会的客观依赖的先在性,个人是社会实际状况的具体体现和表征。但是,马克思从来不是在单方面的意义上说的,而是在个人与社会的相对意义上,他强调,社会系统是不同个体的组合,是为着个人而发展自身的,是由个人创造出来,并服从于个人自由发展的内在需要的。个人作为社会系统的主体要素和客体要素,既是社会演进的实际参与者、设计者以及驱动者,又是社会历史自身局限的根本原因和内在规定。所以,马克思说:社会“是这样的一种现实基础,它排除一切不依赖于个人而存在的东西,因为现存制度只不过是个人之间迄今所存在的交往的产物”①。社

① 《马克思恩格斯选集》第1卷,人民出版社1972年版,第78页。

会作为一个永恒动态发展的系统,不可能仅仅通过亚个人或超个人的群体组织,甚或抽象的“无人身的普遍理念”而存在。社会关系的变换,新旧理念的变更,一切新的生活方式、新的思维方式的产生,都必然与个人的主体性、能动性的活动相联系。社会系统及其各种概念、范畴等都必须从个体自我,即个人主客统一的对象性活动中引申出来,社会价值也从来都从有生命的个人的存在与价值出发得到有效的维护与说明。同时,对于特定的社会评判,也只能从个人的有个性的、自由的和全面的发展中寻取相应的价值标准。因此,正是在这个意义上,社会共同体的有机系统及其内在发展,才不会是一些表面现象的汇集与既成事实的堆积,也不会单纯受制于自然必然性约束与单向因果关系的形而上学规定。

最后,个人与社会的关系还蕴含着现实与理想的矛盾。第一,社会作为单个个人的有机集合式、关系式的存在方式和生成方式,是个人在一定历史阶段上的主体选择和价值选择,它在总体上代表着大多数个人的目标期待和价值追求。因此,社会作为一种价值形态,既为个人提供一种共同的文化－心理根基,又作为一种普遍的精神,指导着社会个人的日常生活和社会实践。在这个意义上,个人的理想和社会的现实应该保持方向上的一致性,否则个人就很容易陷入与社会的背离甚至对抗之中,而终致两败俱伤。第二,社会作为一种价值存在,又具有超越个人具体现实性、局限性的指向未来的内在取向。这是因为,作为社会细胞的个人是一种双重的价值存在。作为一种现实的具体存在物,个人又必须通过对社会能够提供的普遍价值观念的认同、消化以及实践(即内化)等一系列过程,才能求得自身的生存和发展;而作为一种目的性的能动存在物,个人又总是企图通过对自我形象的理想设计、自我个人的理想塑造等实践活动,创造属于个人自己的独特的生存环境和人生意境,并且通过个人的主体交往活动隐性或显性地影响着他人和社会的存在形态,使社会发展日益依赖于个人内在自由性的发挥程度以及个人全面发展的程度。

从上述三个方面的分析中,我们可以明确地认识到,个人与社会的一致性或统一性,是在绝对的、终极的、普遍的意义上而言的。而在现实的发展过程中,由于个人存在的特殊性、价值追求的多层次性以及自我发展的具体工具性,在相对和具体的意义上,个人与社会的关系又始终存在着差异和冲突。当然,这种差异和冲突,又必须以个人的特殊性与社会的普遍性相互共容和最终互补互融为限度。正是这一点,构成了人格塑造中个人与社会辩证统一的矛盾综合体。因此,对这一矛盾关系的认知和把握也就成为自觉人格的理论前提。

二、人格的本质规定在于其社会性

充分认可人格存在的个体性与社会性的辩证统一后,我们紧接着要探讨的问题则是,就个体性与社会性两者而言,何者更为根本?这一问题是不容回避的,否则我们在人格塑造问题上就无法抓住根本,从而也就无法达到真正自觉的人格境界。

我们认为,历史唯物主义关于"人的本质在于其社会关系存在"的命题,是人类自我认识史上的一次伟大变革。这不仅为解决人格造就的根本问题提供了科学的理论武器,而且更从理论和实践上揭示了人格塑造的客观必然性问题,并为人的价值的实现指明了唯一真实的实现途径。

(一)人的本质在于其社会性

人的本质问题是与人格的问题密切相关并相互界定的。马克思和恩格斯在同"真正的社会主义者"进行论战时,提出了考察人的本质的现实的、经验的原则。在他们看来,要考察人是怎样的,人的本质是什么，就不能“从其耳垂或某种不同于动物的另一特征中引伸出来”，而要“从其现实的历史活动和存在来加以观察”。[①] 也就是说，对“人的本质”的科学概括，不能仅仅列举某些人具有的区别性的属性，也不能把所有的属性都罗列起来，而是从诸种属性中抽象出那最普遍的和具有总体性的方面，它包含着其他所有属性。只有抓住它，才能对人的本质问题进行科学的说明。马克思正是基于这一具体原则和合理分析，并在批判地吸取了前人的研究成果的基础上，在《关于费尔巴哈的提纲》中对人的本质提出了其最负盛名的论断：“人的本质并不是单个人所固有的抽象物。在其现实性上，它是一切社会关系的总和。”[②] 这是对人的本质的经典性论述，我们认为，这也是马克思对人性理论和人格理论的重大贡献。

因此，我们要充分理解这个论断提出的理论价值和实践意义，它表明，在人类认识史上第一次形成了马克思主义对“人的本质”的科学认识，从而根本区别于包括费尔巴哈在内的一切旧的人性论。

需要重点指出的是，马克思关于人的本质观的形成过程，实际上也是科学的个人自我人格实践观的形成过程。马克思既批判地吸取了被康德、黑格尔等德国古典哲学家抽象地发展了的主体能动性的唯心主义观点，同时也批判地吸取了被费尔巴哈恢复的、但仅仅被直观地理解的“人的感性存在”的观点，把“环境的改变和人的活动的一致”，“合理地理解为革命的实践”。[③] 这也就是说，主体在改造社会环境的同时，也改造着主体自我。而理想人格境界追求的实践活动正是这一改造主体自我的最深刻的实践形式之一。这亦即是说，作为正确处理人类这个“大我”和每一个个体的“小我”之间关系的行为规范，

① 《马克思恩格斯全集》第3卷，人民出版社1960年版，第606～607页。

② 《马克思恩格斯选集》第1卷，人民出版社1972年版，第18页。

③ 《马克思恩格斯选集》第1卷，人民出版社1972年版，第17页。

自觉的人格践行活动也是人实现自己本质的最本质活动之一。在此前提下,人的自我意识和理性才具有了更新的觉醒意义,人类的“大我”和个人的“小我”,特别是它们之间的关系也才获得内在发展的真实意义,从而,个人自我在以主体身份能动地改造自然界和社会关系的基础上,才有可能获得他独特的自我人生价值和特性,形成多种多样个性的现实人格。

(二)马克思关于人的本质理论对人格塑造的方法论意义

我们认为,要正确地把握马克思唯物史观这一关于人的本质理论对自我人格境界追求活动的方法论意义,必须在理论和实践上充分注意以下几个方面的问题。

其一,一定要从社会关系的存在中来把握人的本质。因此,在人的本质问题上就不能仅从生物学的角度抽象出人的本质,也不能仅把人的个体特性进行罗列。譬如,“人是能思维的理性动物”,这当然也是人的本质属性之一,也能把人与动物区分开来,但是却不能说明人的产生与发展,也不能说明人性的无限多样性与复杂性。因此,这不是人的本质的科学概括。

与此相应地,也不能撇开社会历史进程,孤立地把人当作一个抽象物来理解人的本质。正如马克思指出:“人并不是抽象的栖息在世界以外的东西。人就是人的世界,就是国家,社会。”①个人是社会存在物,是社会历史过程的主体。人创造了社会历史,社会历史也造就了人本身,人的本质特点离不开他所处社会的特征。所以,自我人格践行中的那种纯粹的“个人设计”、“个人奋斗”是不真实的。因此,我们强调,在社会关系中造就一种良好的人与人之间交往的关系氛围,从中塑造每一个个体的美好心灵和健全人格。

---

① 《马克思恩格斯选集》第1卷,人民出版社1972年版,第1页。

其二，要全面地完整地理解作为人的本质的社会关系的总和。所谓“社会关系的总和”是各种社会关系的有机统一，而不是诸种社会关系的机械相加。我们知道，社会关系是多种多样的，大体可分为物质的社会关系和思想的社会关系。所谓物质的社会关系一般是指生产关系或经济关系，它是在人们谋取物质生活资料的生产中形成的。它包括生产资料的占有关系，生产者的地位关系，劳动产品的归属关系或者生产、分配、交换、消费等诸关系；思想的社会关系可分为政治、法律、道德、宗教等意识形态方面的关系。这两类关系既有各自内部的从属或并列关系，又有彼此间错综复杂的联系。其中生产关系是最基本的决定其他一切关系的社会关系，生产关系规定人的本质，并最终决定社会的面貌。

但是，从生产关系的社会性质来规定人，还只是说明了个人本质的一个具有基础意义的最基本方面。由生产关系所决定的其他社会关系并非是消极的，它们也从多方面规定着个人的思维和活动。同时，所有这一切规定，最后都会以“总和”的形式在个人身上表现出来，只是这个“总和”的普遍性会在不同人身上显现为有差异的规定性。各种社会关系交叉渗透、变动重组，决定了处于社会关系总和中的个人必然具有多方面的和多层次规定性的个体。显然，现实人格的丰富性正是由此决定的。

其三，列宁曾将“在其现实性上”这个短语解释为“一定的具体历史条件下”①。这亦即是说，个人没有固定不变的本质，他总是随着一定的具体历史条件下社会关系的改变而改变。人和人之间关系的排列组合并非只是一种形式，个人的人格塑造也并非只有一种希望。如果简单地认为，任何一种社会关系的总和所决定的人的本质是人所只

① 《列宁选集》第2卷，人民出版社1972年版，第582页。

能有的本质,那就抹杀了人类个体的内在本质。因为一方面,这势必否定了改变落后的社会关系、创造和完善新的社会关系的可能性和必然性,势必使人陷入安然忍受一切不合理现实的社会宿命论;另一方面,则使人陷于人生的无为主义泥潭。事实上,每个人的本质都表现为每一个个体以自己的努力而不断改变和完善的进程。所以马克思甚至认为,"整个历史也无非是人类本性的不断改变而已"①。宿命论与人类自我内在的创造本性是根本不相容的。正是从这个意义上,我们说人的本质是社会关系的总和,这就意味着社会关系规定人格塑造和境界追求的本质。人既是社会关系的产物,同时又在不断地创造和完善着社会关系。人的本质是由人自己创造的。人的本质是自然历史发展和人的自觉的、有目的的活动的辩证统一。

因此,从马克思主义关于人的本质的如上思想,我们可以得出如下一个最基本的结论:人的本质在于他的社会性。因而,人格塑造的最重要的前提在于占有这种社会性。这是因为,一方面,人的自然属性不仅不是把人和其他动物严格区分开来的根本属性,而且人的自然属性中渗透着社会属性,自然属性的表现方式和表现程度都要受到社会属性的决定和制约。只有社会属性才是把人和其他动物严格区分开来的根本属性。另一方面,人的生存和发展离不开一定的社会关系。人的爪牙之利不及虎豹,四肢之健不及麋鹿,耳目之敏不及鹰兔,潜水挖洞不及鱼鼠。所以,从个体意义而言,人是最难以独立生存的生物,脱离了社会的人,不仅不能在动物界称雄,而且连躲避灾害的本领也十分低下。在人类进化史上,脱离社会的人不是被豺狼虎豹吞噬,就是被自然淘汰。故马克思认为:"人是最名副其实的社会动物,

① 《马克思恩格斯选集》第1卷,人民出版社1972年版,第138页。

不仅是一种合群的动物,而且是只有在社会中才能独立的动物。"[①]社会关系不仅决定个人的生命与生存,而且决定人的自由发展,一个人同他人结成的社会关系越广泛、越紧密,他的发展也就越自由、越全面,他的人格也就越完善。反之,个人发展就受到各种自然和社会条件的限制。所以,就人类的存在而言,现实的社会关系决定人的本质,人不是抽象的存在物,而是具体的、现实的、活生生的个人。人格只能在一定的社会关系中才能形成。一个人所处的社会环境造就了这个人的人格和本质,俗话说"近朱者赤,近墨者黑",正是对这个道理通俗而生动的表述。因而,在人的个体和人格本质的形成过程中,马克思主义特别强调"环境的改变和人的活动的相一致"。

(三)人格塑造中的"社会为本"意识

我们知道,自1978年开始的思想解放运动以来,个人与社会的辩证关系问题一直是理论界和现实社会生活中争议最多、讨论最激烈、分歧也最大的问题之一,并由于理论上的模糊,而直接导致了实践上的许多混乱。这种混乱在自我人生实践领域里表现得尤为突出。因此,我们试图在这里以马克思的历史唯物主义理论和方法,对这一问题做进一步的探讨,以期形成某种共识。我们是否可以这样说,党的十一届三中全会以前,在个人与社会关系问题上,着重强调社会利益和他人利益第一,强调人的社会本质,强调自我牺牲精神,强调集体的重要性,却忽视了个体存在的重要性。这无疑是一种偏差。而在十一届三中全会以后,当我们在个人与社会的关系上大力纠正"左"的偏差时,又受到了右的思想干扰。一时间,在理论界和社会上似乎形成了一种风尚:只有无限制、无前提地大谈个人利益的理论,才是反"左"的、正确的和合乎时代潮流的理论;而那些谈论社会利益的理论,则统

① 马克思:《〈政治经济学批判〉序言、导言》,人民出版社1971年版,第7页。

统都被戴上“左”的帽子,都被贬为是错误的、背时的理论。其实,在我们的理解看来,个人与社会始终处于不可分割的、辩证统一的关系之中,个人与社会各自的地位也不是并列、绝对同一的。一般来说,在个人与社会的有机统一体中,社会是主要的方面,它较之个人来说具有更为根本的地位。这是依据人类社会的存在以及其与个人的互动关系的发展的客观事实而得出的科学结论。我们认为,这个结论的“事实”根据主要包括如下几个方面的内容。

首先,从人类社会的发生学上来看,人从来都是社会的产物。人类社会发展的历史已证明,人的思维、语言、能力、智慧甚至人的特定的生理与心理结构,都是在社会生产中形成和发展起来的。所以人的产生与社会的产生具有内在的同一性。社会的产生是以类人猿转变成人为标志的。类人猿群体通过劳动变成人群,从动物式的群体组织演变为“人类社会”。从这个意义上可以说,人类最初的群体本身就是形成中的社会。因此,社会绝不是由一个个的个人或纯粹理论上的个人产生的,而是人群社会化的产物。仅仅是个人不能成为社会,只有人群、团体、共同体才能组成社会,形成有组织的物质生活资料生产活动和人类自身生产活动,由此人类产生的历史才迈开了脚步。从这个意义上我们可以断言,根本不存在离开社会的独立个人,当然也就不存在离开社会的个体人格。

其次,从个人的产生与发展来看,人类社会虽是由单个个人组成的,但任何一个个人都不能脱离社会而独立地或自在地存在。社会生活是人作为人存在和活动的必备条件,社会总是先于具体的个人而存在的,这就是相对于个人来说,社会的先在性。尽管社会生活总是由具体的个人创造的,每一代人总是在前一代人所创造的物质生活与社会生活的基础上继续向前发展的,但是由此并不能得出个人在社会生活之外或在社会之上的结论,即使是在孤岛上一个人生活的鲁滨孙也因为之前受到社会的教化，仍然过着社会的生活。由于单独的、孤立的个人不会创造社会生活，更不会生产社会的一切内容，因此，自我人格的存在恰恰在于，其社会性为个人发展自我人格提供了实际上先在而不是逻辑上先在的一切社会条件。

再次，从人的本质方面来看，也正是社会规定着人的本质，即社会关系的性质决定着人的本性的存在与历史展开。人之所以为人，在社会生活中之所以表现为千差万别、具有各种不同个性的人，是由人所处的具体社会关系规定的。如果没有社会，人就失去了自己的社会特质，同样也失去了自己的个性特质。所以，马克思才认为："人的本质并不是单个人所固有的抽象物。在其现实性上，它是一切社会关系的总和。"①我们并不否认，个人也是社会关系的创造者。但是，作为社会关系创造者的个人，首先必须学习去适应既定社会的一切规则，拥有起码最低程度的生产能力、生活常识和心理机能，进而成为具有更高社会特质的人，才能开展自我人格的塑造过程。如果个人不具有社会的特质，他是无法创造出社会关系来的，他也就不能自由地、通畅地表现自我的个性，不能自然地、不费力气地创造自由的人格表达方式。

因此，人的社会本质规定了个人与社会集体在理论和事实上的依赖关系。个人总是依赖于社会集体，并通过社会集体获得个人存在的条件和发展的方式。人类产生之后，也是在这样的集体中生存着，人始终不能离开社会集体去过一种"非社会的"、幻想的或只存在于彼岸的理想生活，也不能离开社会集体自在地发展。特别重要的还在于，在社会主义社会这一集体性要求很强的社会里，个人对集体的依赖性更为明显，只是前提是，这个社会集体更懂得平衡两者之间的关系，而不是偏向于一极。

---

① 《马克思恩格斯选集》第 1 卷，人民出版社 1972 年版，第 18 页。

最后,社会整体的利益制约着个人的利益与需要。显然,在人类社会的任何一个时代,一般说来必然表现为“国富”才能“民强”,“国泰”才能“民安”,只有社会强盛、安定了,生存于这个社会中的每一个个人才有了安居乐业的基础条件。这一点,在私有制的社会里是这样,在公有制社会中表现得尤为明显。我们甚至可以说,社会本位是社会主义公有制的一种内在的必然的要求,它为个人自由、全面发展,为个人完善、丰富自己的个性提供了最根本的保障。因此,在自我人格追求的实践中,倘若我们离开社会整体来谈人格的完善,那无疑是本末倒置的。

综上所述,我们认为,在个人与社会何者更为根本的问题上,正确的结论只能是社会,而不是个人。因此,在我们的自我人格造就中,我们必须以这一基本的结论作为理论和实践的根据,从而在自我意识中形成“社会为本”的自觉意识。

三、自觉人格的利益观与价值观

与人的社会本质相关的问题是个人的利益和价值问题。从本源上看,人格塑造和实践的动力来源于人对利益和价值的追求。因此,历史唯物主义承认,利益与价值问题对自我人格塑造和发展的重要性。但自我人格的利益与价值的实现并非像我们在现实生活中常见到的那样,可以在纯粹的自我设计和自我奋斗中实现。因为,人的社会性存在决定了其利益和价值永远只能在社会中才能真正地实现。因此,自觉人格之境界的追求,在这里又意味着在利益观和价值观上自觉形成科学合理的利益观和价值观。

(一)自觉人格的利益观

利益是指人类生存和发展需要在现实社会关系中的具体表现。

利益和需要是同质的范畴。由于人的需要是各种各样的，因而利益也是多种多样的。人作为一种生命的存在，对利益的追求首先就必然表现为对物质利益的经常的、必要的、大量的追求。

然而，资产阶级的思想家认为，个人利益具有最根本的价值，把利益归结为纯粹的个人利益。他们认为，社会利益从属于个人利益，社会利益是以个人利益为基础的。但马克思主义的社会历史观从历史的主体，即人的社会本性上理解个人利益，认为纯粹个人意义上的"个人利益"是不存在的。任何个人都生活在社会之中，离开社会的个人是不能存在的，当然也就不能前进一步，因而在这种社会制约下，"私人利益本身已经是社会所决定的利益，而且只有在社会所创造的条件下并使用社会所提供的手段，才能达到；也就是说，私人利益是与这些条件和手段的再生产相关系的"①。在原始社会中，社会利益和个人利益之间没有明确的分别，两者自然地融合在一起，因为个人的主体意识还未像现在这样发达，个人与社会的关系还未在社会的各个方面清晰地作为一个问题呈现出来。原始部落中，维护社会利益就是维护个人利益，个人利益"直接表现为"社会利益，即对社会利益的追求同时也就是对个人利益的追求。而在私有制的社会产生以后，原始社会的混沌一致的、具有直接同一性的利益分解为阶级利益，个人利益也从社会整体利益中脱离而成为独立发展的一个领域。于是，不同的阶级、阶层和集团，都以社会利益来掩盖其阶级利益、个人利益，"每一个企图代替旧统治阶级的地位的新阶级，为了达到自己的目的就不得不把自己的利益说成是社会全体成员的共同利益"②。在这种情形下，不管个人是否意识到，他总是自觉或不自觉地代表着一定阶级的特殊利

① 《马克思恩格斯全集》第46卷，人民出版社1979年版，第102～103页。

② 《马克思恩格斯选集》第1卷，人民出版社1972年版，第53页。

益，他所追求的个人利益实质上也就是其所隶属的阶级的利益的直接或间接的反映。

无产阶级由于自己在社会生产中的地位和状态，决定了他们是人类历史上社会利益的最彻底的代表者。因而，无产阶级在为自己阶级的利益而奋斗时，公开声明“社会发展的利益高于无产阶级的利益；整个工人运动的利益高于工人个别部分或运动个别阶段的利益”①。也正因为这样，无产阶级在为自己利益奋斗的过程中，对人类社会历史的发展和进步显示了最深刻最强大的推动力量。因而，我们的利益追求只有置于阶级的、民族的、整体的利益之中才是自觉的。

具体地说，在社会主义市场经济发展的今天，按照人的社会性要求，我们在自我人格塑造中，在利益观上如能做到以下几点，那就表明我们已拥有自觉而科学的利益观。

其一，在处理个人利益与他人利益的关系上，要做到“见利思义”，而不要“见利忘义”。有些人由于受资产阶级极端利己主义思想的影响，常常在处理个人利益与他人利益的关系问题上，存在着损人利己，见利忘义的现象，这是非常不合理的。譬如，那些已成为公害、屡禁不止的假冒伪劣商品的炮制者，他们为了自己多赚钱，往往采取以次充优、以假乱真、缺斤少两等卑劣手段坑害顾客，这种损人利己的行为当然应受到严厉的谴责和惩处。我们认为，只有在个人利益与人民利益发生矛盾时做到见利思义、他人第一，才是正确的义利行为。

其二，在处理个人利益与集体利益、国家利益的关系上，要做到“急公好义”，而不要“自私自利”。在社会主义公有制条件下，社会主义的国家利益、集体利益是每个劳动者个人的共同利益，它是个人利益的源泉和保证；而每个劳动者的个人利益则是社会主义的国家利益

① 《列宁全集》第4卷，人民出版社1958年版，第207页。

和集体利益在个人身上的落实。因此，在处理三者的关系时，就应该做到先公后私、公私结合，把国家利益和集体利益放在第一位，必要时还要牺牲个人利益以服从和维护国家和集体的利益。只有这样，我们的人格才可能是自觉和崇高的。

其三，在处理局部利益和全局利益的关系上，必要时要做到“舍利取义”，而不要“弃义逐利”。我们的国家是代表和保护劳动人民的根本利益的，体现了人民的全局利益和局部利益的统一。局部利益同全局利益相比，属于次要方面，处于服从地位；而全局利益则属于主要方面，处于主导地位。全局利益决定并包容局部利益。因此，我们应当把全局利益放在首位，当二者发生矛盾时，要舍局部之小利，取全局之大义。否则，局部利益就不会得到，或者暂时得到了最终也会丧失。因此，在自我人生实践中，我们想问题、做事情，都要从这个基本原则出发，真正做到局部利益服从全局利益。

其四，需要强调的是，在利益问题上，正确处理好眼前利益与长远利益的关系，也是非常重要的。当二者发生矛盾时，我们应该做到“深明大义”，而不应该“急功近利”，因一时的眼前利益而损害了人民群众的长远利益。但是，由于小生产者狭隘眼光的限制，有的人总是不能正确地处理好眼前利益与长远利益的关系，存在着急功近利的思想，而且常常为了眼前的一点暂时利益而损害了长远的重大利益，这是尤其需要认真克服的。毛泽东曾这样指出：“我们是无产阶级的革命的功利主义者，我们是以占全人口百分之九十以上的最广大群众的目前利益和将来利益的统一为出发点的，所以我们是以最广和最远为目标的革命的功利主义者，而不是只看到局部和目前的狭隘的功利主义者。”我们理解，毛泽东的这段论述，正是我们在处理眼前利益与长远利益的关系问题上所应遵循的基本原则。

(二)自觉人格的价值观

在人类的生活实践中,和需要、利益相应的是价值范畴。需要和利益作为人格发展的动力因素,也必然体现在历史活动的主体对自我价值的追求和实现的过程中。

马克思对价值范畴有过如下一个著名的论断:"'价值'这个普遍的概念是从人们对待满足他们需要的外界物的关系中产生的。"[①]这表明,价值和利益一样,是一个关系范畴,它表示的是主体与满足他需要的客体之间的肯定或否定的关系。价值是主体需要的一种表现形式。或者说价值是客体的性质和主体的需要的有机结合,而人是价值关系的主体,能满足主体需要的对象自然就是价值关系的客体。如果客体不能满足人的需要或者主体本身没有获取某种客观事物所能提供的价值的需要,也就不存在价值关系。

如果从这样一个角度来理解人自身的价值,那么,我们认为,所谓人的价值反映的也是客体和主体需要之间的一种关系。与作为客体的其他的物的存在不同,人这个"物"既是主体,又是客体。人作为主体和客体的两种含义在价值追求中既对立又统一。每一个人既是他人,同时也是自己所反映和关注的客体,又成为他人和自己所反映和关注的主体。在这里,不仅处于一定社会关系中的人们之间互为主客体,而且人自己也互为主客体。因而,人自身的价值,表示的就是作为主体的人的需要同作为客体的人能否满足这种需要之间的关系。因此,我们才说,一个人的价值取决于他的存在对自己、他人和整个社会需要能否和多大程度上得到满足。

所以,人的价值不是每个人生来就有的抽象物。资产阶级思想家宣称"人的价值就在人自身"的说法是空洞、抽象的。既然人的价值大

---

① 《马克思恩格斯全集》第19卷,人民出版社1963年版,第406页。

小是以他的存在对自己以及他人和社会需要的满足程度来衡量的，那么，人的价值就必然地包含如下两个基本要素：

其一是人的需要，即社会对个人的尊重和满足。这是人的价值的根据。每一个历史活动的主体都必然要“索取”对自身“有用”的东西来满足自己，失去了对这种满足的需要，所谓人的价值就因为失去了主体而不再存在了。

其二是人的成就，即个人对社会的责任和贡献。这是人的价值的客观形态。如果说对物体的价值，人可以依靠对外部现成东西的索取和占有而使它得到实现，那么人自身价值的实现所索取和占有的对象性东西恰恰是人自身的存在，这个存在是以人的成就作为满足和实现的根基的。这也是个人为世界创造价值的过程。在这个创造过程中，我们的价值既得到社会和他人的首肯，也得到自己的承认。而所谓自我价值正是从中生成并被实现的。

因此，在人的价值的两个因素（即索取和贡献）的关系方面，我们必须着重反对只从索取、享受、权力来理解人的价值的错误观念。如果只从自私的利己的角度出发追求自身价值，我们当然也可以在观念上自我肯定，即自认为自我人格的存在是有价值的。但问题在于，人的社会性又必然要求这种自我肯定能取得客观的形态（如对社会做出贡献），社会和他人才会同时认可我们自我人格的价值。显而易见，没有社会的认同，个人的价值是没有根基的。

因此，为了实现自我价值，社会就要求其成员进行艰辛的劳动和奋斗，使其自身的创造力得以发挥，贡献给社会和他人所需要的东西。人正是在这个以劳动和奋斗来创造物的价值以供别人“索取”的过程中，才使自身的人格价值获得别人和社会的认可和承认。

（三）简要的归纳

如果对本章内容做一个简要的概括，那么，我们可以认为，自觉人格之自觉主要表现在对人格的社会性进行把握上。历史唯物主义在充分认可人格是人的个体性和社会性辩证统一的基础上,强调人格的本质规定在于其社会集体性,因此作为对这一社会集体性之本质规定的内化,每一个自我在对自我人格进行设计和塑造时,必须确立以社会集体利益为根本取舍标准的人生价值观,并把这一价值观作为自觉人格的基本范式和一般规定。其实,这一自觉人格的基本规定也曾为许许多多历史上的先进人物所信奉,因为他们知道,个人永远是社会的,个体人格的自觉只有基于社会本质的占有才是可能的。如果说,自然界最多只赋予人以自然的、生物的躯壳,那么社会才赋予人以智慧、主体的能动性以及有生命的意识形式和内容,从而成就人的本质,使人成为现实的人。离开了社会,人也就不成其为人,没有社会教化的过程以及社会与个人之间的直接或间接的互动关系,人也就会变成如报刊上屡有报道的狼孩、熊孩、猴孩等那样的徒具人形的动物。所以,伟大的科学家爱因斯坦曾经说过:“个人之所以成为个人,以及他的生存之所以有意义,与其说是靠着他个人的力量,不如说是由于他是伟大人类社会的一个成员,从生到死,社会都支配着他的物质生活和精神生活。”①

因此,我们认为,那种自觉或不自觉地执着于自我,从而对社会集体表现出一种疏远感和冷漠感,对当前社会道德所确立的集体主义原则表现出一种相对主义,乃至虚无主义的态度的个体,注定会是人格造就中的失败者。在“西方哲学热”的相当长的一段时期里,我们中的许多人曾非常推崇尼采及尼采式的“超人”理想人格。事实上,无论是尼采自己的人生态度,还是他所建构的“鄙视他人和一切道德戒律的超人人格恰恰都是虚妄的,因为这种虚妄性,由作为其成员的个人所

① 《爱因斯坦文集》第 3 卷,商务印书馆 1979 年版,第 38 页。

组成。那么社会利益又是什么呢？……它就是组成社会之所有单个成员的利益之总和”。后来边沁在《刑罚与补偿理论》中，借批判“个人利益必须服从社会利益”这一命题时说，“这是什么意思呢？每个人不都是像其他一切人一样，构成了社会的一部分吗？你们所人格化了的这种社会利益只是一种抽象：它不过是个人利益的总和……”，并且诡辩说，“如果承认为了增进他人的幸福而牺牲一个人的幸福是一件好事，那末，为此而牺牲第二个人、第三个人，以至于无数人的幸福，那更是好事了……”。由此他得出结论说：“个人利益是唯一现实的利益。”

恩格斯曾对边沁的上述思想做了深刻的批评。他说，“他的论点只是另一论点——人就是人类——在经验上的表现”，“这里边沁在经验中犯了黑格尔在理论上所犯过的同样错误；他在克服二者的对立时是不够认真的，他使主体从属于谓语，使整体从属于部分，因此把一切都弄颠倒了”。[①] 正因为这样，他“不是把代表全体利益的权利赋予了自由的、自觉的、有创造能力的人，而是赋予了粗野的、盲目的、陷于矛盾的人”[②]。由上可知，个人更为根本的观点，早在边沁那里就明确地提出了，而且早已为恩格斯所批评。因此，把它说成是“马克思的正确答案”，不是一种无知就是一种别有用意的曲解。因此，尽管我们承认个人本位较之封建社会的“神本位”、“君主本位”是一个进步，但它的进步意义主要表现在反对封建主义上。一旦它完成了反封建的任务，它对社会的负效应就会越来越大。在今天的社会主义条件下，强调个人本位或宣扬个人本位主义价值观，必然在人格塑造问题上导致极端利己主义行为的出现。我们承认，社会主义个人利益同社会利益之间

① 《马克思恩格斯全集》第1卷，人民出版社1956年版，第675页。
② 《马克思恩格斯全集》第1卷，人民出版社1956年版，第675~676页。

有时也会发生矛盾,但这种矛盾是非对抗性的,这种矛盾的实质是长远利益与眼前利益、全局利益与局部利益的矛盾。在这种情况下,我们从人的社会本质的必然要求出发,要求个人利益服从社会整体利益,不仅不是对个人利益的否定,反而是全面地、客观地肯定了个人的正当利益,也有利于肯定全体社会成员的长远利益和根本利益。正是从这个意义上,我们认为,那些否定人格塑造中的社会本位意识,说社会本位就是"无视个人利益"、"侵犯个人利益"的说法在理论上是不科学的,在实践中则是有害的,因为它可以直接导致自我人格追求中个人主义、利己主义行为的出现。

第二章　自觉人格与“集体我”

从人的社会性存在这一基本的事实出发，所谓自觉人格的觉悟境界就是在认识和实践中达到一种“集体我”的生存状态。

——题记

既然人的本质性存在在于其社会性，那么我们就无法离开社会性来讨论人的自觉问题，这也就是说，人的自觉程度必然地和对人自身社会性的占有程度相关，人一旦占有了自己这一社会性的本质规定，也就意味着达到了人格的自觉境界。我们认为，这一自觉境界可以用“集体我”这一概念予以最普遍一般的界定。

一、自觉人格的一般界定：“集体我”

黑格尔在论述自我意识时，曾对“我”的意识发展做了这样三阶段的划分，即单个的自我、过渡的自我和集体的自我。而且在他看来，集体的自我是最真实和丰富的。黑格尔的这一思想无疑是深刻的。借用黑格尔的这一语言范式，我们可以用“集体我”来界说自觉人格的一般内涵，通过对“集体我”内涵的论述，我们将会发现，人格的自觉境界就是每一个自我在自我意识和实践中达到“集体我”的境界。

（一）“集体我”的基本内涵

“‘集体’的最根本含义是指人的社会性，人与动物的区别在于人总是处于一定的并被自觉意识到了的社会关系之中。只要走出‘自我’,我们便不可避免地走入集体、社会之中。”①

我们这里的“集体”是就其最广泛的意义而言的,因此它便是指人们的“社会集合体”。这个集合体之所以会存在,就是因为人们无法摆脱集体而生存和发展,相反,只能在集体中才能不仅有人的生存与发展,而且也会将个人自由发展的成果积累与传承,使每个个人不再从头进化、发展,而从既有水平上进行更高的发展。现代社会的分工合作已经出现了高度的融合统一,因此也就更无法摆脱集体对个人的影响。那些想借一股自身的蛮力或虚幻的、轻飘飘的想象力超脱于集体之外的人,注定像萨特在其小说《厌恶》中所描绘的主人公洛根丁那样成为一个“孤独的人”。这种“孤独的人”必然如洛根丁那样,一方面忍受离群索居的凄凉和自我隔离的忧郁,另一方面又因无法理解他人以及自我与他人的恰当的社会关系,也无法理解自己的价值和意义的真实所在而最终走向人生的悲剧。这种“孤独的人”的悲剧正在于,他忘记了人永远是社会中的和集体中的人这一最基本的现实。

所以,我们每时每刻都处于集体之中。家庭、团体、民族、国家、政党、阶级等都是范围不同、性质不同的集体形式,而且,我们还总是“只有在集体中才可能有个人自由”②。在多种形式的集体中保存自己的完整个性,发挥自己的全面能力,因此也就实现了个人与集体的内在统一。

马克思、恩格斯认为:“既然正确理解的利益是整个道德的基础,那就必须使个别人的私人利益符合于全人类的利益。”③结合上面马克

① 应杭:《论集体主义道德原则的本体论根据及其理论实践意义》,《浙江大学学报(社会科学版)》1991 年第 4 期。

② 《马克思恩格斯选集》第 1 卷,人民出版社 1972 年版,第 82 页。

③ 《马克思恩格斯全集》第 2 卷,人民出版社 1957 年版,第 167 页。

思和恩格斯在《共产党宣言》中强调的，“只有在集体中，个人才能获得全面发展其才能的手段，也就是说，只有在集体中才可能有个人自由”。他们就此提出了“集体我”的两个基本思想：第一，要理解集体主义中的“集体我”思想必须“正确理解利益”，也就是说，只有坚持个人利益和集体利益的现实的、经验的统一，“集体我”才是真实可信的；第二，不仅个人利益必须符合集体利益乃至全人类的利益，而且也必须明确，个人利益也是在集体中才能全面获得的。离开了集体，个人永远无法实现自己。列宁对马克思、恩格斯的这一思想做了进一步的阐发，并通俗地把其理解为“人人为我，我为人人”的具体行为规范：“我们将双手不停地工作几年以至几十年。我们要努力消灭‘人人为自己，上帝为大家’这个可诅咒的常规，……我们要努力把‘人人为我，我为人人’……的原则灌输到群众的思想中去，变成他们的习惯，变成他们的生活常规。”[①]列宁对这一原则的论述和应用不仅生动而且异常精辟。“人人为自己，上帝为大家”的原则之所以要诅咒，是因为上帝本身是不存在的，剩下的便只有“人人为自己”这一资产阶级资本生产规则所崇奉的个人主义价值原则才是真实的存在。而这种“人人为自己”的追求必然导致社会整体利益被腐蚀，从而最终使每一个成员的利益也直接或间接地受到损害，因此，这是对人的社会本性的否定。而“人人为我，我为人人”的原则却是真实可行的。因为一方面，每个人有自己的特殊利益，故必须“人人为我”；但不可或缺的是另一方面，即每个人又处于社会集体之中，必须在集体中才能获得个人的发展，才能将自己的特殊利益与社会的普遍利益相结合，进而将前者上升为普遍利益，故必须“我为人人”。这恰恰正是一种“人我一体”、利己与利他、个人利益与集体利益相统一的自觉人格境界的真实体现。

① 《列宁全集》第 31 卷，人民出版社 1958 年版，第 104 页。

(二)“集体我”的社会存在根据

我们认为,一方面,从哲学本体论上考察,无论是“个体我”还是“集体我”,都不构成单独的本体,故而它只能是被给定地、现实地存在于这个世界之中的。作为一种人格境界,“集体我”的本体论依据就必须从现实的、具体的社会形态中予以全面界定。我们理解的这个根据就是社会主义社会的经济制度及其政治上层建筑和意识形态的现实存在本身。科学社会主义从它的创始人马克思和恩格斯那里开始,经历了百余年血与火的洗礼,已从一种社会理想变成了现实的经济和政治制度。这也就是说,无论人们承认与否,社会主义已成为一个既定的,对于推动人的全面发展和自由理想,以及个人主体人格的塑造有着巨大潜力的现实存在。确立这一事实的认识意义就在于,它为“集体我”的人格境界提供了坚实而具体的社会本体论根据,从而也是人们从现实的社会基础和人的发展条件出发来认识“集体我”的基本前提。

另一方面,从社会主义产生与发展的现实历史看,社会主义与历史上其他的社会形态一样,在以自己的经济和政治原则提出自己的基本社会理想的同时,也以自己的要求订立了个人可以自由创造自我多彩人生的基本的价值准则。而这个准则集中地体现为“集体我”的原则。这一原则同时也是历史唯物主义关于经济关系决定其他社会关系这一基本原理的必然结论。也就是说,从社会主义经济关系本质及其内在需求机制中,必然引申出个人在处理与社会集体的关系上必须遵循的“集体我”这一社会主义的集体原则。因为社会主义在自己的基础构成中,把生产资料公有制作为自己最基本的规定和合法性来源。这一规定也就意味着,不是孤立的、原子化的个人,而是广大劳动群众、进行有效组织的个人群体,共同占有生产资料,并不断扩大着这个社会集体所具有的共同一致的最大的整体利益。也正是这一社会存在的基本事实从根本上决定了,社会主义的道德价值取向只能是集体主义的;而与此同时,集体主义也最能够反映这一经济关系的内在本质及其广大群众的根本利益要求以及每个人作为“集体中的个人”的最大的自由。

因此,从以上两个方面可以看出,在社会主义的自我规定与“集体我”之间有着一种内在的联系:“集体我”是社会主义社会存在和发展的必然结果和产物,同时,“集体我”及其所奉行的集体主义原则又构成社会主义在道德实践领域的本质特征。其实,社会主义与“集体我”及集体主义道德原则的这种内在关系甚至包含在“社会主义”的拉丁文词源 socius 之中,这个词本身就含有社会的、共同的和集体的生活这一层意思。空想社会主义者也曾用“社会主义”一词来表达他们不满于资本主义社会中盛行的个人主义而期待美好的集体生活的理想,并积极地在实践中加以尝试,比如欧文、傅立叶等人都想在借助资本主义生产方式的支持下实现社会主义,并建立了“新拉纳克”等集体主义的社会实验区。马克思主义的创始人则在唯物史观的科学理论和方法的基础上将社会主义与“集体我”的人生道德追求内在地统一在一起。尽管在马克思、恩格斯的著作中尚未使用“集体我”这个概念,但他们却不止一次地在批判资产阶级利己主义和个人主义的同时,表达了他们关于未来社会主义和共产主义社会中的“集体我”的人格境界和这一人格必然奉行的集体主义的道德原则与道德理想。这一切正说明着,社会主义不仅在自己的本质内涵中包含了“集体我”的一般含义以及集体主义的道德原则,而且为以历史唯物主义的理论主张为基础的“集体我”及集体主义道德原则的生成和自我发展提供了内在根据、条件和运行机制。①

从理论和现实两个方面出发，我们可以看到，“集体我”以及它所奉行的集体主义道德原则在社会主义社会中便具有了深刻的本体论根据。我们说，“集体我”的人格境界及其集体主义道德原则绝不是某个人或某个群体、社会进行主观选择的结果，而是由社会主义社会产生和发展的内在必然性在我们每一个自我人生之实践领域里的展现。从这一特定的意义上，我们甚至可以说，中国历史选择了社会主义，同时也就在人格追求中确立了“集体我”，在道德生活领域中选择了集体主义。

毋庸置疑，在现实生活中，对“集体我”人格境界及其奉行的集体主义道德原则在理论上引起的困惑主要来自如下一种质疑：在改革开放以及完善社会主义市场经济体制的当代中国社会，因市场经济与商业竞争的内在要求，我们需要的是有鲜明的个体性、自主性和充满进取、创造特性的自我人格。因而，在现时代，我们需要张扬的是一种“个体我”及其所奉行的个人主义道德原则，而不是“集体我”以及集体主义的道德原则。个人主义的崇拜者认为，“集体我”以及集体主义必然导致个人被集体淹没，必然扼杀个人的个性，使个人毫无创造活力，所以这是一种与时代精神相悖的道德说教。

如果说，这是对以往极“左”思潮下的“虚幻的集体”所主导的集体主义说教理论的批判，以及现代社会出现的“同一化”倾向，那么，它尚有一定的积极意义。但如果因此得出结论说，“集体我”之人格追求及其集体主义道德原则在市场经济深入发展的今天已经丧失了“真”的根据，没有理论和现实的必要，因而必须摒弃的话，那么，我们必须

① 应杭：《论集体主义道德原则的本体论根据及其理论实践意义》，《浙江大学学报（社会科学版）》1991 年第 4 期。

指出,这个结论是错误的。因为这种观点无视了一个最基本的事实,那就是在现时代,“集体我”的人格追求及其集体主义道德原则依然有其社会本体论的存在根据。

可以肯定地说,社会主义市场经济的深入发展,既使人的社会性以及维系这一社会性的利益关系通过激发个人主体性和创造性的方式而变得更加丰富和更加复杂,也使社会主义社会的具体内涵以及社会与个人的平衡关系得以重新定位和衡量。但同样可以肯定的是,这并未改变“集体我”之人格追求及其奉行集体主义的具体的社会本体论根据。我们认为这个根据集中表现在如下几方面:

首先,就“集体我”之人格追求及其集体主义道德原则的一般根据而言,人的社会性和集体性是同质的范畴,集体性可以说也是人的本质规定之一,而这一本质规定以及由此必然派生的利益关系,总要求人们以“集体我”的积极态度从事个体自我的社会实践,否则,个人就将丧失自我的社会规定性,重返孤立化的状态。正是从这个意义上,我们认为,离开人的社会关系,离开集体利益的个人利益也是无法实现的。或者说,离开了社会条件所提供的一切发展前提而单纯强调个人的主体能动性的个人主义从来不可能是真正属于人的行为规范。因为它没有本体论的根据,只是一种对人的抽象的、美好的想象,即幻想仅凭个人的力量就能满足一切需要。

其次,从当前的社会与个人发展的现实出发,个人与社会的关系需要重新定位和调整,才能使“集体我”的人格魅力在市场经济全面铺开的今天继续发挥它在维护社会稳定、促进社会全面发展方面的积极作用。我们承认,在历史上,个人主义者曾与资本主义相契合,引发过资本主义的物质文明,但社会进步并不只以物质文明为基础,个人在集体中坚强奋斗,并为集体做出自己的卓越贡献的同时,获得了个人物质利益和精神生活的最真实的享受,从而最大程度地实现自我的人生价值。也只有这样，我们才能在人格追求中真正使自己成为一个“大写的人”。但面临价值解体、道德滑坡等现象，市场经济的发展只是单方面地促进了个人利益实现的能力，人与人之间的社会联合以及在这种联合基础上的普遍交往甚至出现了某种程度的倒退。面对这些令人忧心的现实，社会主义集体主义价值原则和道德准则所提倡的“集体我”人格修养正逢其时，它对于拯救价值危机、信仰危机、社会危机和文化危机等来说不失为一个可以深入探讨的命题。

二、“集体我”：集体与个体的双向规定

马克思在自己的有关论述中，曾提出过一个概念——“真实的集体”。在马克思看来，所谓“真实的集体”就是充分顾及个人利益的那种集合体，为此，他认为：“在真实的集体的条件下，各个个人在自己的联合中并通过这种联合而获得自由。”[①]所以，“真实的集体”克服了以往一切往往只是反映统治者集团甚至个人利益的所谓集体的虚幻性，把社会整体利益与个人利益真实地统一于自由人的联合体中。我们认为，正是在“真实的集体”中，“集体我”才被主体人格在认知、情感和意志方面行之有效地确立。

（一）“集体我”：集体对个体的人格要求

由于“集体我”首先是个人与集体关系中的一种对社会更本位的抉择，所以，马克思所称的“真实的集体”首先必然是集体对个体的人格要求。

因此，人格自觉中的“集体我”及基本行为原则——集体主义原则就必然要呈现为社会集体对个体的规范与要求。而且这个要求作为基本的人格规范和要求，又必须能涵盖人生生活的各个方面，贯穿人

① 《马克思恩格斯全集》第1卷，人民出版社1960年版，第84页。

生生活的全部过程，故它本身还应当具有人生理想的形态。

我们认为，在规范形态上，集体对个体有三个方面的内容：其一，坚持集体利益和个人利益的结合，要求个人为增进社会集体利益贡献自己的力量，要求社会集体为个人的正当利益的实现创造条件；其二，坚持社会集体利益高于个人利益，反对任何理由的个人利益绝对优先的价值追求；其三，在个人利益与集体利益发生矛盾又不能兼顾时，个人利益应当自觉地服从集体利益。这些具体的规范，实际上是“集体我”之人格要求以及以此为基准奉行的集体主义原则在个体人生生活实践中的具体化。

我们认为，集体对道德个体的这些要求是必然的。我们承认，人作为一个不同于动物的存在物，除了有他无法离开集体、社会而生存的社会性之外，每一个个体有其自身的绝对价值。因而集体要培养全面发展的人，理所当然地要使个性得到真正的解放，使人的德行、知识、才能、体魄各方面得到充分发展。这亦即是说，要把人看作是目的，而不能仅仅看作是手段、工具。

但是，我们同时更应看到，人总是集体中的人，人的本质是“一切社会关系的总和”。因此人的全面发展并不是孤立的、抽象的，不是那种脱离社会的纯粹的自我膨胀，而是有具体的社会内容的：它不仅包括人的多方面素质的提高，而且必然要把个人在集体社会中才能实现的社会价值视为个人价值的核心，作为个人全面自由发展的最重要的社会内容。

所以，历史唯物主义认为，人作为人生存于这个世间，就是由于他具有社会性。如果一个人完全漠视自己对社会的义务和责任，一切以自我为中心，只知索取，不愿贡献，那么，即使他智力发达，体魄健壮，能力超强，这样的人的人格也是不健全的，甚至可以说，因为他抽去了自己的社会本质，而成为一个“非人”。因此，这种脱离社会的发展的人只能是“片面的”存在而不是全面的、自由的存在物。任何个人的发展只有同时表现为对社会的贡献时才真正将个人价值发挥出来,并且又同时表现为个性的真正的、全面的发展。

这样,个人为求得自身的全面发展和自我价值的增值,就应自觉地担负起对集体的责任,努力地为集体做贡献,在集体利益和个人利益发生矛盾又不能兼顾时,个体自觉地服从集体利益,做出适当的自我牺牲,使自身的精神价值得到升华。从个人价值表现为对社会的奉献来看,个人成为集体利益发展的手段,但手段本身又反过来成为每一个人的自我实现目的的一部分,因此目的与手段在这里从手段上得到统一,个人利益与集体利益形成了“互为目的与手段”的关系。由以上可以看出,个人越是全面发展,越是具有高尚的道德境界和各方面的才能,越是说明他对社会的贡献大,集体也就在个人的基础上得到发展,从而接近“真实的集体”的理想形态。因此,个人发展的过程同时也是集体发展的过程,也只有从这个意义上,我们可以理解,马克思为什么“以各个人自由发展为一切人自由发展的条件”①。

所以,我们甚至可以说,集体本身也有目的意义。我们理解,其中的“目的意义”主要表现在如下三方面:

其一,如果把个人比作“小我”的话,集体就是一个“大我”,既然“小我”要追求全面而自由的发展,“大我”也应该有要求其成员共同努力而使自身完善的权力。其二,集体毕竟不是个人的简单相加,它作为许多个体构成的系统,有它自身的独特的质。它是人的一种联合,这种联合曾经在历史上表现为“虚幻的集体”,如封建社会中的整体主义,一些法西斯专制国家的民族主义等。这种“虚幻的集体”必然压抑其成员的发展。但在社会主义的今天,集体已经消灭了它的虚幻

① 《马克思恩格斯全集》第4卷,人民出版社1958年版,第491页。

性,获得了与个人利益的根本上的统一。但现实的集体与个人毕竟还存在着冲突,我们就是要不断促进集体的发展,使它成为人们自由发展的条件。故真实的集体就它本身而言,确实是有内在价值的,虽然它的价值表现为集体代表个体的忠实程度,表现为集体为个人发展所提供的条件,但绝不能否认集体本身具有的目的意义。其三,集体利益也不是个人利益的简单叠加,它是个人利益的最普遍、最一般的概括,这也是对集体自身发展需要的满足。强调集体的目的意义,就是要强调,处于集体中的个人必须在规范和约束自我中承担自己对他人和社会的义务。如果我们否认这一点,我们就会因此走向个人主义和利己主义的迷误。

(二)“集体我”:个体对集体的道德要求

如果说我们的人格理论研究和道德宣传教育在集体对个体的规范要求上已有足够的重视的话,那么,显然地,在个体对集体的规范要求上,我们几乎面对的是一个陌生的研究领域。

按照马克思对“真实的集体”的要求,我们认为,“集体我”以及集体主义除了集体对个体有一定的规范要求外,必然地还包含着个体对集体的规范要求。因为人只有在社会集体中才能全面自由地发展,这一事实本身就决定了,每个个体依据自身全面自由发展自己的个性的需要本身会对这个社会集体产生一定的个体要求。我们理解,这个要求用最概括的语言来表述就是:改造和完善集体。依据马克思主义的唯物史观来看,集体自从产生以来,经历了“虚构的集体”和“真实的集体”两个阶段,并且还要向更加真实的集体逼近。我们认为,当前,我们现实的社会存在中现有的集体,尽管已在很大程度上克服了以往集体的虚妄性,但与那种理想的真实的集体,尚存在较大的差距。这种差距必须在伴随社会主义初级阶段向更高阶段过渡的进程中才能逐步缩小。

因此,我们所理解的对集体的完善和改造就主要包括如下几个方面的维度和指向:其一是集体的领导。集体的领导是一个集体最集中最直接的代表,领导素质的高低直接影响到对集体的决策和管理,从而影响集体的发展、集体对个人的关心程度和集体对外的整体形象。所以,对集体的领导的素质与德行的培养将有利于集体的完善。其二是集体本身的制度。这种制度大到一个国家政党的经济制度、政治制度,小到一个小集体的规章、公约。显然,制度是集体正常运作的保障,合理而健全的制度将会促进集体的发展,反之则会导致集体内部的混乱。其三是集体的物质基础。这个基础对于社会而言就是社会的生产力发展水平,它是集体的一切物质、精神活动的基础,是促进集体发展的根本内部动力。其四是集体的文化。它影响集体的精神素质,代表集体的风貌,也是促进集体发展的重要内部动力之一。

鉴于"集体我"对人格自觉所具有的理论与实际价值,当前必须要特别强调对集体的完善和改造,并将其视为现时代中国特色社会主义实践的重要内容。如果我们对此能形成理论与实践上的共识,无疑就为建构"集体我"的自觉人格以及每一个自觉人格的集体主义道德理想提供了最重要的基本保障。

不仅如此,对集体的完善和改造也是当今社会人们实践集体主义原则的一个必要前提。集体主义的道德理想只有通过个人和集体关系的直接融合才能成为现实。因此,要使个人不断发展与完善,就必须调节好个人与集体之间的利益关系,而要有效地调节这二者之间的关系,尤其要以对"集体"的一定程度的改造与完善为前提。

因此,"集体我"必须建立在个人利益与集体利益统一的基础之上。这样,"集体我"才会认为,个人的自我牺牲具有崇高的道德价值。而与此同时,集体则必须关心、保障和满足个人的正当利益,为个人的发展积极创造条件,在个人做出牺牲之后,应给予精神或物质上的一定补偿。这样的互动，就进一步推动了“集体我”之自觉人格向更高程度演进，而社会生活则通过个人和集体的共同积极活动达到利益的共生，使集体中的个人具有道德活力、主动性和创造精神，也使得由这种个人所组成的社会集体更加完善。正是这种共同的积极活动，在当前的现实条件下具有非常重要的意义，可以说是“集体我”之自觉人格在当下的主要表现方式。

可以肯定地说，集体的完善和改革本身也只是手段而绝不是目的。对集体的完善和改造的目的，就是要激发集体对个体活动中的主动性、积极性，从集体的一方自觉履行集体主义原则的要求，切实关心、保障和发展个人利益。而集体通过对个人利益的关心、保障和发展，可以激发个体的责任意识和生活主动性。个人的正当权益得到保障，发展的需要得到满足，个体就向自由全面的发展迈进了一步，个人的整体素质就会相应提高。个人自觉地以“集体我”之人格境界为目标，以集体主义原则为指导方针，以提高了的精神境界参与社会生活，从而使个人对集体的贡献更大，必要时也更可能做出自觉自愿的自我牺牲。于是，“集体我”以及集体主义的行为原则就在这种积极主动的活动中调节着集体和个人之间的关系，从而又进一步促进他们人格的发展，形成个人与集体关系的良性循环。此外，集体通过对个人的关心，还可以使个体对集体产生感情上的共鸣和首肯，从而使行为个体在内心深处产生“集体我”的自觉要求，并主动自觉地接受集体主义原则的规范。

实践证明，如果我们能加强对集体的完善和改造，使集体富于凝聚力，其影响就会贯穿到集体和个人双方，从而使“集体我”之人格自觉运动的实践更为有效。而如果我们忽视对集体的完善和改造，集体就会停留于一种有缺陷的、不能关心和切实保障个人正当利益的状态，从而损害个体为集体做贡献的积极性。长此以往，就必然会产生两种结果:其一是集体主义不能发挥其优越性,而被虚假的集体主义(如封建的整体主义)所取代,压抑个人自由,贬斥个人利益,这方面我们已经有了深刻的历史教训;其二是个人不把集体看成是自身的忠实代表,只依靠自身的力量争取自身的利益,这又势必造成集体的分崩离析,使个人主义盛行。这在我们社会主义市场经济条件下的当代中国人的生活实践中也已有极多的经验教训。

从这一理解出发,我们或许可以这样说,加强对集体的完善和改造,是"集体我"之自觉人格塑造以及使集体主义在人们心中植根的关键,也是集体主义道德基本原则能否被人们在实际生活中普遍遵循的关键。

(三)扬弃"虚假的集体主义"

如果从"真实的集体"的科学规定出发,我们便可以发现,现实生活中,尤其是在当代中国人的现实生活实践中,集体主义陷于被怀疑和否定的困境以及由此引发的对"集体我"之自觉人格境界的漠视,对集体主义道德原则和道德理想的怀疑和动摇,绝不是由真正意义上的集体主义原则所引发的,而是对我们以往曾经奉行的迄今仍以这样或那样的方式存在于一些道德教科书中的所谓的"集体主义"的逆反所致。从我们对真实的集体原则的基本理解出发,可以认为,在相当长的一段时期里,我们宣传的集体主义不是一种真正的集体主义,而是一种极"左"思潮统治下的与人性相左的虚假的"集体主义"说教。

这种虚假的集体主义有两个最明显的特征:"其一是忽视或无视个人利益。处于这样一种集体主义之下,人们总是被喋喋不休地告诫,要抑制对个人利益的要求,要不惜牺牲个人利益,等等。然而,这种脱离了个人利益的集体只是一种虚假的集体利益,每个人都牺牲自己的个人利益,那么这个集体也就因此丧失了为其服务的具体对象,而变成了一种抽象的存在,其结果往往是导致少数人打着集体主义的幌子而大谋私利。其二是目的与手段的错位。正如道德本身不能作为道德的目的，而总是以培养造就一定的理想人格作为目的一样，集体主义道德原则本身也不是目的，而只是使社会每一个成员获得自由全面发展其才能的手段。但以往虚假的集体主义却把集体主义原则自身视为唯一的最高的目的。从这样一个错误的理解出发，一切合乎人性的欲望追求都被视为与集体主义相违背而遭到泯灭或压抑。集体主义的道德原则也就必然变成一个令人望而生畏的甚至是令人痛苦的异己的东西。这样，以往的这种虚假‘集体主义’道德对于每个人来说，必然成为一种异己的力量来压抑人性。”①

集体主义道德原则本来是人们为了规范自我人性，在集体中造就自由全面发展的人性自我，树立高尚的人格追求，从而使个人能够实现自我与集体的有机统一而遵循的，可这种“虚假的集体主义”却变成了自由人性的对立物，成为一种压制个人的异己力量。譬如，这种虚假的集体主义原则曾要求人们“狠斗私字一闪念”，可正如我们熟知的那样，就人的天性而言，谁都有私字的“一闪念”，现在不光是这“一闪念”的瞬间有“私字”，就是在日常生活领域人们也不再耻于谈论“私字”。显然，这种虚假的、对个人主体而言是异己的集体主义原则落入现实的困境，在道德争辩和道德实践中遭到人们的怀疑和否定是理所当然的。

不仅如此，在现实的社会生活实践中，人们对“集体我”之自觉人格教育和这一人格奉行的基本原则——集体主义感到困惑的另外一个重要根源在于，以往我们总是习惯于单纯地从公有制本身出发来论证集体主义的合理性与必然性，把集体主义完全置于生产资料公有制

① 孙慧玲，应杭：《论当今中国社会的伦理价值导向》，《中国人民大学学报》1995 年第 4 期。

这一必然的经济基础之上，因而进行集体主义的教育无非是进行一番公有制的理论辩护。其实，这是一个必须澄清的误解。我们承认，生产资料公有制，社会每一个成员共同占有劳动资料，无疑为“母体我”之自觉人格的塑造和确立，为每一个社会个体的集体主义原则和道德理想奠定了必要的物质基础，但这并不注定必然产生“集体我”之集体主义的道德要求。我们只要对社会成员共同占有生产资料以及共同生产、共同消费等社会主义经济基本要求做认真的探讨，就会发现这其中的情况错综复杂。社会成员对生产资料和生活资料的占有与消费是一个动态过程。特别是既有生产和生活资料已被消费，而新的生产和生活资料还未被创造出来的时候，个人就处于一个两次占有的“间隙”之中。如果在诸如经济分配政策的失误使这种“间隙”处于一个较长的时期的情形下，个人利益与集体利益之间的矛盾就变得异常尖锐，这时“集体我”之人格追求以及集体主义原则的奉行对处于“间隙”状态的个人来说，是与他的实际愿望和要求相抵触、相违背的，个人在物质需要上能否经受得了这种“间隙”状态，以及社会能够在多大程度上通过有计划地调控使得这种矛盾得到有效缓解，都存在很大的变数。这样，在公有制所决定的共同生产和共同消费还只是一种可能性的情形下，当个人尚处于事实上的“间隙”状态下时，“集体我”之自觉人格追求和相应的集体主义原则往往会遭到一部分人的拒绝。特别重要的是，在市场经济下，当代中国人的生活实践已呈非常复杂的情形，对一部分人而言，这种由公有制导出集体主义的简单化方式更是几乎没有任何理论和实践的说服力。因而，公有制并非一定自动使人们奉行“集体我”之自觉人格的追求和集体主义的道德原则。况且，经济体制的改革很大程度上已使所有制形式发生了变化。特别是市场经济在对于社会资源分配的效用已得到有力支持和普遍接受的今天，更使这种由公有制的理论论证直接导出的“集体我”之人格境界和集体主义原则的简单做法陷于困境。因为,如果集体主义的道德原则只和公有制直接相关,那么,市场经济条件下涌现出的独立自主的个人则更多地要求社会的快速成长,个人期望重新加入社会组织、融入集体生活的要求也在不断增长。因此,雷锋的集体主义精神,在诸如美国等西方国家的一些公民中甚至也能成为个人生活追求中的一种时尚。它在我们国家也逐渐从一种相对灰暗的记忆中被拯救出来,“集体我”的人格重新焕发生机。

生产资料公有制的确立为“集体我”之自觉人格追求提供了最为坚实的物质基础,而且它构成了“集体我”及其奉行的集体主义在现时代的一个重要的社会本体论根据。但要使“集体我”之自觉人格真正成为个体的自觉人格追求,从而使集体主义道德原则真正得以实现,还必须要求社会的每一个成员如马克思指出的那样“正确理解利益”,在“真实的集体”的形态下使集体主义成为内心确信不疑的价值准则。这是一种个人利益和集体利益的辩证统一过程。人有利己的欲望,有对个人利益的追求;但人又是社会集体中的人,也有与他人合作、交往,为他人而付出的需要和冲动,而这也就是集体主义道德原则之所以必然成为人性自我规范的奥秘所在。我们传统的那种虚假的集体主义并未真正把握这一奥秘,从而不可避免地要走向困境。显然,这种虚假的集体主义道德原则的被怀疑和否定,恰恰是当代中国人在自我人格塑造和追求过程中的一种进步的表现。在当代中国,人们再也不会为“公”与“私”而激愤争辩,反而平静地看待二者的关系。这说明,人们已经回归理性,没有道德绑架、政治绑架和文化绑架的今天,个人的现实利益被普遍尊重,个人的多元选择被普遍承认。同样,人们也以理性的视角,从现实社会条件与个人发展的双重角度冷静地分析集体主义和“集体我”之人格的当代魅力。

三、“集体我”与真正的集体主义

马克思主义经典作家在论及社会主义运动的缔造者工人阶级时，曾称这个阶级在自己的生活实践中与资产阶级的个人主义本质相比，直接表现了他们“最动人、最高贵、最合乎人情”①的道德品性。我们认为，这个道德品性表现在自我人格追求中就是一种大公无私的人格品性。这无疑是“集体我”之自觉人格的最高境界。而这个人格品性和道德人格境界正如马克思所理解的那样，在“真实的集体”中得到了全面彻底的展露。因此我们在这里特别探讨并强调弘扬这种真正的集体主义原则。

（一）真正的集体主义原则的质的规定性

对“集体我”之人格境界和集体主义原则的社会本体论之根据的探讨，对马克思“真实的集体”思想的合理辩护和有力阐发，在理论上使我们对集体主义的价值原则至少可以确立如下三个基本方面的规定性。

首先，集体主义原则以利益作为基础。因为人们所追求的一切都必然和他们的利益相关，也就是说，利益作为个人、集体、阶级、社会等各种物质和精神需要的直接表现，是人类自身生存和发展的必然领域。因而，对利益的追求是人的存在和发展的基础和保障。由于这个利益包括个人利益和集体利益，所以，两种利益必须是兼顾和统一的，才能既有利于社会个人的成长和自由发展，又有利于社会集体成为推动个人利益实现的活动平台。

其次，集体主义原则的出发点和归宿是“人获得自由而全面的发展”。在马克思主义看来，人的个性的自由而全面的发展既是个人利

---

① 《马克思恩格斯全集》第2卷，人民出版社1957年版，第501页。

益的最高实现也是集体利益的最高目标，这就是马克思、恩格斯关于社会主义、共产主义学说的最高价值理想。个人为了获得自由而全面的发展，显然无法从单个的自我这里实现，而必须依靠社会、依靠集体，故而我们要遵循集体主义原则。

最后，集体主义原则从来不是要抹杀或压抑个人利益，而是要谨守个人利益与集体利益之间的现实平衡，保持个人利益与集体利益在现实社会中都能得到有效实现，而且在两者发生冲突时，更多地考虑到集体利益。既然作为共产主义理想原则的集体主义的归宿是实现个人的自由全面发展，那么，集体主义原则本身也不是什么最终目的，而只是保障每个人自由全面发展的必要的手段。这样，当集体利益、个人利益发生矛盾甚至尖锐冲突时，尽管由于在至今为止的现实社会中，集体利益应该高于个人利益，因而通常要求牺牲个人利益以维护集体利益，但牺牲个人利益并不应该视为唯一的解决方法，因为只有每一个人的自由全面的发展这一最终目的才是最高的评判根据。这亦即是说，无论是通常情形下要求个人利益的牺牲，还是在某些特定情形下的集体利益的牺牲，都是实现人的自由全面发展这一最终目的的手段。

当然，从个人的利益及实现这一利益的原则——集体主义的本体论根据中，我们还可以引申出真正的集体主义的许多其他具体规定。但作为社会主义行为规范基本原则的集体主义，如上三个方面的基本规定无疑是最本质的规定，丧失这些基本规定的“集体我”之人格追求及其所奉行的集体主义无论如何美妙崇高，都将因丧失了“真”的本体论根据而走向虚假的说教。

（二）“集体我”与集体主义原则的实践启迪

理论思辨的价值在于引导实践。因此，我们认为，对“集体我”以及集体主义原则做本体论根据的探讨，其理论和实践意义在于，能为当代中国人在自我人生的设计和确立正确的人格追求目标与人生价值导向上,提供如下两方面实践的启迪。

首先,走出个人主义的迷误。我们认为,改革在当代中国人的生活实践中引起最大最深刻的变化之一显然是对个人和集体关系的重新思考和认同。这其中一个不可否认的客观事实是,个人主义在理论上和生活实践中已成为大众信条。个人主义理想论的倡导者和实践者们相信,在现时代,自我意识的觉醒、社会主义被抛弃显然已经是历史发展的必然趋势,因而,代表中国伦理生活的大趋势是个人主义:“我有自己的道德尺度,我用我的眼睛观察,我用我的头脑思考,我用我的尺度衡量一切,我按我的意志在行动。”个人主义的伦理主张的提出无疑有其特定的社会历史背景。的确,正如我们所必须正视的那样,我们承认,“个人主义”有时的确是个模糊甚至善恶界限不怎么分明的概念。譬如,作为生命的个体存在方式,“个人主义”不仅无可非议,而且是个客观事实;每个人以自强不息的个人奋斗表现出来的“个人主义”也有某种程度的合理性;等等。

但是,无论如何,作为与“集体我”所奉行的集体主义道德原则相对立的一种道德原则,个人主义无疑在集体与个人关系问题上的价值取向是利己主义的,从而在人格目标的追求上是以自我为本位的。因此,从“集体我”的基本规范出发,我们认为,这种强调个人本位的个人主义是没有社会本体论根据的,因为这种行为原则无疑是对人的社会集体性这一本质规定的消解,是对“个人自由只有在社会集体中才能真正实现”这一社会客观事实的否定。由于个人主义必定有如下一些基本的特征:认为个人利益高于一切;他人、集体和社会都仅仅是达到个人利益的手段;为了追求个人私利可以不顾他人、集体和社会的利益,甚至不惜损害他人和集体利益而谋取私利;等等。因此,作为一种人格理想目标追求,个人主义所具有的社会危害性是显而易见的。个人主义和利己主义的追求一样，恰恰是人的一种类似于生物的生命本能，以这种本能作为人的社会行为的规范，实质上是放弃人的社会本质而使个人完全听命于本能冲动的表现。因此，我们必须走出个人主义的迷误，才能认清个人与集体、社会之间的真实关系，从而为自己造就理想人性提供一个开阔的历史视野。

从以上理论和实践的分析中我们可以得知，走出人格追求中的个人主义的迷误，关键往往在于划清个人利益和个人主义的界限。我们承认个人利益，因为“任何人类历史的第一个前提无疑是有生命的个人的存在”①，因此“个人利益并不是一条道德律命，而是一件科学事实”（普列汉诺夫语）。但这并不意味着我们主张个人主义。承认和尊重个人利益与纯粹的个人主义之间是有本质区别的。这个区别最根本的表现就在于：个人利益是在与集体、社会利益相统一的过程中实现的，其基本出发点和前提是个人与集体的有机统一；而个人主义则把个人利益和社会集体利益对立起来，以否定和损害他人、集体、社会利益来实现自己的个人利益。当然，理论上对个人利益与个人主义的区分比较简单，而在现实的道德场景中真正做到祛除个人主义的毒害却不是那么容易。在我们的社会道德实践中，把正当的个人利益视为个人主义而予以批判和彻底否定，或将个人主义视为个人唯一的价值追求而大加奉承，这两种现象都曾发生过。尤其是在“文革”十年那个“灵魂深处闹革命”的荒唐岁月里，所有主张个人正当利益的行为都被极“左”的虚假的集体主义所取代了。物极必反，在改革开放进行了三十多年之后，许多人又投入到个人主义的大旗之下，为其摇旗呐喊，摒弃一切规定个人的制度体系，以为只要个人完全暴露于孤立的自由之下就解放了。这又是何其天真！

---

① 《马克思恩格斯全集》第3卷，人民出版社1960年版，第23页。

其次,要在互利原则中实现集体主义的追求。我们认为,从集体主义基本原则的本体论根据出发,可以把“集体我”之人格追求所奉行的集体主义理解为一种互利原则。而这正是“集体我”之自觉人格及其集体主义基本原则之“真实”的根据在现代社会的内在要求。人类行为之动机的坚实基础是利益,因而作为行为最基本原则的利益原则,在我们这个时代的发展阶段就必然表现为一种个人之间的互利原则。我们认为,“集体我”所奉行的集体主义正是通过互利原则才得以在现实社会生活中成为可供选择和能够用于实践的必要原则。这个“互利”指的是集体中的每一个成员都能从社会集体的普遍交往和集体利益自身中实现个人的正当利益和价值追求;而个人为了实现这个追求又必须同时维护社会集体的整体利益。我们的这个理解,也就是马克思和恩格斯声称的“只有在集体中,个人才能获得全面发展其才能的手段”在现代市场经济社会和社会主义要求同时存在的现实情况下的具体实践。

这样,互利原则就意味着,在每个社会成员的道德意识和道德心理中,因为有一个强大的集体,所以其会产生出一种依托感和充实感,从而获得一种自我理想人格实现的现实力量,并能指望集体可以为自身能力的满足提供个人在单独存在的情况下所不可企及的愿望和要求。同时,个人在为集体谋取利益的同时,能够获得自我价值和尊严。如果从权利和义务的关系来看,那么,我们可以认为,“集体我”之人格追求中的集体主义原则在这里所蕴含的互利原则就是指:个人有义务按照集体的道德规则和必要的法律规定行事,以维护集体中大多数人的利益;同时,个人又有权利要求集体必须运用其优势和力量满足个人的全面需要,实现个人自由而全面发展的理想人格。这也就是说,个人的义务正是集体对其成员所要求的权利,而个人的权利则是集体对其成员应当承担的义务。这就是“集体我”之自觉人格对其所奉行的集体主义之互利原则的基本规定。

从这样一个基本规定来看，在以往的那种极“左”思潮影响下的虚假的集体主义原则中，我们看不到这种权利和义务的有机结合。恰恰相反，虚假的集体只有要求其成员服从的权利，而忘记了集体还必须承担满足个人全面需要和利益的义务，所以，它所强调的是，为了集体利益而不惜牺牲个人利益这一违背集体自身存在的本体论要求。这种没有互利原则的集体主义必然给个人以异己的存在加上更为沉重的砝码。于是，个人被迫投入到“自我牺牲”的群体行为之中。但事实上，从主体人格的知、情、意等诸因素分析，无论从认知上，还是情感上，个人都不可能是完全自愿地“不惜牺牲自我”，一旦外在压制条件解除，个人对自我利益诉求的反弹以及对这种戕害个人的社会体制的反感便会无比强烈。或许正是这样一种离开互利原则、离开个人利益的集体主义导致了许多人跌入内在的思想观点与外在的表现行径的严重分裂之中。这也就是以往我们社会中存在着诸多人格分裂现象的重要根源之一。这无疑是集体主义基本原则所不应有的悲剧。特别值得指出的是，我们以前也一直承认个人利益的合理性，也强调国家、集体、个人三者兼顾，但事实上却做不到这一点，总是以种种借口和理由抹杀个人利益。究其根本原因也还是我们忽视了“集体我”及集体主义所内在要求的互利原则。那种离开互利原则的虚假的集体主义当然有足够的“理由”忽视个人利益的存在，但它必然是短命的，因为个人利益是与集体利益相对存在的，单纯强调“无人身”、“无主体”的集体利益必定使自身也遭受毁灭。其实，在现实生活中，许多人对“集体我”之人格及集体主义原则的困惑也正是这种对利益关系上的互利原则不能得到有效落实的失落感。因此，我们在自觉人格境界的追求中要走出困惑，就要找回互利原则，即重提列宁所提出的“人人为我，我为人人”的原则，让个人利益与集体利益回归其正常的关系之中,不再因为忽视一方而造成人格的扭曲。

(三)高扬集体主义的基本原则

置身于主体性强化和个性原则多元化的当今社会中,每个人无疑都追求理想自我的造就,因此,当代中国人热衷并执着于自我设计和自我实现是合理的。但现实社会实践也表露出,并不是每个人都清晰地意识到,理想自我人格的造就只能在集体中才有可能。因而,增强集体主义的道德意识,弘扬真正的集体主义原则,对当代中国人的现实人格的引导以及理想人格的塑造而言,并非像我们中的一些人所认为的那样是老生常谈。人是社会与集体的存在,可这种存在又必然需要以现实的、经验的个人为分析的起点。至此,通过对集体与个人关系的社会本体论根据的考察和分析,我们可以对前面的论述做如下方面的归纳,即每一个个人的理想自我和理想人格的造就,首先意味着他能自觉地走出个人自我狭小的天地,能走出个人本位主义的迷误,而置身于社会集体之中,并与社会集体和他人在普遍交往的基础上建立丰富的关系,从而在这个关系中完善自己的人格。

其实,这也不仅仅只是马克思的结论。佛祖释迦牟尼曾问其弟子:“一滴水怎样才能不干涸?”弟子们竟无一人能给出一个圆满的答案。释迦牟尼自己给出了这个答案:“把它放到大海里去。”这个典故是寓意深长的。正如一滴水只能置于大海中才不会干涸一样,任何个人自我实现的追求都只能在集体、社会的普遍交往和丰富关系中才能实现。这是在人格追求中确立“集体我”之自觉意识并同时奉行集体主义原则的一个必要的社会认识论前提。

黑格尔对自我意识的产生曾经做过深入的分析。在他看来,个人的主体自我意识的产生必须经历三个发展阶段:其一是“单个的自我”。在这一阶段,自我意识自身的存在具有狭隘性。其二是“过渡的自我”。在这一阶段,主体承认自我,也承认他人,认为自我和他人都是真实的存在，他人正是作为自我的对象而存在的，自我需要这个对象来走出单个自我的直接同一。其三则是“集体的自我”。在这一阶段，道德主体能自觉地把自我置身于家庭、市民社会以及国家之中，并形成调整自我与集体关系的普遍的道德意识。摈弃其中晦涩的论述，我们应该承认，黑格尔这个说法是很有道理的。借用黑格尔的阐释，我们或许可以这样认为，个人主义或极端利己主义是“单个的自我”阶段，是最低层次的自我认同与自我肯定；能对利己主义做某种限制（如提出“合法、合理”的利己主义的原则，或者主张利己不损人的实践主张等）则属于“过渡的自我”阶段，这时主体的人格意识已开始对人的社会性和集体性有初步的觉悟，个人自我走出简单的同一，开始接触社会与他人，并在共同的交往中寻找普遍利益；集体主义则是“集体的自我”阶段，这是真正的自觉的人格意识诞生的时刻，此时的自我已经在个人的特殊性和集体的普遍性之间找到恰当的位置，利己主义的个人完全蜕变为既有主体自我又有普遍利益诉求的“公民”个人。

关于集体主义基本原则对自我理想人格实现的必要性问题，苏联著名的伦理学家季塔连科曾这样归纳过：第一，集体保证经常性的交往、合作和辩论，这些是使个人内心安宁，使个人理智和感情增长的源泉；第二，巨大而宏伟的目标要求集体的努力来实现，就是在那些看起来似乎是纯粹个人活动的领域里，如艺术创作或科学创造，也要求有集体主义的处世态度；第三，全面地发展个性，要求全面地活动，要求从多方面去掌握社会力量；第四，集体主义是强调所有人的自由发展，所以离开集体主义的基础组织起来的社会，这种发展是不可思议的。[①] 季塔连科的这个分析正是发现了个人需要遵循集体主义的“集体我”人格而实现自我理想人格的秘密。因此，那种认为“集体我”是人格的

---

① 季塔连科：《马克思主义伦理学》，中国人民大学出版社 1984 年版，第 207 页。

异化，并断言集体主义抹杀个人个性的说法只是无稽之谈，恰恰相反，“集体我”和集体主义是主体自我个性实现和完善的最完美的形式。

同时，“集体我”之人格境界及集体主义对个性实现和完善的必要性还表现在，集体为个人的实现提供外在的条件和力量。集体通常通过褒贬毁誉来促使人们不断地走向人格的理想境界。特别是当我们的人生处于一种悲观、消沉甚至是绝望的境遇中时，来自集体的力量往往使我们重获希望。这就如马克思的一句名言所说的那样：“我们知道个人是微弱的，但是我们也知道整体就是力量。”①而这也是我们强调在自我人格追求的实践中高扬集体主义原则的另一个重要理论和实践依据所在。

四、简要的归纳与进一步探讨的问题

作为对人格的社会本质规定的内在呼应，我们从“集体我”的形态来界说自觉人格的基本内涵和人格范式，为此，我们在这里拟对这一思考做一个基本的归纳，同时对“集体我”与人性自由这一或许会引起争议的问题做进一步的探讨。

（一）简要的归纳

作为自觉人格一般界定的“集体我”的存在及其本质内涵的规定，具有深刻的社会本体论根据。这个根据从历史唯物主义关于人的本质规定的科学理论和方法来理解，就在于人的社会性和维系这一社会性的利益关系的存在。

因此，“集体我”的人格范式在现时代不仅可能而且必然会形成如下一种实践理性的境界：一方面，个人自觉、自愿地走进集体，并在集

① 《马克思恩格斯全集》第1卷，人民出版社1956年版，第80页。

体中获得自由、全面发展自我人格的途径和手段，但个人决不因此而失落、消融，或泯灭自我的个性；另一方面，集体容纳、尊重个人的主体选择，并以一定的规则和规范约束其成员，使他们不至于陷入诸如利己主义、个人本位主义之类的非理性人格追求之中。但集体又不因此而忽视个人利益的满足，而是把个人自由而全面地发展自我人格视为其最高和最终的价值目标。正是在这其中，集体主义拥有了马克思称之为“真实的集体”的形态，而这种“真实的集体”无疑会因其深沉的理论征服力和现实感召力，有效地在当代中国人的行为实践中被普遍信奉和确立。

我们认为，这样一个对“集体我”之自觉人格的信奉和确立，在社会主义的市场经济条件下尤其显示其实践意义。因为，我们现在的严峻现实是，许多人自觉或不自觉地把市场经济就等同于个人主义。这不仅在理论上引起了混乱，而且在实践中造成了诸多的社会问题，因此，我们或许可以以“集体我”之自觉人格的有效确立来改变这一现状。

因此，作为自觉人格一般界定的“集体我”以及其所奉行的集体主义，显然应该是我们人格追求中应遵循的当然之则，亦即是说，每一个自我个体在自我理想人格境界的追求中，“集体我”的人格状态是其最起码所应具备的。

（二）进一步探讨的问题

那么，我们又如何理解“集体我”人格状态下的个人自由问题，或者说，我们怎样看待“集体我”与个性自由的关系问题。这个问题无疑是可以进一步探讨的。

我们的初步结论是，在自觉人格追求中，每一个“集体我”之人格范式与个性自由问题是内在一致的。因为，从马克思“真实的集体”的基本规定看，集体显然对个体具有手段的价值和功利的价值。任何集体都是个体的存在方式和发展条件，集体关注个体生存和发展的正当权利越多，其真实的程度越高，就越是忠实地代表个体的普遍利益，就越能为个人的自我实现创造条件，也就越能为个人全面而自由地发展其才能和品性创造条件，其中的个人也就越能对集体产生一种向心力，而集体也就越具有凝聚力。

因此，集体的发展过程同时也是个体发展的过程。正是因此，我们高度评价当代中国人在自我人生实践中对那些虚假的、对个性而言是异己的所谓集体主义道德说教的反感和否定，并认为这不仅是必然的而且是合理的。

当然，我们同时也承认，“集体我”以及集体主义的道德理想本身也有终极的意义。但这个终极意义必须以弘扬人的个性自由，充分实现人的个体利益为基本目标，为实现这一终极目标，它同时表现为一个过程。从终极意义来看，“真实的集体”是把社会普遍利益与个人利益真实地统一于自身，是自由人联合体，是集体的最完善的形式。

但是，集体与个人、集体利益与个人利益不可能是完全无矛盾的、绝对同一的，尤其是在社会生产力还不甚发达的社会主义现阶段，这个矛盾有时还会是非常尖锐的。所以，从过程的角度看，“真实的集体”就是在根本利益一致的基础上，集体与个人的矛盾逐步得到解决，集体与个人越来越和谐统一的过程。而这必然表现为一个较长的具体的历史过程。在这个历史进程中，我们认为，社会的一部分先进分子要承担特别沉重的历史使命。这一历史使命也因此要求社会的先行者常常要在为国家和民族的振兴而艰苦奋斗，甚至自我牺牲中才能真正实现自我人生的价值。但这并不是社会对每一个自我人格塑造和追求中的普遍要求。

在我们当代中国人的现实生活中，有一些人极为信奉存在主义哲学中描绘的离开集体和社会约束的所谓的“自由个人”。其实，从社会认识论的角度审视,这恰恰是不真实的。事实上,存在主义的人格理论正是在这个问题上具有一个致命的缺陷,因为这种个人的自由丧失了社会本体论的根据,是不“真”的。譬如萨特,他不断地声称,“人生来是自由的”,“人应该不受社会和他人的限制自由地选择自己”,等等,但他所宣称的这种自由却从来没有在现实中找到过,这一点连他自己也深感焦虑。特别是第二次世界大战爆发以后,当他被迫参加保卫祖国的战斗时,他自身也体会到,“个人自由之外还有祖国的利益”。为此,他又提出“自由背后有沉重的责任”、“责任限制自由”的观点。由此可见,不存在离开社会集体约束的个人自由。这就正如我们极为推崇的伟大科学家爱因斯坦说的那样:“只要我们全面考查一下我们的生活和工作,我们就会马上看到,几乎我们全部的行动和愿望都同别人的存在密切联系在一起。”①

因此,在我们追求个人自由时,我们要问:我们是一个孤立的存在物呢,还是一个社会存在物?我们在谋求正当的个人利益时,我的利益与他人的利益是什么关系?这种推论的必然结果就是,人是社会动物,不可能脱离社会而追求纯粹的个人利益。其实,是我们的集体、民族和祖国养育了我们,我们个人既不能孤立地存在,也不可能孤立地发展,而只能在社会中并通过社会来得到发展。一定社会所具备的特定的政治、经济、文化等历史性条件,既为个人的自由发展创造了前提,也为个人的自由发展限定了范围,个人可以站在特定的高度来预见历史和自我人生的未来,但却是以历史和现实的客观条件为前提的。因此,在自我人格追求中,“集体我”是一种最真实的存在。也正因此,我们才认为,祖国的繁荣、民族的强盛、社会主义现代化的早日实现,就是我们的根本利益之所在。为此,我们追求自我人格中的个

① 《爱因斯坦文集》第3卷,商务印书馆1979年版,第38页。

性自由的合理归宿，通常就必须是以集体利益和社会利益为行为的最高准则。特别是，当个人利益与他人利益、社会利益发生冲突的时候，个人自觉地放弃自我利益，做出有利于社会、有利于他人的抉择，这不仅是道德上的崇高，而且也是实现自我人格升华的必然形式。

由于我们正处于一个谋求民族振兴图强的时代，我们不仅可能而且应该使自己的生命变得更加有价值。所以，我们在自我人格塑造和追求中，或许应形成如下的人生共识："时代的责任使我们深感其重，我们不该问，我获得了多少个体生命需要的自由，而应该问，如果我是一滴水，是否滋润了一寸土地？如果我是一线阳光，是否照亮了一片黑暗？如果我是一颗粮食，是否哺育了有用的生命？我辈中国人，若不能致力于使中华民族繁荣昌盛、国强民富，何以为人？"

这就是"集体我"之自觉人格的最高境界。我们理解，这或许也就是自我人格对个性自由追求的最完满的实现。

第三章　自觉人格的一般观念指向

既然我们把自觉理解为一种自我的觉悟状态，那么，自觉人格的境界就首先要表现在观念上的觉悟。

——题记

无论就自觉人格要把握的认识前提——社会与个人的辩证关系而言，还是从自觉人格的一般界定“集体我”的要求来看，自觉人格要成为可能，其首要的和基本的表征，必然是在自我人格意识中确立一系列与之相应的观念指向，因为人类是有意识并能在意识中建构指向实践之观念的存在物。而且，从动机心理学的基本理论看，人的所有行为均受这一观念指向的支配。

自觉人格的观念指向是自觉人格之所以成为自觉人格的内在表征，因而，建构自觉的、符合“集体我”之规范的基本人生观念，对于自觉人格境界的追求来说是充分必要的。

一、自私观念的理论剖析与实践批判

从考察人格追求的现实出发，我们认为，当前在自觉人格之观念建构中存在的最大的问题是，许多人对自我人格的自私、利己的所谓本性深信不疑。其实，这一人格观念是不合理的，它不仅是对“集体我”之人格范式的否定，而且在实践中也是根本行不通的。

（一）“**人性自私**”**命题辨析**

“人性自私”的命题从本质上说，是近代资产阶级思想家为了论证资本、利润和生存竞争，使整个社会“淹没在利己主义打算的冰水之中”①而提出来的。“人性是否自私”的问题在马克思之前的思想家那里一直争议纷纭，莫衷一是。据此，逻辑实证主义哲学家罗素认为：“‘自私’是一个含糊的概念。”因而他认为，必须对“自私”的含义进行逻辑语义分析，否则问题的讨论就是没有意义的。我们认为，罗素的说法是正确的。在不同的意义上使用“自私”，其含义也会出现较大的差异，为此人们对其进行的善恶评价当然也不尽一致。

其一，从人的自然本能需求上理解“自私”，那么它在这里的含义通常指，凡人都有的求生欲望，趋利避害的本能，等等。这是一种真实而自然的存在。如果在这个意义上谴责自私心，那么，的确如爱尔维修所抱怨的那样：“对人的自私心引起的后果发脾气，这意味着抱怨春天的狂风、夏日的炎烈、秋天的阴雨和冬天的严寒。”②因为“自私”在这里是一种自然的、客观的存在。

其二，从人的生存需要上理解“自私”，那么这种“自私”通常又理解为，自我不仅要从自然界和社会获得衣、食、住、行的生活资料，而且在此前提下还有精神等方面的自我需要。这种所谓的“自私”也无可非议，因为这是一种人类普遍具有的生存需要，相对于自然本能而言的社会本能，同样也是每个正常人所需要具有的生存能力。从这个意义上可以认为，曾被青年学生热衷讨论的英国社会生物学家道金斯提出的观点，即人皆受“自私的基因”操纵，恐怕也有某种生物学的根据

① 《马克思恩格斯选集》第1卷，人民出版社1972年版，第253页。

② 转引自邱琳枝：《人生哲学教程》，福建人民出版社1986年版，第257页。

在里面。

其三，从人生态度、人格追求与道德伦理等社会关系中理解“自私”，那么，“自私”则是一种人生的伦理态度和做人原则，亦可称之为“利己主义”或“唯我主义”。这种自私的追求有两个最基本的特征：一是以自我为中心，谋取和扩展个人私利，漠视或逃避对他人和社会所应履行的责任和义务；二是以自我为目的，把别人作为手段。这就犹如 18 世纪法国哲学家霍尔巴赫所声称的那样：“爱别人，就是爱那些使我们自己幸福的手段。”[①]显然，我们只是以哲学和伦理学的视角对这一问题做出人生伦理原则意义上的审视以及理论剖析，而各种人生哲学理论也是由此对这一问题展开不同的争论的。

显然，如果我们不区分“自私”的不同含义，而只是对“自私”做出或善或恶的简单评价，就只会将问题复杂化，并使问题无法得到满意的解决。譬如，如果我们单纯从自然本能或生存需要上批判“人性自私”，那么这种批判是注定没有多少说服力的，因为包括批判者本人在内的所有人，全都有所谓“自私”的本能和“自私”的需要。我们显然不能从这个意义上对“自私”做一个深入的批判，因此这种批判也就不是沦为虚伪的道德说教，就是陷于逻辑上不能自圆的窘境。进而可以这样说，当马克思主义的历史唯物主义在人的本质问题上给予了科学的界定和解决之后，历史和现实中的人在对待“人性是否自私”这一问题上之所以还表现出那么多的困惑和迷惘，之所以有那么多截然相反的结论，很重要的一个原因是对“自私”这一概念理解上的含糊，还未真正理解马克思主义对人的本质的科学探索。

因此，所谓“人性自私”的理论，其“自私”只是指那种在道德人性与人格追求等社会关系中的一种人生抉择和自我定位。在当代中国

① 《十八世纪法国哲学》，商务印书馆 1963 年版，第 650 页。

人的道德现实生活中,我们批判那些信奉“人性自私”的人,也是从这个意义上理解他们所谓的自私观念。我们的理论分析和实践批判也是在这样一种含义上深入展开的。只有从第三层意义上,自私以及对自私的批判才有理论上和实践上的双重价值,才会为我们在这里分析自觉人格的一般观念提供一个具有丰富内容的参照概念。

(二)“人性自私”命题的虚假性

“人性自私”作为一个完整的、有广泛影响的理论,是18世纪资产阶级哲学家根据自己的人生哲学理论提出来的一个最基本的命题。它的真实含义是指,人性中存在某种普遍的、共同的、永恒的东西,这就是“自爱”。这种自爱源自于先天的自然本能,但却需要成为一种后天的道德准则。近代法国哲学家爱尔维修的观点显然具有代表性:“自然从我们幼年起就铭刻在我们心里的唯一情感,是对我们自己的爱。这种以肉体的感受性为基础的爱,是人人共有的。不管人们的教育多么不同,这种情感在他们身上永远一样:在任何时代,任何国家,人们过去、现在和未来都是爱自己甚于爱别人的。”①而且,爱尔维修还把这种自私的品性当作一种真实的伦理要求,他认为,离开了自私与自爱就没有什么道德可言:“如果爱美德没有利益可得,那就决没有美德。”②在爱尔维修之后,诸如叔本华、尼采、萨特等形形色色的西方资产阶级哲学家,他们几乎毫无例外地在自己的哲学中包含着这样一种“人性自私”观念,特别是存在主义哲学家萨特,更以他的一系列诸如“他人就是地狱”的命题,为“人性自私”做了极为详尽的阐释与论证。

这就是“人性自私论”的真正历史来源和它的真实所指。在我国,从20世纪80年代开始,作为对十年动乱时期摧残人性、蔑视自我人

① 《十八世纪法国哲学》,商务印书馆1963年版,第501页。

② 《十八世纪法国哲学》,商务印书馆1963年版,第512页。

格的一种反动,许多人也开始信奉“人性自私”的观点,并进一步发挥为“主观为自己,客观为他人”之类的荒谬论证。20 世纪 90 年代之后,随着商品经济时代的到来和市场经济原则的普遍确立,“人性自私论”似乎已成为一种信奉者越来越多的伦理辩护和价值标准。与此相关联,个人主义、唯我主义、利己主义等也因曾经被许多人奉为“人性复归”的一种象征而被现代的许多人付诸生活实践。

可是在把握了人性自私论的真实含义之后,我们却发现,“人的本质是自私的”或者说“人性是自私的”这一断言根本就是错误的。以马克思主义的历史唯物主义理论的基本观点来分析,这个错误至少表现在如下三个方面:

其一,如前所述的,人的本质和人性永远是人的社会性。而人性自私论却是从人的诸如“肉体感受性”(爱尔维修语)这种自然属性中证明人性自私的。实际上,就人的自然本能和生理需求而言,人一要生存,二要发展,这种“自私”是理所当然的。然而,这些绝非人之为人的属性,就是在动物那里我们也能找到这种类似的“自私”品性。因而,由于人的自然属性不构成人性,所以,自然属性中那些生理自然本能需求中表现出来的“自私”的特性,不能证明人性的自私,因为人性永远是人的社会性。

其二,伦理道德上的利己主义价值追求,即便是在私有制的社会中,也毕竟只存在于一部分人的人性中而已。如马克思在《资本论》中所揭露的资本家那种以极端的贪婪和残酷表现出来的自私心。我们至多只能说,对这些人而言,他们的人性是自私的,但并不能由此断言,所有的人性都是自私的。我们知道,与自私的资本家对立的工人阶级却是一个大公无私的阶级。在历史上,这个阶级的许多优秀分子表现出来的“先天下之忧而忧,后天下之乐而乐”的高尚道德情操,无疑是对人性自私论者的最有力的驳斥。所以,人性自私论在逻辑上也是缺乏现实根据的。

其三,人性永远是社会历史的产物。自私的人性产生于私有制社会,但绝不会是永恒不变的。诚如理论界一些人性自私论者所引证的那样,恩格斯的确这样说过,“自从阶级对立产生以来,正是人的恶劣的情欲——贪欲和权势欲成了历史发展的杠杆,关于这方面,例如封建制度的和资产阶级的历史就是一个独一无二的持续不断的证明”①。但是,一旦人类社会摆脱了私有制和阶级对立,那么,这种以自我情欲表现出来的自私人性自然也就不存在于历史和现实生活中。而事实是,存在着许许多多具有崇高利他主义精神的人,他们的人格追求无一不印证着“集体我”之人格的合理性,因此,他们的人生实践正是对人性自私论的一个有力否证。寓意深长的是,爱尔维修本人一生的追求恰恰就是对他所尊崇的“自私心”的驳斥。爱尔维修的哲学研究从一开始就受到专制政府和天主教会的迫害,他的书被焚毁,人身自由被限制,但他依然执着于启蒙思想的宣传和研究,以大无畏的精神,著述不止。就如狄德罗所指出的那样,这显然不是什么自私心和贪图荣誉、财富和肉体的满足所能解释的,而是一种追求真理和正义的热忱才能使之然。

因此,我们认为,人性自私论试图揭示一个共同人性的存在:自私。但这种揭示却是虚假的。从“集体我”的基本规范出发,我们可以发现,在每一个个体自我中,都有利己的自然倾向,但更有超越自私的利他主义道德情感。漠视和否认这一点,就是漠视和否认人性的存在,也就是漠视和否认人自身的存在。

正是基于这样的理解,我们可以断言,我们中的那些信奉“人性自私”,认为人都是“主观为自己,客观为他人”的人,他们这种思想观念

① 《马克思恩格斯选集》第4卷,人民出版社1972年版,第233页。

的存在虽有其历史的缘由,但他们孜孜以求的毕竟是一种虚假的追求,而虚假的追求注定是无法实现的。这也就是为什么那些把"人都是自私的"作为人生信条的人,他们的人生总是显得无聊、荒诞、孤独和绝望。我们甚至可以说,现实生活中的一些人在自我人格中之所以滋长着越来越多的失落感、局外人感、无意义感和冷漠感,究其一个很重要的原因就是,他们在唯我主义、利己主义的自私情感中陷得太深了。

(三)"集体我"之中的人性才是真实的

同样是 18 世纪的哲学家,在自私与人性的关系问题上,狄德罗却得出了与爱尔维修相反的结论。在他看来,"真正的人性是不可能自私的"。狄德罗承认:正如物体都有惯性一样,人也都有"自爱"的天性。但他认为,在自爱之上还有一种更高的爱,这就是对真理、对正义以及对整个人类的爱。他在为《百科全书》撰写条目时,这样写道:"但愿我们无可争辩地承认美德的文字书写在我们的灵魂深处,并以此为一条最高的准则。一些强烈的情欲诚然使我们在某些片刻看不见这些文字,但是情欲决不能使它们磨灭,因为它们是不可磨灭的。"①而这种爱的美德是不可能自私的。我们知道,狄德罗自己的一生就体现了这种比"自爱"更高的爱的追求。恩格斯甚至称誉他,"为了'对真理和正义的热诚'(就这句话的正面的意思说)而献出了整个生命"②。狄德罗从"天性"的角度当然无法真正揭示人性的真谛,他提出的天性中高于"自爱"的那种爱也未免显得抽象。我们认为,唯有马克思主义的唯物史观理论才揭示了"真正的人性是不可能自私的"这一命题背后蕴含着的深刻内涵。

---

① 《十八世纪法国哲学》,商务印书馆 1963 年版,第 427 页。

② 《马克思恩格斯选集》第 4 卷,人民出版社 1972 年版,第 228 页。

历史唯物主义承认,自私对人性也是一种可能性。而且这种可能性在私有制社会里往往便是一种现实性,即利已主义和唯我主义的追求。正如黑格尔所说的那样,“凡是现实的总是合理的”。因为在私有制社会中,自私的追求有其客观的现实基础,亦即是所谓的“人不为己,天诛地灭”。但也正如恩格斯在改造黑格尔的上述命题时所指出的那样,现实又必然要被一种更合理的现实(理想)所取代。社会主义公有制社会的建立正是这种历史必然性的体现。

因而,在公有制的社会中,“公有”的社会现实存在就使得我们能在马克思称之为“真实的集体”中培养一种集体主义的利他主义精神。正是在这个“集体我”中,人性得以开始摆脱自私的生物性。所以,“集体我”的存在就为培养列宁提倡的“人人为我,我为人人”的精神提供了真实的社会基础。这是一种真正的属于人的品性。因为既然社会是人的社会,人同时又是社会的人,那么每个人就必须在满足自我需要的同时,满足社会的需要和顺应社会发展的需要。一个最基本但却常常被人忽视的客观事实是,作为个体的人,在呱呱坠地后的一段相当长的时期内,只能享受他人所创造的物质和精神财富,这样,个人的人生也就必然要求为后人的成长和发展创造必要的社会劳动成果,才能使这个社会不会因个人的有限生命而断裂。这一切无疑都是对人性自私论的否定,是对自私人性对个体自我进行抽象肯定的否定。

因而,真正的人性必须要超越自私的理论和自我实践。在我们的现实社会中,只有超越自私人格,我们的道德理论和道德宣传才可以要求每一个人对自我理想人格的追求首先表现为对自私人性的扬弃。它要求自我走出狭隘的私人利益得失之境,而在利他主义中造就和丰富具有深刻社会内涵的自我人格。这其实就与伟大的共产主义战士雷锋的自白相得益彰:“只有献身社会,才能找出那短暂而自私的生命的意义。”

“人性自私”不仅不真实,而且还是一种道德上的恶。显然,自私的人为了满足一己之私欲,往往不择手段地损人利己。在历史与现实生活实践中,因自私而最终损人损己,从而犯下严重罪行的人是屡见不鲜的。不但如此,特别有警策意义的是,自私对个人自我而言甚至也是一种恶。一个基本的事实是:自私者永远只追求自我私利的不断满足,而不顾其他人或物的存在。这样,自私者必然对自我的除了私欲之外的其他一切需要都是冷漠的,对除自我私欲的发展之外的其他一切发展都是不关心的。特别是当个人狂热地追逐某种私利时,他完全有可能本末倒置,而不再顾及自我本身的自由存在和全面发展。因此,我们常常可以在历史与现实中看到如此现象:一些人为了满足一时的欲望冲动而甘愿承受生命的毁灭,即使再多人的劝慰也不顶用。可见,自私是一种多么不合理性的人格追求。故连马基雅弗利也认为:“自私无论对他人还是自我都是一切罪恶的根源。”而培根在论述自私的危害时,说得更为深刻:“那种只知自爱而不知爱人的人,最终总是没有好结局的。虽然他们时时在谋算,怎样为了自己而牺牲别人,但命运之神却常常使他们自己最终也成为自己的牺牲品。因为自爱使他们忘却了如何去把握命运。”[①]连这些资产阶级学者对自私都能做出如此精彩和全面的论述,这应该使那些至今还恪守“人性自私”的人生信条,在社会主义社会中为自身全面发展而奋斗的人为之汗颜和省悟。

在黑夜里迷失方向的人会把远处闪烁的磷火误当作星光,我们中的许多人把自私视为人的普遍本性,正是类似这样的一个迷误。而那些认为信奉“活着就是使他人生活得更美好”的雷锋也是自私的人(其理由在于:人既有物质上的需要,也有精神上的需要。雷锋的言行是

① J. Maritain:*Existence and the Existent*,N. Y. 1949. P. 5.

为满足他“自私的”精神需要。这当然是一种认识上的迷误），虽不能因此断言，在他们身上表现的是人性的堕落，但至少可以说是对优美人性的迷失。

至此，我们的理论分析已充分证明，人性自私的观念不是自觉人格所应有的主体观念，因为这种观念从本质上讲，是对人之社会本质的否定，是对“集体我”之自觉人格的反动。也正因为如此，我们也就可以发现，人性自私的观念一旦付诸人格追求的实践时，往往就意味着优美人性的丧失。

二、合理利己主义观念的不合理性分析

在“自私”、“利己”作为人的本质在理论逻辑和现实实践中被否定之后，学术界与生活实践领域又提出了“合理利己主义”的行为原则。在他们看来，从生物学意义上当然可以说人是自私利己的动物，因而人是有自私本能的；同时，人的确也有其社会性和“为我性”，在社会生产以及由此所形成的社会关系和社会交往中，人也是自私的。所以，在我们的社会中提倡“合理利己主义”是每个人唯一切实可行的伦理原则和行为准则。一些人甚至非常自信地以为，这是超越“集体主义”和“利己主义”之上的“第三种原则”，其实这一看法依然是似是而非的。

（一）合理利己主义理论的源与流

合理利己主义真的是作为一种全新的超越于“集体主义”和“利己主义”的“第三种原则”吗？它可以不仅在理论上得到合理论证，而且在实践领域得到有效践行吗？然而，我们却遗憾地发现，这种所谓的第三种道德原则追求在人类思想史上早已被提出。

利己主义的伦理学说是建立在人类的所谓生存和发展的利己天

性这一假设之上的。这种理论认为，为了个人自身的生存和发展，就其天性而论，人是利己的，这是人作为动物所具有的一种属于自然本能的特性。古希腊伦理学的创始人亚里士多德便已在其理论中涉及了人追求自身利益的“生物倾向性”。他认为，人一方面是理性的社会动物，另一方面又是自然界的一种生命存在形式，因而必然有利己的欲望和冲动。亚里士多德之后的中世纪宗教神学则使人的自然生物性本能走向了异化。中世纪的伦理学家们承认，人有利己的天性，但又认为这与神性相背离，因而是应遭诅咒的“恶”的品性。但这种对利己倾向的贬斥，并未消灭人的天性中真实存在的利己欲望的骚动。相反，正如薄伽丘在《十日谈》中尖刻讽刺的那样，即使宗教神职人员本身，也有人的生物性需要，也有利己倾向，甚至一些人纯粹就是道貌岸然的利己主义者和纵欲主义者。

标志着人类走入现代开端的文艺复兴运动对中世纪以神性压抑人性的异化现象进行了猛烈批判。在人性问题上，一大批思想家的观点惊人的一致，他们普遍承认人的利己行为的合理性。他们认为，利己心是人固有的权利，道德应从这种现实的人性和自私心理出发进行客观的设计。这种利己思想经过启蒙思想家的论证与发展，在 18 世纪法国唯物主义哲学家那里得到了全面阐释，并第一次提出了所谓合理利己主义的系统思想。这些哲学家坚信，人就其本性来说是自私的，但人又必须通过自我理性对这种自私利己之心有所克制，同时强调，在追求个人幸福时，要兼顾他人的需要和利益。否则，利己的追求必然要受到他人和社会的干扰和阻碍，最终势必危及自身需要的满足和幸福的实现。霍尔巴赫有过如下一段经典解释：“人为了自保，为了享受幸福，与一些具有与他同样的欲望、同样的厌恶的人同住在社会中。因此道德学将向他指明，为了使自己幸福，就必须为自己的幸福所需要的别人的幸福而工作；它将向他证明，在所有的东西中间，人最需要的东西乃是人。”①

合理利己主义原则在费尔巴哈那里得到了更为完善的阐发。费尔巴哈从感性、直观的唯物主义的人本学理论出发,认为人既然是一个自然存在物,为了维护自己的生命持存,为了感官欲望的满足,必然是要追求自我保护的。因此,人的本性必然是利己的,而且利己主义的这种本性是根植于人生理上的新陈代谢这一任何人都无法逃避的自然循环之中,因而与人的生命本身共存亡。“这种利己主义和我的头一样是这样紧密地附着于我,以至如果不杀害我,是不可能使它脱离我的。”②然而,费尔巴哈同时又认为,单个人是无法生存的,因为人与人之间是相互需要的,人是在社会中才能生存下来的动物,是“类存在物”。这样,他的结论也是,在追求自己幸福的同时,必须顾及他人的利益和社会的福祉。因为个人追求自身的生命存在,创造自身的价值存在,都只有在类的共同生活中才能实现。费尔巴哈认为,合理利己主义是一种“完全的、合乎人情的利己主义”原则。这个原则包含两个最基本的方面:其一是正确估计追求自我幸福的个人后果,对自己的行为要进行合理节制;其二是正确估计追求自我幸福的社会后果,不要影响别人对幸福的追求。但是,费尔巴哈的理论是人本主义的唯物主义,他没有回到现实的个人中,而是依然将这个从自然中抽象出来的个人混同于社会中存在的个人,因此,他将合理利己主义化作“爱”,即既爱自己又爱别人,将这一抽象的概念加以实施。费尔巴哈说:“如果人的本质就是人所认为的至高本质,那么,在实践上,最高的

---

① 《十八世纪法国哲学》,商务印书馆 1963 年版,第 649 页。

② 路德维希・费尔巴哈:《费尔巴哈哲学著作选集》上卷,商务印书馆 1984 年版,第 565 页。

和首要的基则，也必须是人对人的爱。”[①]合理的利己主义思想是近代资产阶级革命时代的必然产物，它的进步意义就在于，这种伦理道德原则把在中世纪神性压抑和专制统治下的人性解放出来了。

而且，我们还需指出的是，合理利己主义的理论仍有一个不可忽视的可取之处，那就是，它并没有只停留在自私利己的自然本性中来认识人，而是同时还意识到，人时时刻刻处于与别人的社会关系之中。因此我们暂且不论这种伦理主张在实践中是否可行以及可行程度如何，至少在理论上，它合理地强调，必须自我节制，兼顾他人，从而以社会的方式约束自我、顾及他人，合理地去追求个人的幸福。这也就在一定程度上承认了“集体我”存在的必然性，它比那种一味强调人性自私的纯粹利己主义的观念要进步。

（二）合理利己主义的窘境与实质

然而，合理利己主义从根本上讲仍然是不合理的，因为它同样不可避免地要在生活实践中使人陷入窘境，将个人的人格塑造历程引入歧途。

我们知道，合理利己主义是基于这样一个最基本的假设：人是自私的。从“人是自私的”这一基本立场出发，它仅把自己视为目的，而将他人视为实现自己目的的手段。这一点，无论是合理利己主义的倡导者，还是信奉者，都明白无误地加以承认和肯定。霍尔巴赫说：“爱别人，就是爱那些使我们自己幸福的手段，就是要求他们生存、他们幸福，因为我们发现我们的幸福与此相联系。”[②]爱尔维修则声称，“如果爱美德没有利益可得，那就决没有美德”[③]。但是，显然所有的人都要

---

① 路德维希·费尔巴哈：《费尔巴哈哲学著作选集》下卷，商务印书馆1984年版，第315页。

② 《十八世纪法国哲学》，商务印书馆1963年版，第650页。

③ 《十八世纪法国哲学》，商务印书馆1963年版，第512页。

把自己视为目的,而把他人作为实现自己目的的手段。而冲突的最终结果总是,不可能为了他人与自己的共存而做到合理的自我节制,因为那些只为一己之私才去做有道德的事情的人不明白,人与人之间本来就是互为目的和手段的。如果这个目的在道德行为中丧失了,那么,不仅自我节制的手段是没有意义的,而且失去手段的目的也就不可能再存在了。

也因此,我们发现,合理利己主义在人格塑造的社会实践中,最终无非导致两种结果。一种是极端利己主义行为的出现。因为手段要服从于目的本身,“合理”既然作为手段,那就只是为“利己”的目的服务的。当手段无法达到这一“合理”的目的时,目的就会逼迫他放弃这种手段,而采取其他服务于自私目的的手段或极端自私的行为。这种从合理利己主义最终走向极端利己主义的情形,在社会历史和现实实践领域都是屡见不鲜的。马克思在《资本论》中曾这样深刻地揭示过资本的利己主义的品格。亚当·斯密认为,商业竞争可以激发个人的自利本性,然后通过以他人为自我实现的手段的相互竞争,最终达到促进社会整体发展的效果。马克思则一针见血地指出:“资本害怕没有利润或利润太少,就象自然界害怕真空一样。一旦有适当的利润,资本就胆大起来。如果有10%的利润,它就保证到处被使用;有20%的利润,它就活跃起来;有50%的利润,它就铤而走险;为了100%的利润,它就敢践踏一切人间法律;有300%的利润,它就敢犯任何罪行,甚至冒绞首的危险。”①因此,这种彻底的利己主义非但不能如亚当·斯密等人设想的那样达到社会整体发展的效果,反而不仅从实践上而且从道德评价上对自我和他人以及社会的利益造成不同程度的伤害。

合理利己主义的另一种结果是,个人在极端情况下选择某种程度

---

① 《马克思恩格斯全集》第23卷,人民出版社1972年版,第829页。

的自我牺牲。也就是说,当“合理”手段与“利己”目的发生根本性的冲突时,人们会自觉地或被迫地(多数情况下是被迫地)牺牲目的,以维护手段的合理性。而这必然或多或少地以自我在根本利益上的某种牺牲为代价。爱尔维修虽然竭力宣称“人都为利己的目的而存在着”,但他自己的一生却表明,他并没有完全践行这一标准。正如我们之前所述,他在反对专制政府和天主教会的斗争中,在自己的书被焚毁、人身遭到迫害的情形下,依然笔耕不辍。这显然不是合理利己主义这种以自私利己为目的的准则所能解释得了的。因此,无论爱尔维修本人是否承认,他的自我人格已经超越了自私和利己的“合理”性框架,而具有了某种值得后世称赞的自我牺牲之高尚精神。当然,肉体的折磨和精神的摧残这些异于常人的代价,不是每个人都能从中开出高傲的花朵,散播人性的种子的。这同样证明了“合理利己主义”的不合理性。

由此可见,从理论逻辑和社会实践两方面来看,合理利己主义的追求最终必然使自己陷于窘境:

其一,它或者是走向极端的利己主义。从资本主义发展史来考察,资产阶级思想家倡导的合理利己主义几乎从未实现过,正如恩格斯所深刻揭露的那样:“资本主义对多数人追求幸福的平等权利所给予的尊重,即使一般说来多些,也未必比奴隶制或农奴制所给予的多。”[①]现代西方社会,人与人之间交往关系的冷漠,幸福感和热忱感的下滑,如萨特等一大批哲学家所深刻揭露而又无可奈何的“他人就是地狱”的存在境况以及一些西方社会学家称之为“道德木头人”的病态人格的出现,都证明了合理利己主义人格理想追求是不能实现的。

其二,它或者放弃利己主义,走向代价沉重的自我牺牲。这在社

① 《马克思恩格斯选集》第4卷,人民出版社1972年版,第235页。

会实践中表现为，以某种程度的甚至涉及根本利益的自我牺牲为代价，从而规范自我本能的利己倾向，并在追求这个“合理”的过程中造就理想的自我人格。但是，一旦这种所谓的自我牺牲成为特定社会成员对集体责任、社会义务的自觉承担，以及对自我行为进行合理调控的实践，那么，个人人格塑造在这种自我牺牲中所达到的个人效果和社会效应就显然不是合理利己主义所能完全解释的了。也许正是从这个意义上，我们能够理解马克思、恩格斯如下的一段论述：“共产主义者既不拿利己主义来反对自我牺牲，也不拿自我牺牲来反对利己主义，理论上既不是从那情感的形式，也不是从那夸张的思想形式去领会这个对立……无论利己主义还是自我牺牲，都是一定条件下个人自我实现的一种必要形式。”[①]因此，在利己主义和自愿的自我牺牲之间，从来不存在折中的所谓合理利己主义这样的“第三种原则”。

我们认为，使合理利己主义陷入这种窘境的最根本的原因恰恰在于，合理利己主义的人格追求实质上本身就是一种对个人而言的、虚假的、“不合理”的规范。我们从语义学的角度分析发现，合理利己主义依然是以利己主义为基本原则的，所谓“合理”的前提条件仅仅只是一个附加的要求，至于这个要求如何落实和保证实施，则没有限定。然而，道德和法律作为对人的行为进行的社会理性规范，其不同之处就在于，法律具有外在强制性，而道德则需要内在的自觉和自愿才能在一个社会成为普遍的规则。这样，只要以利己主义为基本准则，以个人私利为唯一目的来追求理想人格，那么行为一旦无法符合“合理”的要求时，利己主义的目的便必然使行为主体抛弃没有多少规范作用的“合理”的手段。至于那些放弃利己主义而自愿做出自我牺牲的人，无论他们是否意识到，他们确实已不再是所谓的利己主义者了，甚至

① 《马克思恩格斯全集》第3卷，人民出版社1960年版，第275页。

在特定情况下被迫放弃自我利益而服从社会目标的人也如此。

所以，合理利己主义依然是一种变形的或伪装的利己主义，是一种在理论上羞羞答答的利己主义。合理利己主义的合理手段因为有利己主义的目的这一基本前提存在，而从来无法在社会历史与现实生活中真正地落实。

（三）合理利己主义原则的非道德性

不仅如此，我们认为，合理利己主义的“不合理性”还在于，以合理利己主义作为理想人性和人格的道德规范，从实质上讲，它是把人降低为依靠本能而生存的动物这样一种非道德的存在物。正如我们知道的那样，道德之所以必需和必要，恰恰因为道德是用以规范人的自然属性中那些与动物自私、利己的本能特性相同或相似的部分。因为人的自然的本能属性中的确存在诸多“利己”本性，这是由人的生命存在以肉体存在为一切其他存在的基础和前提所决定的。所以，恩格斯如此说道：“人来源于动物界这一事实已经决定人永远不能完全摆脱兽性，所以问题永远只能在于摆脱得多些或少些，在于兽性和人性的程度上的差异。”[①]也许从这一点上来说，孟子提出“人之异于禽兽者几希”的思想，并把人和动物的不同之处归结为人有仁、义、礼、智、信等这些最基本的属于社会领域的道德规范，是充满智慧的。

我们把道德理解为“人性的自觉规范”，也正是基于这个根本出发点而来的。如果我们只是以利己主义作为道德规范的基本原则，那么，道德也就没有必要存在了。因为从某种意义上讲，“利己主义”是每个人从自然本能的特性上讲就已经存在的，而道德对人生以及人格的塑造之所以必要，是因为正是在道德中，人凭借自觉的理性和意志对这些自然本能的属性进行一个自觉的引导和规范。没有这些自觉

① 《马克思恩格斯选集》第3卷，人民出版社1972年版，第140页。

自愿的理性规范，人也就不能从动物的“类”中走出来，成长为“人类”，反而降低为一种遵循“生存竞争”的自然法则的动物存在了。从这个意义上讲，道德的自我规范和人格的自觉塑造，正是标志了人的伟大和可敬之处，对人显示了最重要的意义。如果我们把这一点也任性地斥之为毫无用处的道德说教，那么，我们无疑就丧失了人之为人的最基本规定，重新以动物的眼光看待这个世界和人本身，而不是以人的眼光。

所以，马克思主义的道德人格理论一方面承认人有“饮食男女”之类的自然本能，以及满足这些自然需求的强烈的欲望，我们在此暂且称之为“自私”、“利己”的天性；但另一方面又认为，人的本质是社会关系的总和，人注定要处于一定的社会关系之中才能表现自我、发展自我和更新自我。人总是可以自觉地意识到自己与他人、集体及社会处于一种普遍的联系之中。“集体我”作为自觉人格的一种基本范式，其根据也正是在这里。这样，尽管人有和动物相同或基本相似的“自私”、“利己”的本能特性，但“集体我”却能够为维护特定社会的交往关系和道德行为而自觉地以理性和意志来规范这种自然本能。所以，人不可能像动物那样单纯以生存竞争的搏杀和争斗去实现自己的天性，而总是依据一定的社会为其成员制定的行为规范和理性法则，去调节人与人之间的复杂关系，从而最后实现每个人的各种需要的满足和人生的理想追求。这些行为规范和理性准则都要在社会化的过程中内化为每个人都坚信的确信不移的信念，这便是道德。同时，这种确信不移的信念以一个稳定的价值目标表现出来，便是人的自我人格的理想目标。也正因此，人们习惯地把道德定义为，依据人的内心信念和坚强意志来调整人们在社会关系中需要遵守的各种行为规范的总和；而把道德上的理想人格理解为，在内心信念中形成的能矢志不渝追求的行为规范目标。

可见，从道德的含义和自身内涵上讲，它恰恰具有利他主义的倾向和理性诉求。因为规范自己利己的天性，就内蕴着某种程度的利他和自我牺牲等要求在其中。而我们通常所谓的道德境界的高尚与否，无非也就是人的行为中是否具有利他主义和自我牺牲的精神，或具有多少这种崇高的精神。

也因此，我们认为，把合理利己主义奉为一种人生的基本伦理原则，并且作为自我人格塑造的一个基本价值目标，恰恰是非道德的，或者说这种追求和塑造本身正是对道德本质的否定。当然，我们需要特别指出的是，道德对人的利己本性的理性规范并不是要泯灭人的自然本性，这无论如何不是道德的本意，而是以后天的德行去调整和节制自然本性的放纵表达对人本身造成的危害，使人在自我需要的不断满足和自我发展的不断提升中能够合乎人性，亦即合乎“集体我”的社会性，从而最终达到每个人的自由全面发展，他的自然特性和社会特性都能以他自己的方式在社会领域得到全面的展现。

既然合理利己主义是一种非真非善的追求，为什么在当今中国，人们又重提合理利己主义，并以“第三种原则”赞誉它呢？为什么还有那么多的信奉者去盲目追求它，并深陷其中，最终害人害己呢？这一现状不能不引起我们的深思，并要求我们从中得到一些深刻启发和实践教训。

正如黑格尔的经典论述：“凡是现实的总是合理的。”在我们的现实生活中出现合理利己主义的所谓“第三种原则”，也应从现实的社会条件和社会关系进行一个合理的反思。这也就是说，在当代中国人的人格塑造实践中，利己主义以及合理利己主义的出现显然具有某种社会必然性，有其深刻的社会根源。我们要理解这个必然性，只有寻找到它的社会根源，才能对它本身的出现做一个合理的解释。做到这一点，至少可做如下三方面的分析：

首先，市场经济改革与商品经济的发展使个人的主体性得到空前的激发。一方面，随着市场经济全面改革的不断深化，个人作为主体成长起来了。他不仅成为市场的主体，还成为社会的主体，在自我主体性的引导下，将自己的创造力量投射到外部社会中。这样一个经济现实在很多方面为利己主义提供了社会依据。另一方面，商品经济中的交换原则和拜物教因素，则在消极的意义上使个人的主体性消解了。个人成为孤立的、原子化的个人，个人之间的关系被物的关系所代替。孤立化的个人又加剧了利己主义思想观念的滋长。由于特定社会的道德总是一定社会经济状况的产物，这样，自由竞争、优胜劣汰等商品市场的观念便在许多人那里以利己主义的形式充分表现出来，并扩大化为个人生存的基本原则。这些人认为，只要达到自我目的，不论法律还是道德都可以不管。社会上许多知法犯法、不讲良心的行为，都以合理利己主义为旗帜，为自己的私利做道德上的辩护。

其次，传统道德中过分强调"自我牺牲"的伦理说教出现一定程度上的逆反。在某些时期，我们的道德宣传和道德教育总是片面化地以共产主义为借口，用自我牺牲来要求社会的每一个成员；与此同时，又严重忽视个人正常利益诉求的存在，无视个人的自我发展和完善这一社会发展的内在目的。于是，物极必反，理论上和实践上的片面性终于导致人们在现实生活中选择所谓的合理利己主义，为自我发展做伦理支撑，虽然这一支撑如此羸弱。

最后，西方价值观念对社会伦理的影响和冲击。改革开放以及日渐深入的市场经济体制对当今中国人价值观念的一个最大的影响就是西方资本主义文化的不断渗入。从文艺复兴开始，西方文化就逐渐形成利己主义（或称个人主义）的价值思潮，而伴随着它的自由主义一直是西方文化的主要价值观念。由于我们在经济领域的变革发展，在强调发展商品经济的同时，也激发了个人奋斗的重要性，弘扬个体生命的自主意识和创造精神，于是，西方的这样一种利己主义的价值观乘机在社会伦理领域占据了一席之地，甚至吸引了许多人成为其真诚的信奉者，而没有觉察到其背后的价值谬误。

因此，合理利己主义的观念与社会实践在当代中国人的人生实践中成为一种引领风潮的现象，或者在逐利的市场竞争中成为集体默认的意识，都具有某种必然性。无论我们承认还是否认这一点，这种价值观念的影响在一些人那里已是一个客观的事实。然而，当黑格尔说出“凡是现实的都是合理的”这个深刻的命题时，他却是以隐晦的形式表达了另一层含义：“凡是不合理的终将丧失其现实性。”这也就是说，从发展的观点来看，那些具有现实合理性的东西，如果逐渐丧失了自身存在的合理性，那么最终都会趋于消失，而被新的现实性替代。当前被一些人奉为终极价值的合理利己主义道德原则，可以肯定地说，从最终意义上讲也将丧失其自身的合理性。因为从根本上讲，正如我们已分析的那样，利己主义以及合理利己主义本身并不合理，它在人格追求的实践中必然让人陷于不可避免的窘境之中。同时，这种合理利己主义随着自身的现实性发挥到尽头，它的弊端就越来越明显，对个人理想塑造的积极作用也丧失殆尽，使人演变为走向极端的利己主义个人，以其贪婪、损人、不择手段地攫取私利而使人走向人性堕落。在我们当前的道德生活领域，此类教训可谓比比皆是。

由此可见，无论合理利己主义拥有多少追捧者，只要道德的基本内涵仍然是对人性向善的一种规范，只要我们有追求自我人格理想境界的自觉意识，那么，任何形式的利己主义都将立即显露出它的不合理性，都是个人为避免最后的人格造就中的放纵和堕落而极力反对的。因此，我们在自我人格理想境界的追求中所应确立的绝不是利己主义那种“自私之我”，而是真实集体主义之中的“集体我”。

三、自爱观念的辩证分析

我们否定自私、利己是人的本质，也认为合理利己主义的追求是不可能如其所吹捧的那样可以达到合理的目的，但是正如我们在谈及人与人性的存在时已论及的那样，人作为一种社会动物，在本能上又必然有爱自己的倾向，即人为了追求生存和发展，本能地趋利避害、自我保存，也即马克思所称的人的“为我性”。我们可以称这种现象为人类个体所具有的“自爱”倾向。因此，我们必须在这里对“自爱”这种观念做一个理论探讨。

（一）作为生命本能的“自爱”

正如法国思想家拉罗什福科所指出的那样：“我们在对自爱的探索中只是达到这样一个发现：自爱对我们依然是一个未知的世界。”① 我们理解的这种“未知”状态在相当程度上是由传统文化带给我们的。

在中世纪的西方，基督教的训谕告诫世人，人不应当爱自己，而应当爱上帝。这是因为，人类的后代继承了始祖亚当和夏娃的原罪，人的世俗生活是堕落而有罪的，人只有蔑视自己的肉体生命，才能得到拯救。这样，在漫长的中世纪，自我不是爱的对象而是惩罚的对象，人献给上帝的不仅是心灵，而且还有青春、生命和世俗生活的乐趣，甚至是自我生命中最神圣的感情：爱情。于是，修女被誉为“上帝的新娘”，终日乞讨的修士往往被誉为“圣者”。在基督教看来，人越压抑自我的生命欲望和生命需求，也就越得到心灵的满足和自我人生价值的实现。所以，文艺复兴运动以来的人道主义思潮对封建制度的抨击即是对上帝的反叛，是对“肉体是灵魂的监牢”的基督教说教的反叛。人道主义的中心命题就是要为人的感性存在和需要进行辩护，宣布凡是人

① 拉罗什福科：《道德箴言录》，三联书店 1987 年版，第 1 页。

的一切都是合理的、正当的，人并不要去追求什么虚无缥缈的“天国”，而是要尽情享受现世的幸福。“我是人，我只要人的幸福”成为当时最负盛名的口号。

正是在这个人道主义的思潮中，16 世纪初意大利最著名的人文主义者之一特勒肖最先提出，自我保存是人类斗争的唯一目的。这个思想影响了整个近代资产阶级哲学。这样一个把自我保存作为人类本性的思想，经过许多人文主义思想家的弘扬光大，终于在西方思想上出现了“自爱”这一范畴。爱尔维修曾这样理解“自爱”：“人是能够感觉肉体的快乐和痛苦的，因此他逃避前者，寻求后者。就是这种经常的逃避和寻求，我称之为自爱。”他认为，自爱这种情感“是肉体的感受性的直接后果，因而为人人所共具，乃是与人不可分离的。我以它的永久性、不可改变性，甚至不可变换性来作为这一点的证明。在一切情感中，这是属于这一类的唯一情感；我们是凭它获得我们的一切欲望、一切感情的。这些感情在我们身上只能是把自爱应用在这种或那种对象上的结果”①。但正如我们所看到的那样，在这些近代思想家那里，这一“自爱”的思想却被不恰当地理解为自私和利己。这种思想经过叔本华、尼采、萨特等人的倡导，形成了一股非理性主义和反道德的思潮，在西方文明史上留下了极为消极的影响。与西方传统不同，中国思想史上从来没有提出过“自爱”的范畴。孔子虽然提出了一个以“爱人”为基本核心的仁爱伦理学说，强调要以“仁”作为基本规范来调整人与人之间的关系。但这个“仁”仅仅是指爱别人，从实质上讲是以维护宗法等级制度为前提的，所以这个“仁”与“自爱”无关。汉代的董仲舒把封建等级制度的人与人之间的关系——主从配合关系——上升到封建道德的基本准则的地位，从而提出“三纲”思想，强

① 《十八世纪法国哲学》，商务印书馆 1963 年版，第 503 页。

化了封建社会人与人之间关系的绝对不平等性。这种思想发展到宋明理学时代,就更为明显了。

如宋明理学的开山鼻祖周敦颐,一方面认为人在万物之中,因得宇宙变化之秀而最灵,另一方面又把道德伦理提高到极为重要的地位。他说:“天地间,至尊者道,至贵者德而已矣。至难得者人,人而至难得者,道德有于身而已矣。”①这即是说:“道德”是天地之间至尊至贵者,人是很难得之于身的。这样来理解“道德”实质是把道德异化,道德也就变成了非人的道德,于是,人必然被贬低。正是因为如此,中国历史上才有宋明理学的“存天理去人欲”的学说出现,才有“饿死事极小,失节事极大”的吃人礼教。所谓“天理”,实质上是把封建社会道德伦理的基本原则当作永恒不变的最高原则,而把违背封建伦理的思想和行为看成“人欲”。在这样一种传统文化中,人们当然不可能诞生“自爱”的情感与追求。

因而,在我们看来,西方传统文化中把“自爱”理解为自私、利己是错误的,而中国传统文化以异己的非人的伦理纲常来压抑“自爱”的情感与追求更是不人道的。因为自爱既是人的内在的深切欲望,又是人类自我行为的内在要求。

所以要造就人,要培养人格的优美德行,首要的就是培植人真正的自尊自爱的伦理情感。苏联著名的教育学家苏霍姆林斯基曾非常深刻地指出过这一点:“为了成为一个真正的人,学生应该首先尊重自身,没有这种尊重,没有对自身的美的热爱,人的文明就不可思议,与一切损伤人的自尊心的东西绝不相容就难以想象。是的,不应当害怕‘对自身的爱’这几个字——它们不是孤芳自赏,而是自豪感,是对于自身的良好开端的纯洁信念。文学理应唤起人的自尊心,既在别人身

① 《通书·师友上》。

上，也在自己身上唤起对于一切内心的、人性的东西的兴趣和尊重。”[①] 为此，在他看来，青年人是否自爱自尊，直接影响到现实的道德状况。他认为，“没有自我尊重，就没有道德的纯洁性和丰富的个性精神”[②]。根据我们的理解，高度的自爱心和自尊心就是人对自己人性中的优点的肯定，确信自己行为的价值，同时又相信自己有信心能够克服自己人性中的缺点。

因此，自爱心与自尊心强不是骄傲、自大或缺乏自我约束、自我批评精神的同义语。相反，自爱和自尊心不强，就会对自己的人及行为的价值没有信心，对自我优美的道德品性的造就没有信心和恒心，从而对自我个体的社会行为产生否定性的影响，并在人格上产生一种自卑感。美国心理学家卡普兰总结了一些科研资料及他自己对美国9300名七年级学生进行的10年纵向调查，最终得出结论，认为，自卑几乎和各种偏离规范的行为都有正比关系：不诚实、加入犯罪团伙、违法行为、嗜毒、挑衅行为以及各种心理变态。[③] 由此可见，培养真正的自爱心对于自觉人格的塑造具有何等重要的意义。

（二）自爱人格不等于自私人格

在伦理道德上，我们承认“自爱”原则对自我人生的真实性，还因为自爱与自私有着本质的区别。如果我们自觉或不自觉地把自爱等同于自私，把自爱人格等同于自私人格，那么就必然要在理论和实践中引起极大的混乱。

的确，“自爱”之所以被拉罗什福科称为一个未知的领域，还因为人们往往把自爱与自私混为一谈，这是人类社会长期以来片面的道德教育的结果。以往，人们只能爱上帝，效忠君王，爱他人，而不能爱自

---

① 苏霍姆林斯基：《教育的艺术》，湖南教育出版社1983年版，第27页。

② 苏霍姆林斯基：《教育的艺术》，湖南教育出版社1983年版，第28页。

③ 龚群：《人生论》，中国人民大学出版社1991年版，第49页。

己;说到爱自己,即认为这是自私。自从文艺复兴运动提出自爱的观念以来,就是在人文主义思想家中,也有人把自爱与自私混淆在一起,把自爱与自我保存和人的自私本性几乎看成是一个意思。爱尔维修的"自爱"观最典型地表明了这一点。他肯定了自我保存意义上的自爱,同时,他又把自爱等同于利己主义,认为自爱与追求幸福的愿望相连,而最能得到幸福的手段是实力和暴力。所以,自爱"使我们或者人道,或者残忍,这不过是机遇安排给我们的环境不同而采取的种种变相而已"①。正是因着这种认识上的混乱,一些人难以鼓起"自爱"的勇气,因为在他们的观念中,强调自爱无异于赞许自私,而自私是道德上的恶;另一些人则以"自爱"的本能为"自私"正名,把自私、利己的行为也视为自我人格追求中的正当和合理。

其实,自爱与自私是有着本质区别的:在人类处理社会关系的道德活动中,存在着两类关系的道德,一类是与自身关系的道德,一类是与他人和社会关系的道德。"自爱"就是与自身关系的一个基本道德要求。因而,一方面,自爱作为一种自我生存和发展的内在要求,所涉及的只是自己,从这一点上讲,"自爱"的情感无道德意义。另一方面,人又是社会的人。因此,这种自爱总以这样或那样的方式涉及与他人和社会的关系。自爱也只有在涉及与他人和社会的关系时以及在如何处理这种关系的过程中,才有道德意义。所谓的自私就是,在这个因自爱而涉及与他人、社会的关系时,一切以自我为中心,甚至为了一己私利而不惜牺牲他人利益和社会整体利益的一种行为选择。正是从这个意义上,我们认为,自私是处理人与人之间关系上的一种恶。而自爱的人格并不做这样一种恶的选择,这是因为:

---

① 《从文艺复兴到十九世纪资产阶级哲学家政治思想家有关人道主义人性论言论选辑》,商务印书馆1966年版,第467页。

其一,在自我与他人、社会没有利益冲突的情形下,自爱要求每一个自我心灵敢于肯定自己,而不是妄自菲薄、自惭形秽。亦即是说,自我不论处于怎样恶劣的处境,都不能失去生存的信心和勇气。因此,一方面,自我生命的价值及其人格的尊严绝不是他人可以否定的;另一方面,自我的价值也不是他人所赏赐的,我们没有理由一味地去求得他人对我们的施舍与赞美。假如我们的价值完全取决于他人,一旦他人不再施舍与赞许,那我们便一无所有。肯定自己并不意味着我们要为自己的不足甚至缺点进行自我辩护,而是说,我们要做自我人格及其情感的主宰。“人是一个小世界”,自爱意味着我是这个世界的主人,我可以对外在世界开放我的心灵,但我却容不得他人和社会来主宰我的心灵世界。

其二,在自我与他人、社会存在着利益矛盾和冲突时,自爱与自私迥然不同,它要求每一个自我心灵有一种“仁爱”的情怀。仁爱在儒家传统那里,是以维护以血缘关系为核心的封建宗法制度为基础的,但我们在这里强调的“仁爱”原则是取孔子的“仁者爱人”的最一般的意义,即是指人的利他主义的精神和关怀他人的情感。换言之,这里的“仁爱”,就是指相对于自爱而言的“他爱”,或者说是以“仁爱”来表述的一种“他爱”的情感。诚然,历史唯物主义认为,人类自进入阶级社会以来,从来就没有过普遍的“仁爱”,爱从来都是有阶级性的。但是,作为社会群体的家庭、氏族、社区、集团、阶级之间的爱却是从来就有的。而且,任何社会只要发展到一定的文明程度,都有一种基于人之为人的最基本的爱的感情。因此,仁爱的要求使自爱具有了高尚的道德意义,在这样一种爱的实践中,正如诗人所讴歌的那样:我爱我的生命的流,亦爱我生命之流寄寓的大海——他人和社会。

因此,与自私者不同,自爱者一方面意识到个人对自己而言是一切;另一方面,自爱者也知道个人并不是单独存在的,不是一个隔绝的个体,而总是社会的一分子。自我处于由他人构成的社会之中,如果把个人看成是可以脱离社会的人,则无疑像原子可脱离宇宙而存在一样荒谬。是否可以这样认为,在社会中,即使是在阶级社会中,如果不是处在社会矛盾激烈冲突的时期,每一个自我与他人之间,人与人之间的一般生存状态应该是相互协作、和平相处,而不是诉诸暴力、互相残杀的。这是因为:其一,社会组织系统中军队、警察、法庭、各级行政管理组织及其有关的思想观念的力量使个体行为纳入合社会秩序的规范内;其二,任何自我与他人之间,因着人的社会本质和人性的客观需要,必然有着一个情感沟通的桥梁,或者说情感通道。我们理解,就最一般的意义而言,这个桥梁和通道就是仁爱。因此,就仁爱而言,它的功能不仅在于维持着社会的存在,而且它是使人有了在这个世界上生存下去的精神依托。

所以,在现实生活中,我们对于所接触的人的一切美好的记忆都根源于他人给予我们的帮助、关怀,给予我们的温暖,即他人的爱。古希腊哲学家恩培多克勒曾认为,爱与恨是使诸多宇宙物质元素结合与分离的基本因素,爱使元素结合,使物生成,而恨则使元素分离,使物毁灭。恩培多克勒在这里的论述的确显示了泛爱论的唯心论色彩,但他指出,爱在社会群体的生命活动中的必要性和重要性却是深刻的。人对人的爱,既是人的生命的阳光,又是人类社会的凝聚力。也许正是从这个意义上,托尔斯泰把爱看作“人间的上帝”,这是因为,天国里的上帝是虚无缥缈的,而人间的上帝则可以由我们的爱来缔造。

(三)“自爱”人格的真与善

“自爱”之心是真实的,因为人的生命只有一次,我作为我而存在于这个世界上是任何他人所不可替代的。因此,人人必自爱,亦即尊重自我,尊重自我所具有的价值。然而,如果认真审视一下我们的人生实践活动会发现:长期以来的社会文化环境使我们在已形成的道德观念中感到,似乎只有轻视自我才是对的。正如美国心理学家戴埃所说:“你可能患有一种社会性的‘疾病’,一种并非打一针就好的疾病。你很可能沾染上自我轻视的病毒,唯一的治疗方法便是大剂量地服用‘自爱药丸’。但是,象社会中许多其他人一样,你可能从小到大一直认为爱自己是不对的。社会告诉我们为他人着想;教会告诉我们爱你的邻人。似乎大家都忘记了‘爱自己’,然而,如果你想得到现实的幸福,就必须学会爱你自己。”①我们并不否认,戴埃宣称的“学会爱你自己”带有特定的西方社会的个人主义价值观在其间,但他提出的问题本身却是发人深思的。事实上,在我们以往的道德理论和道德宣传教育中,也存在着这样一种轻视“自爱”的社会病,特别明显的是,我们常常自觉或不自觉地从社会本位走向了社会本位主义。于是,真理向前走了一小步便成了谬误,在这样一种社会本位主义的道德说教中,形成了许许多多虚假的教条。从一定意义上可以说,当代中国人在改革开放和思想解放运动中提出的“人的本质是自私和利己的”、“人所信奉的道德原则只能是合理利己主义”之类的观点,正是对社会本位主义道德说教的一种矫枉过正的叛逆。

因此,我们在这里强调“自爱”原则的真实性和合乎道德性。我们认为,没有自爱心,就没有自尊心,也就没有实现自我真、善、美的理想人性的精神内驱力。正是从这个意义上,我们可以理解青年马克思写下的如下一段关于自尊的话:“自尊正是那种最能使人变得高尚,而且赋予他的活动和一切企望以最崇高的意义的东西……”②自爱不仅是真的,而且也是善的,因为“自爱”与自私不同,它同时又带着仁爱之心去爱别人,以仁爱之心去自觉维护社会关系的存在。我们承认,自爱

---

① 韦恩·W·戴埃:《你的误区》,工人出版社 1986 年版,第 23 页。

② 转引自阿纳托利·费季:《美的启迪》,社会科学文献出版社 1986 年版,第 108 页。

的根本在于维护自我的生命及利益,而仁爱的核心在于无所求地爱他人。但这两者之间并没有必然产生冲突的原因,在某种意义上,我们甚至可以说,这两者之间是有必然的内在联系的。这个联系我们或许可以做如下两方面的分析:

其一,自爱是仁爱的基础和前提。因为没有对自己的爱,就绝没有对他人的爱。显然,我对自我的生命及人格都不维护,决不会去维护他人的生命与人格。个人对自己的自轻自贱,必然会对这个世界滋生冷漠的情感。正因为我们自爱,所以我们能爱他人。我们自身的生命洋溢着活力,所以我们有力量来拥抱整个世界。如果我们只依靠他人或某个社会集团来生存,那我们就没有了尊严,有的只是卑劣的奴性。这样,我们不仅无从自爱,而且也会因自爱的丧失而丧失了爱他人的权利与能力。

其二,仁爱是自爱具有善的价值和尊严的保障。显然,如果我们的自爱不顾及道德的尊严,我们往往会由自爱变成自私,从而去攫取和侵占他人的利益,使我们在损人利己中降低自己的人格,甚至毁灭自我的生命。由自爱变成自私,自爱就由善变成恶。因此,由自我关系的“善”进而达到对他人关系的“善”的唯一途径只能是由自爱进而达到仁爱。因此,自爱达到仁爱的关键在于,个人在自我约束和限制中,在真、善、美的人格理想的追求中造就自我的社会人格,并从中体验到自我的尊严感。这种仁爱人格的自我没有封闭性,因为他知道,人格的尊严、人格的伟大,是在他人、社会对我的人格的评价和尊重中体现出来的,而只有我们以仁爱之心对待我们的同类,他人和社会才会爱和尊重我们自身。

因此,只有当我们以“集体我”为基本人格范式,把个人之“小我”与整个人类的“大我”统一起来,把自爱扩展为对祖国和人民的爱,我们的自爱才真正有真、善、美的意义。人类已有的道德实践表明,一个人越是在仁爱的美德中超越自己，那么，他就越是升华了自我人格的价值，他的自爱也就因此具有崇高的道德审美价值。我们的理想人格境界也正是从中得以实现的。

四、自觉人格的基本价值取向

我们一方面对自私、利己观念做理论上的批判，另一方面，从“集体我”的要求出发，对自爱观做真和善的规定。在此基础上，我们可以从正面分析和探讨自觉人格在观念中的基本价值取向。因此我们将在人格追求的一些最基本的关系方面，论述并确立自觉人格所必须具备的基本价值观。

（一）义利观上的人格自觉

义利问题作为人生观中古老而又常新的一个根本问题，一直是人类生活实践中必然涉及的。“义”通常指思想行为符合一定的道德规范准则，故古人称，“义者，宜也”；而“利”则指功利、利益。汉代王充在《论衡》中则进一步对利做了区分：“夫利有二，有财货之利，有安吉之利。”而所谓的义利观就是指义利的基本观点、看法和根本态度。必须指出的是，作为一种人生态度，在中国古代思想家的义利之辩中，“利”更具体地如王充所理解的那样，是指个人的财货之私利，即是指个人的功利、物质和利益的追求。这样，我们所理解的义利观也就是指对个人的私利与社会的道德规范之间关系的一种观点或看法。

作为一种人格意识和人生的伦理态度，义利观从来是社会历史发展的产物。这是因为，一方面，“人们奋斗所争取的一切，都同他们的利益有关”①，但另一方面，这个利益又是不断发生变化的。这样，我们也就能理解，为什么在人类社会的历史发展中从来不存在所谓天经地

① 《马克思恩格斯全集》第1卷，人民出版社1956年版，第82页。

义的东西。就我们今天的社会现实存在而言，我们认为，在义利观上人格自觉与否的标准就是，个人利益与社会整体利益是否一致，个人利益与社会整体利益发生矛盾冲突时，个人利益能否服从整体利益，以及个人利益是否通过正当的合法的途径和手段获得。我们认为，根据对上述三方面问题的不同看法和采取的不同态度，人格的自觉与否便因此有了一个分水岭。如果个人利益与社会整体利益是背道而驰的，或个人利益和社会整体利益发生冲突时，是以个人利益为重的，抑或个人利益的获得是不道德的，甚至是违法的，那么，这就是不义，就是道德上的恶，就是人格境界的不自觉；反之，我们才能称之为自觉、正义和善。

因此，如果我们把自觉人格之价值观念在义利观上做进一步的具体化，那么是否可以认为，在现时代的商品经济条件下，自我人格在认识和处理个人利益与他人利益的关系问题上，“见利思义”则为自觉，“见利忘义”则是不自觉；在处理个人利益与集体、国家、民族乃至整个社会利益的关系问题上，“急公好义”为自觉，“自私自利”则为不自觉；在处理局部利益和整体利益的关系问题上，“舍利取义”为自觉，“弃义逐利”则为不自觉；在处理眼前利益和长远利益的关系问题上，“深明大义”为自觉，“急功近利”则为不自觉；如此等等。

毛泽东曾认为：“我们是无产阶级的革命的功利主义者，我们是以占全人口百分之九十以上的最广大群众的目前利益和将来利益的统一为出发点的，所以我们是以最广和最远为目标的革命的功利主义者，而不是只看到局部和目前的狭隘的功利主义者。”①这里当然首先指的是作为一个共产党人所应有的义利观。但我们认为，在谋求民族图强振兴的现时代，这对我们每一个行为个体自觉的、正确的义利观

① 《毛泽东选集》第3卷，人民出版社1991年版，第864页。

的确立也同样是有指引意义的。

当然，正如我们在历史与现实中已看到的那样，随着我们社会生活实践的变化，义利观也在不断地随之变化着。尤其是适应着商品经济的发展，改变传统的"尚义反利"观念，而确立"崇义顾利"的观念，的确在当代中国人的行为实践中显得非常重要。亦即是说，在这里我们要充分顾及个人的必要的物质利益的获得。否则，我们的理论就会沦为一种说教。

但与此同时，我们又必须十分注重对"唯利是图"观点的扬弃和批判。所以，邓小平同志认为："我们提倡按劳分配，承认物质利益，是要为全体人民的物质利益奋斗。每个人都应该有他一定的物质利益，但是这决不是提倡各人抛开国家、集体和别人，专门为自己的物质利益奋斗，决不是提倡各人都向'钱'看。"①这一思想对我们确立自觉的义利观无疑是非常有意义的。

（二）爱憎观上的人格自觉

与义利观一样，爱憎观也是指行为主体对爱和憎的根本看法和态度，它包含什么是爱和憎、爱和憎的客观标准以及如何才能有正确的爱憎观等问题。英国哲学家休谟在《人性论》中曾断言："给爱和恨两种情感下任何定义是完全不可能的。"②在我们看来，这个略显武断的说法在一定意义上正表明了要抽象地下一个普遍一般的爱与憎的定义或许是不可能的。但我们理解，作为一种特定的、具体的伦理感情，可以从如下意义上理解爱与憎的内容：爱就是对善和应当存在物的一种美好情感和心理体验。从这样的角度理解人类的爱与憎，可以非常明显地看出爱憎观所具有的社会性。这就正如鲁迅先生所指出的那

① 《邓小平文选》，人民出版社1983年版，第297页。

② 休谟：《人性论》，商务印书馆1980年版，第365页。

样:“自然,‘喜怒哀乐,人之情也’,然而穷人决无开交易所折本的懊恼,煤油大王哪会知道北京捡煤渣老婆子身受的酸辛,饥区的灾民,大约总不去种兰花,像阔人的老太爷一样,贾府上的焦大,也不爱林妹妹的。”①这种爱憎观上的社会性以及这种社会性所决定的阶级性,都表明了所谓永恒的“人类之爱”,抽象的“兼爱”、“博爱”的不可能性。所以,作为资产阶级博爱理论先驱之一的休谟,就曾这样直言不讳地表明过私有制的社会历史条件下“富贵贫贱”的爱憎观:“没有东西比一个人的权力和财富更容易使我们对他尊视;也没有东西比他的贫贱更容易引起我们对他的鄙视。”②

当然,爱憎观上我们同样必须学会辩证地思考。这就是说,与此同时也应该看到,人类社会毕竟在自己的发展中还拥有许多共性的因素,在特定的社会历史时期更是会有许多共同利益的存在。这样,某种程度上,共同的爱憎观的存在也是可能的。人们从自身的忧患中产生同情心;从自身的孤单中发出互助的渴求;从对自身的爱中萌生出对兄弟民族乃至全人类的博爱。正是通过这种爱,我们彼此间获得了关切和尊重,获得了理解和信任,并使“爱”和“憎”这一万古长存的精神力量成为推动社会历史进步的巨大力量。

为了确立自觉人格的爱憎观,我们必须进一步探讨的问题是,爱憎观是否有其客观的标准。按照历史唯物主义的基本观点,我们认为,无论是带着社会阶级性的爱,还是某种意义上的共同的博爱,作为一种道德意识与善恶观念,同样有着自己的客观标准。这个标准从最本质的意义上可归结为:是否有益于人类社会的发展和进步。只有正确坚持这样一个标准,一个人在自己的生活实践中才能不以个人的感

① 《鲁迅全集》第4卷,人民文学出版社1957年版,第164页。

② 休谟:《人性论》,商务印书馆1980年版,第394页。

情好恶作为爱憎的取舍，而是能自觉地走出个人主义、利己主义的藩篱，自觉地把个人的爱憎汇于广大人民群众的爱憎之中，以达到人格追求的理想境界。

爱憎观上的人格自觉有着丰富的内涵。我们理解，就当前而言，这种自觉主要表现在“五爱”之中。我国 1949 年 9 月通过的《中国人民政治协商会议共同纲领》规定：“提倡爱祖国、爱人民、爱劳动、爱科学、爱护公共财物为中华人民共和国全体国民的公德。”在以后的三十多年中，“五爱”广泛深入人心，并贯彻到广大公民的实际行动中，迅速改变着中国人民的人格风貌。

这种以“五爱”为具体内容的自觉的爱憎观的有效确立，就要求我们走出个人利益的狭小羁圈。显然，于我有利者则爱之，于我不利者则憎之，把自我利益作为衡量爱憎的唯一标准，这是自私人格的表现。在这里需特别提及现代西方哲学流派中的存在主义。因为存在主义的爱憎观是这种与“集体我”背道而驰观点的典型代表。存在主义者把个人存在、个人的绝对自由作为其伦理和社会范畴的根本出发点。他们把个人存在与社会存在绝对对立起来，认为社会存在吞没了个人存在，是对个人存在的一种异己力量，因而对包括他人、集体和社会在内的社会存在抱有一种极端的厌恶心理。萨特借其笔下主人公的口喊出了：“人？为什么我要爱他们？他们爱我吗？”正是站在这种病态的个人主义立场上，他在作品中把人与人的关系描绘成狼与狼的关系，认为“每个人都是其他人的刽子手”，“他人就是地狱”。显然，我们所指谓的自觉的爱憎观绝不是这种个人主义的，而是集体主义的。只有确立这种“集体我”的基本立场，我们才能不以个人的好恶为好恶，不以个人的爱憎为爱憎，从而克服个人主义的束缚，抛却一切个人恩怨，自觉地把个人的爱憎融汇到人民大众的爱憎中去，时时处处以社会集体的事业为重，以人民大众的利益为重，从而达到人格高尚的精神境界。

(三)公私观上的人格自觉

公私观是指行为主体在对待和处理公与私的关系时所持的根本观点和态度。作为人的一种意识,公私观无疑是随着社会的私有财产的出现而产生的。自阶级社会出现以来,在人与社会之间形成的诸多关系中,始终存在着这样一个公与私的不同利益关系。人格塑造中的公私观正是这一利益关系在思想意识上的反映。道德从利益中来,又调节着利益。因此,道德意识中,公私观上的对立体现在道德原则上,往往就表现为集体主义与个人主义的对立。集体主义或个人主义在道德实践中都表现为是对个人与集体关系的一种认识和抉择。依据我们在"集体我"之自觉人格叙述过程中关于集体主义和个人主义的有关界定,在公私观上,我们对人格自觉与否可做如下理解。

个人主义是一种不自觉。因为个人主义者不仅把自己看成可以脱离社会集体而独立存在,而且还把自己同社会集体对立起来,认为自己的个人利益、欲望等所谓的"个人价值"高于社会集体的一切,从而,为了实现和达到个人的利益和欲望,就可以不顾甚至损害社会集体的利益。

不仅如此,在社会活动中,个人主义者还必然既不把自己看成社会集体的一个构成分子,也不把他人看成社会集体的一个成员,以为自己和他人的关系仅仅是个人和个人之间的关系,与社会集体无关,甚至把这种关系理解成如同动物界、生物界或自然界之间的关系。由此,他们便可以把自然界那种"生存竞争"、"优胜劣汰"等规律作为处理自己和他人之间关系的手段。

而集体主义原则是一种"自觉",因而它在观念上与个人主义相对立。作为道德原则和规范的集体主义认为,任何个人都是组成社会集体的一个成员,都同社会集体休戚相关。在实践活动中看,这一自觉的规范便具有两层含义:其一是自觉意识到,任何人都是生活、工作在社会集体之中的,他的一举一动、一言一行,甚至纯粹个人生活上的喜、怒、哀、乐,都不能不在客观上、直接或间接地、或多或少影响到社会集体,它或者起好的作用,或者起坏的作用,因而个人对于社会集体都必须尽一定的义务,负一定的道德责任。凡属有利于社会集体的事,就有义务和责任去干;凡属不利于或有害于社会集体的事,就有义务和责任去抵制、防止和斗争。因为既然每个个人都是社会集体的成员,个人和个人之间的关系也就是社会集体成员之间的相互关系,这种相互关系的好坏,也必然要影响社会集体。所以,要用集体主义的态度来看待个人与个人之间的关系。其二是既然社会集体总是由一个个社会集体的成员组成,那么,任何社会集体离开了这一个个成员就成了抽象的空中楼阁。社会集体的兴衰、成败和所选择的方向是否正确,都必然要影响到每个成员,或使他们痛苦,或使他们幸福。因此,作为这个社会集体的各个组织的领导成员,也就必须对社会集体的每个个人的物质利益、精神享受和民主权利负责。显然,只有这样的集体观才是真正自觉的。

所以,要在我们的公私观上弃恶从善,从不自觉走向自觉,这其中既弘扬集体主义原则,又批判个人主义,显示了其重要的理论意义,否则,我们在公私观上就没有正确的是非和善恶观念。因为我们正是在对公私观念的正确把握中,才在实践中形成如下一种人生追求:置身于集体社会之“大公”中,既能保持独特的个性,又能走出自我狭小的天地,为集体、社会所悦纳和赏识,从而在为社会集体利益的奋斗中实现自我人格的真、善、美价值。

(四)得失观上的人格自觉

我们每一个人生活在现实世界中,为了生存和发展,总需要对社会有所索取;而与此同时,作为索取的根据和基础,我们又必须对社会有所或将有所奉献。作为人格主体意识的一种表现,得失观具体反映的是人对得到的和失去的观点和态度。

得失观作为社会意识的表现之一,除了具有鲜明的时代性、社会历史性外,还有着鲜明的个性指向。作为一个人的人格觉悟程度如何的重要标准,得失观最容易也最直接反映人的道德本质。这正如诗人北岛在其诗作中所写的那样:“高尚是高尚者的墓志铭,卑鄙是卑鄙者的通行证。”因此,在得失观上,我们认为,唯有以人民大众的利益为重,才能成为毛泽东在《纪念白求恩》中指出的那样,“是一个高尚的人,一个纯粹的人,一个有道德的人,一个脱离了低级趣味的人,一个有益于人民的人”①。因此,我们认为,自觉的得失观必须以人民大众的利益,或者说以整个社会历史进步作为取舍的唯一标准。由于得失观的实质是利益问题,因而,与公私观相联系,这里有一个以“公利”还是“私利”作为衡量得失的标准问题。在历史与现实的得失观上,我们既可以看到从公利甚至是从整个人类的进步的利益出发来理解得失的如白求恩那样的高尚者,也可以看到以自己私利出发,甚至“拔一毛以利天下而不为”的极端自私的利己主义者。毫无疑问,人格上真正自觉的并具有高尚价值的,只能是那种从公利出发来理解的得失观。以私利,甚至是极端的自私自利为基础来理解的得失观,只能是道德上的一种恶。也许这也就是为什么历代的诗人要颂扬和讴歌春蚕和蜡烛精神的一个重要实践依据。

从个人与社会集体的关系来看,自觉的得失观要求我们从“集体我”出发,正确处理好人生的贡献与索取的关系。可是,在现实生活中,有的人把得失观中贡献与索取的关系简单化、商品化,认为既然有失必有得,那么我们对社会的贡献和索取就应该是等量的,给多少钱

---

① 《毛泽东选集》第2卷,人民出版社1991年版,第660页。

干多少活，按酬付劳，得不偿失的事不能做。这就是通常所说的患得患失。实际上，在我们的人生追求中，得与失、贡献与索取是一对矛盾，但矛盾双方也有主次之分。从“集体我”的基本规范出发，即个人利益服从国家和人民利益的角度来看，贡献是主要方面，索取则是次要方面。得与失不是等量交换的关系，作为自觉人格的一种标志，它通常应该是贡献大于索取。

有人曾做过这样形象的说明：如果我们把人生中的“索取”、“获得”视为“负”，把“给予”、“付出”、“奉献”视为“正”，那么一个人在其一生中，如果以索取为目的，以个人私欲、个人利益为标准，以索取大于贡献为价值，那他的一生就负大于正，其代数和为负，即负于社会，这样的人生当然是毫无价值的。一个人在其一生中，如果以为人民服务为目的，以人民大众利益为标准，以贡献大于索取为价值，那他的一生就正大于负，其代数和为正，即符合社会进步的客观要求，这是有价值的人生。所以，我们提倡为社会多做贡献，积极为社会创造财富，这正是自觉人格之得失观所要求的。

（五）苦乐观上的人格自觉

苦乐观作为人生观的一个具体方面，和人的生存态度、道德观、思想信念相关。所谓的苦乐观是指，自我主体以一定的人生观和道德观去看待人生的痛苦和欢乐及其关系的总的根本的观点和看法。有着不同的人生观的人们，必然有着不同的苦乐观。一般而言，在私有制的社会里，人们自觉或不自觉地把物质生活的享受视为快乐，信奉“人生在世无非吃喝玩乐”的信条。当然，一些进步的伦理思想家也在其中提出了一些有价值的观点。如古希腊赫拉克利特就竭力反对当时盛行的只注重感官享受的快乐主义，认为，“如果幸福在于肉体快乐，那就应当说,牛找到草吃时是幸福的了”①。中国古代的孔子则把快乐和痛苦与行仁道相联系,认为“君子忧道不忧贫”,“饭疏食,饮水,曲肱而枕之,乐亦在其中矣。不义而富且贵,于我如浮云”。② 近代的思想家梁启超直接秉承了孔子的如上思想。在《德育鉴·存养》中提出如下一个说法:“真苦真乐必不存于躯壳,而存于心魂,躯苦而魂乐真乐也,躯乐而魂苦而真苦也。”

因此,我们对当代中国人在人格追求中自觉的苦乐观做如下的理解,能为最大多数人的利益和幸福,从而也是为整个人类社会的进步而工作的人生就是快乐的。反之,不能为人类社会进步事业贡献自己才智的,碌碌无为、虚度年华的人生就是痛苦的。因而,我们承认物质需要的满足对快乐人生的影响作用,但更强调为着一个崇高理想的目标孜孜以求、安贫乐道的精神愉悦。也因此,我们可以理解马克思的一句名言——“斗争就是幸福”。也正是从这个意义上,我们可以理解,为什么马克思在写作《资本论》的过程中甚至“牺牲了健康和家庭生活”,却依然是快乐和幸福的,因为他把自己所从事的事业自觉地和整个无产阶级的解放事业联系起来了。这才是一个真正大写的人的苦乐观,也无疑是自觉人格在苦乐问题上所达到的最高尚和最完美的境界。

而且,我们认为,从“集体我”的基本规范出发,在苦乐观上的人格自觉最集中的表现就是,确立个人幸福与社会整体幸福的辩证统一观。这种幸福观认为,社会整体幸福是个人幸福的基础和保证,没有社会整体幸福就不会有个人真正的幸福。这是因为,一方面,在争取实现社会整体幸福的过程中,个人的物质方面和精神方面的需要不断

① 《西方哲学原著选读》上卷,商务印书馆 1981 年版,第 28 页。

② 朱熹:《四书集注》,岳麓书社 1987 年版,第 244 页、第 138 页。

地得到满足,个人的痛苦和不幸也不断得到他人和社会的关怀和帮助。另一方面,在"集体我"之集体主义精神的指导下,通过个人的艰苦劳动,在为他人和社会带来快乐和幸福的过程中,个人从中也获得创造的快乐。如果一味追求所谓的个人幸福,置他人、社会利益于不顾,那么,个人的幸福也不能实现。

所以,恩格斯说过:"当一个人专为自己打算的时候,他追求幸福的欲望只有在非常罕见的情况下才能得到满足。"①可见,社会整体幸福是个人幸福的保证。也正是从中我们可以理解,为什么我们要把"先天下之忧而忧,后天下之乐而乐"的人生追求视为人格自觉的一种最高境界。

五、简要的归纳与进一步探讨的问题

作为自觉人格在观念上的一般要求和指向,从当代中国人的人格追求和实践来看,我们特别强调对自私、利己品性的扬弃,因为只有这样,我们才能有效地在义利观、爱憎观、公私观、得失观和苦乐观上确立合理自觉的价值观。为此,我们对本章内容做一个基本的归纳,并对其中的利益观问题做进一步的探讨。

(一)简要的归纳

自私绝不是人的共同本性和普遍观念,因为从来就不存在这种抽象的普遍共同的所谓人性。在现实人性中,自私也的确在一些人的观念中存在。但是在一些人的人性中形成自私品性的同时,另外一些人却形成利他主义和自我牺牲的人性。所以人之为人不是在于他自私、自利,因为这种自私、自利仅仅是源于肉体快乐的本能追求,这一点在动物那里也有类似的追求。所以,赫拉克利特说:"如果幸福在于肉体

① 《马克思恩格斯选集》第4卷,人民出版社1972年版,第234页。

的快感，那么就应当说，牛找到草料吃的时候是幸福的。”①这应当使那些信奉“人性自私”并津津乐道于“主观为自己，客观为别人”的处世观念的人深思。真正的人性恰恰要求扬弃自私的本能追求，通过理性的规范以造就自我真、善、美的理想人格，而我们正是在对真、善、美理想人格的孜孜追求中造就着我们真实而崇高的人生的。

与自私不构成人的本质相关联，合理利己主义的道德观念也就丧失了合理性。尽管合理利己主义理论和实践在反封建专制的斗争中有过一定的启蒙意义，但是，把合理利己主义作为一种基本的人生追求则是错误的。这个错误不在于承认了人的所谓利己的自然属性，而在于放任了这种自然属性。道德的基础绝不是我们中的一些人所理解的那样是合理利己主义，而是一种真实的利益原则。这是一种基于个人利益和整体利益的结合的行为规范原则。人是个体的存在，故我们有个人利益；但人又是社会的人，故又有整体利益。个人利益的追求往往凭本能、天性便可获得，而整体利益的维护更多地要依靠人格的自觉，并且这种自觉往往要以某种程度的自我牺牲为代价。正是在这种自我牺牲中，我们感受到自己对他人、对社会的价值，我们有了自身价值的一个重要方面的实现。也正是在这种自我牺牲中，我们使自己的人格变得完善和崇高，从而造就自己的理想人格。

因此，我们在探讨自觉人格的一般观念时，必须明确否定人性自私、利己的观念，我们同样也不赞成单纯地从个人利益的角度出发，提倡自爱，而是从人的社会本质这一基本事实出发，认为自觉人格的一般观念必须以“集体我”为最基本的生长点和展开点。因此，这种自觉人格在义利观、爱憎观、公私观、得失观和苦乐观上，必然表现为对集体主义的信奉和对利己主义的扬弃。

---

① 《古希腊罗马哲学》，商务印书馆1982年版，第18页。

（二）进一步探讨的问题

然而，在社会主义市场经济条件下，这一自觉人格的观念建构是否带有空想和说教的色彩？这就是我们要进一步探讨的问题。我们认为，如上对自觉人格一般观念指向的论述是真实的。因为我们始终把这个论述建立在利益的坚实基础之上，无论我们承认与否，我们都会发现，人的行为背后隐藏着一个最本质的东西：利益。这样，在实践领域里，正如马克思指出的那样："人们奋斗所争取的一切，都同他们的利益有关。"①于是，一方面，人都有个人的利己的存在；但另一方面，人又总是社会的人。这是我们重复强调多次的两个基本出发点。

这样，人生实践所导致的结果就是，每一个个人要生存和发展，必然要千方百计地谋取自身的利益，但与此同时，"人同此心，心同此理"，每个人又都会有这种个人利益的追求。于是，现实的生活情形往往是出现了诸多个人利益的对峙和冲突，尤其是当人们无法同时获得和满足自己的利益追求时，这种对峙和冲突表现得尤为明显。这就如尼采举过的一个例子：独木桥对岸是一堆象征着财富的金子，有许许多多的人都想得到这笔财富，但这笔财富又不可能同时满足所有的人，这时个人利益的冲突就不可避免地要发生。在这种情形下，人们便会产生一种以整体利益来规范和调节个人利益的要求和愿望。否则，只能是一场竞争、厮杀或格斗，获胜者获得这笔财富，而许多失败者则可能会为获得这笔财富而以生命作为代价。显然，以生命为代价，是最不合理的，这是人类的理性所能形成的共识。因为生命不存在，人生的一切也都丧失了。应该承认，尼采的例子形象地表明了社会成员之间必然存在的利益冲突，而我们社会的整体利益正是在这个冲突中为了维持一定的秩序而产生的。

---

① 《马克思恩格斯全集》第1卷，人民出版社1956年版，第82页。

由于人注定要处于社会、集体的关系中，所以人就注定要受到社会集体的各种限制和规范。为了在个人利益的冲突中保证每个社会成员都能获得起码的利益，社会便要以整体利益来约束和规范每个人的行为。“集体我”之自觉人格正是从中生成的。

我们可以发现，人类道德的最初形式——原始共产主义道德之所以是共产主义的，就是因为，只有按照这种原始共产主义的道德原则，个人才能得以生存，否则原始人将无法抗御来自大自然的各种袭击和灾难。同样，我们今天在商品经济的条件下，强调以遵循整体利益原则来规范人的行为，其最充分的必然性根据也在于，只有在承认整体利益的原则中每个人才能获得个人利益的满足，从而自由而全面地发展自己。所以，走出利己主义与利他主义的对立，其根本途径在于寻求到道德背后的实质：利益。这样，从一般意义上讲，自觉的利益原则应该是我们走向自觉人格所应信奉的一个最基本的原则。

但必须重复强调指出的是，利益原则中的“利益”，显然不仅仅是单纯的个人利益，这是因为，任何个人都是“在一定历史条件和关系中的个人，而不是思想家们所理解的‘纯粹的’个人”①。当然，这种整体利益也不是指那种和个人利益无关的所谓整体利益。作为道德规范的利益原则是个人利益和整体利益的结合体或“化合物”。从这样一个理解出发，我们认为，在现时代强调以自觉的利益原则作为人性自我规范的基本原则和人格自觉的基本表征，有着最充分的必然性根据：

其一，自觉利益原则超越了利己主义的藩篱。因为自觉利益原则揭示了一个最基本的事实：任何个人利益的实现都有赖于整体利益的实现。人永远处于个人利益和整体利益的交织之中。彻底的个人利

① 《马克思恩格斯全集》第3卷，人民出版社1960年版，第86页。

益追求必然会破坏整体利益的实现，从而不为他人、集体和社会所容忍；而由于这种追求要遭到他人、集体和社会的唾弃，行为个体最终根本无法实现个人利益的追求。

其二，个人利益原则也摈弃了纯粹利他主义、自我牺牲的道德说教。不仅从人的天性上讲，人有利己、自私的天性，而且从人的后天德行培养中也同样必须承认，人有个人利益的追求。这正如马克思指出的那样，人的自我实现、人的自由全面发展永远是人生的一个重要目的，"每个人的自由发展是一切人的自由发展的条件"①。所以，脱离个人利益，离开人的自身发展的纯粹的利他主义、自我牺牲是不存在的。如果有，那也只能是一种自欺欺人的道德说教。

其三，自觉利益原则是利己主义和利他主义的"合题"。这一利益原则揭示了人性利己与利他的统一性，真实地把握住了人性最基本的追求。在利益原则的道德基本规范中，我们走出了利己主义与利他主义的片面性与狭隘性，使道德规范有了一个坚实的合乎人性的基础。正是在对这一利益原则的遵循中，我们对人性进行有效的道德规范，走向人格的自觉之境，从而实现理想人格。

我们也只有这样来理解利益原则，才可能有效地区别自私与个人利益。个人利益与自私的确是相似的，两者都表现在自我之中，是以自我的获得为表现形式的。然而，个人利益毕竟和自私有本质的区别。自私是一种极端的个人利益的追求，这种极端的个人利益追求常常达到这样的程度：不惜损害、掠夺和牺牲他人利益以满足自己的私利。个人利益的追求可能导致自私的追求，但个人利益本身不一定必然表现为"自私"。由于人是社会的人，总处于一定的集体之中，因而个人利益并不是孤立的单个人的利益，它实质上必然表现为与社会利

---

① 《马克思恩格斯选集》第1卷，人民出版社1972年版，第273页。

益、集体利益相统一和相一致的形态。即便在私有制社会中，个人利益的追求通常总是沦为自私利己追求的情形下，人类理性也不可避免地要注目社会利益和集体利益。

爱尔维修就曾经这样指出过："美德应是自爱与公益的结合。一个人一切行动都以公益为目标的时候，就是正义的……要行为正直，就应当仅仅倾听和信任公共的利益。"①由此可见，从个人利益存在的必然性和合理性推不出自私心存在的必然性和合理性。只要有生命个体的存在，我们甚至可以认为，个人利益与人类是共存的。而自私的存在，仅仅是在人类社会发展到一定阶段才出现的存在。著名的马克思主义学者拉法格在对原始社会的道德风尚做了大量的考察之后正确地指出过这一点："私有观念对于一切资产者是非常自然的，但当初跑进人们的头脑却不那么容易。当人们开始思想时，恰恰相反，他们首先想到的是一切应当归大家。"②自私既然只是在一定的社会历史条件下产生的，那么只要这种历史条件改变了，自私也会随之失去存在的根据而趋于消亡的。但个人利益的存在却不存在这种历史条件性，而是与人自身的存在共始终的。个人要存在和发展，就要有个人利益的满足。但在个人利益的追求中，一些人变得自私，甚至不惜让自私亵渎美好的人性。犹如美国著名作家马克·吐温所讥讽的那样："医生希望自己的同胞患寒热病；律师则希望每一个家庭都发生诉讼；建筑师希望发生大火使城市的四分之一化为灰烬；玻璃匠希望下一场大冰雹打碎所有的玻璃……"但另外一些人则可以表现出崇高的利他主义和自我牺牲精神。爱迪生就有这样的自白："我的人生哲学是工作，既为自己一种神奇的满足，但更以此给整个人类造福。"而大科学

① 《十八世纪法国哲学》，商务印书馆 1979 年版，第 463 页。

② 拉法格：《财产及其起源》，三联书店 1962 年版，第 46 页。

家爱因斯坦更是为后人留下了“一个人的价值应该看他贡献了什么，而不应看他取得了什么”这样的警世名言。爱因斯坦的一生正是这种利他主义精神的一个最好注解。

一个人无疑要关注自己，追求个人利益的满足。但当这种关注和追求过度了，以至于把自己的私利置于社会和他人利益的对立面，那么，他在自己的人生之路上就注定要不幸地踽踽独行，注定无法造就自己的理想人格。为此，我们或许可以这样说：摈弃个人利益将使人生变得不可思议；而摈弃自私，则会使人生变得更加完美。

所以，我们的结论是：作为自觉人格的一般观念指向，我们在每一个自我人格的追求中必须扬弃利己主义、个人主义的价值观，只有在“集体我”的规范形态下，凭着对利益原则的自觉遵循，我们才可能真正走向人格的自觉之境界。

第二编　道德人格之境界

道德人格是一种在实践中自我规范的人格。这种规范表现为在自觉人格的基础上对自我进行自愿的约束与限制。其人格表现方式是“道德我”的有效确立。

——研究札记

第四章　道德人格的认识论前提

自由是人的天性，可这一份天性又总是受到道德规范的制约。因此，对人的意志自由与规范之必然性的关系的正确把握，就成为道德人格造就的认知前提。

——题记

如果说，作为自觉人格的"集体我"主要还只是一种观念上的自觉，那么，道德人格要探讨的则是在观念自觉的基础上依据这种自觉而付诸实践的自愿。这表现为，自我人格依据自觉的认知在实践中遵循一定的规范勉力而行的自愿过程，这个过程也就是道德人格的形成过程。①

理论和实践的分析表明，要形成这样一种道德上的自愿人格，首先在主体认知上要对人的意志自由与道德规范的必然性关系问题有一个正确的把握。这一把握主要表现为道德人格的认知过程和依据这一认知的践行过程。

---

① 人的行为规范除了道德规范外，也包括法的规范。但由于法的规范是由国家机器强制执行的，它往往并非主体的自愿行为，故作为一种对主体自觉自愿行为之人格境界修养的理论探讨，我们在这里只讨论道德规范及其相应的道德人格。

一、道德人格:意志自由与规范限制的统一

道德和法同作为人的行为规范,但却有着重要的区别:道德是依靠道德主体自觉自愿实行的,而法则是由国家机器强制执行的。因而,在道德领域里,我们必须特别强调道德主体的意志自由,并特别推崇道德主体的这种意志自由进行自主的选择。但是问题在于,这种自由是否就没有一种必然性的东西来予以限制。如果有,那么人的意志自由又应如何理解? 我们认为,这就是在实践中确立道德人格的认识前提。

(一)主体人格之意志自由的真实内涵

若以马克思主义关于自由与必然关系问题的基本原理来审视道德主体的人格在意志自由与道德规范的必然性之间的关系问题,那么,我们认为,如下三方面的基本内涵构成了道德主体人格意志自由的真实含义。

首先,道德主体人格的意志自由是可能的,又是必需的。在人类思想史上,自由就一直被视为既是人类进行一切生产和社会交往活动的基本前提,又是人类活动所追求的最终目的。所以马克思在《1844年经济学哲学手稿》中就把人的自由自觉的活动规定为"人的类特性"①。这个思想无疑将人的意志自由作为道德主体人格实现的具体评价内容和活动前提。

我们的理解是,作为人们实践活动前提的意志自由,既包括特定社会历史给人提供的按自己的目的和愿望行动的一切可能的社会条件,也包括人独立地按自己的愿望将这些可能性通过一系列的社会实践活动变为自己的能力。在这其中,社会历史时代提供给每一个主体

---

① 《马克思恩格斯全集》第42卷,人民出版社1979年版,第96页。

可以按自己的意愿行动的可能性社会条件，这是指一种外在的自由。这是人们由于出生等原因在特定社会关系和自然环境中直接的、既得的自由，它包括有利于人们实现自己的目的和愿望的各种自然和社会条件，尤其是指处于特定社会经济政治制度和社会环境中的这样一些现实的人，从一代人的生产力和生产关系那里直接继承而来的东西。显然，缺乏外在的自由就会使人们的活动受到很大限制，特别是在专制社会制度之下，受奴役的人只能被动地听任社会环境的规约。在这种社会中，人们的肉体和心灵都被强硬地注入卑微、低贱、奴性甚至盲目服从等异己之人格品性。而人独立地在社会历史提供的可能性中做决定和采取行动的能力就是指主体内在的自由。“这是一种主体的意志自由，亦即是说这是人们在行动中的一种凭自己意愿进行选择的自由。内在的自由作为意志自由对人活动起着指导性的作用，因为这是人作为主体的一种自决能力，它使人在任何事物面前说‘要’或者‘不要’，它赋予人反抗命运和环境的坚毅精神和内在力量。”①从这里我们可以看到，若没有主体人格的外在的自由条件和内在的意志自由，就没有人的自由自觉的活动，人也不能体现自身的“类本质”。

意志自由或曰主体人格的内在自由之所以是可能的，也正是人类和动物相揖别的根本所在。人在生产实践中，在以自身内部逐渐发展而来的理性的觉悟和启迪下，必然会摆脱诸种自然的、社会的和人本身所具有的本能的奴役，从而将自己的活动从自在的活动推进到自由自觉的活动，即从动物式的生存性活动推进为人类的活动。这种在生产实践中发展而来的活动性质就是人的一种“类特性”，也是人之为人的标志和人的尊严由此产生和确立的根源。也因为这样，人类才对自由抱有如此的神圣向往，并具有无畏的牺牲精神。诸如“不自由毋宁

① 应杭:《伦理学基本问题新论》,《浙江大学学报(社会科学版)》1992 年第 3 期。

死”的决绝，诸如“若为自由故”，生命和爱情“皆可抛”的崇高，其本身就体现着人类为维护自由的价值和主体意志的尊严而不惜隐忍、奋争的精神。

显而易见，无论是外在的自由，还是内在的意志自由，都是通过人的实践活动才能获得的。这种活动的一个重要体现就是道德自我的自主选择。在道德选择中，主体人格的意志自由具有最广泛和最自由的活动天地。从本质上讲，道德就是“人为自己立法”。它需要排斥外在的强制性力量的干预，而主要靠内在的自觉对主体自身进行行为约束，因而，道德特别强调主体的内心信念，特别强调主体意志的自由选择。而在道德实践中，意志自由就表现为道德主体在善与恶、崇高与卑下、道德与不道德之间有根据自己的内在要求做出抉择并采取行动的自由。

特别重要的是，道德主体的这种意志自由正构成了道德活动的基础和前提，它正是确认个人行为的道德责任和道德义务的基本根据，也是我们判断高尚的道德人格是否在道德主体那里确立起来的内在依据。

其次，道德主体人格没有绝对的意志自由。和人的任何其他活动一样，道德主体在道德上的自由选择也还有一个客观必然性的限制性问题。因此，道德选择若要成为人的自由活动，无疑要客观地看到道德意志自由受道德主体自身和其他的外在必然性制约。我们理解的这种必然性表现在两个具体的方面：一是，自然规律和社会发展的客观规律限制了道德主体的自由意志选择。人的活动要达到自由和自觉的最高境界，显然要符合人类实践活动最基本的领域及其所提供的一切自然和社会的条件。这同样是任何主体的道德活动必然遵循的外在必然性。二是，人的主体活动达到一定的自由程度之后，道德规范或称道德律本身就成为道德主体进行自由活动的限制。这种体现道德活动特殊性的必然性都是道德自由活动中所必须遵循的更直接、更普遍的内在限制。道德规范之所以也是一种必然和必需的东西，是因为从根本上讲，“道德律”正反映了人类社会和自然界最一般的客观规律，也就是说，人作为一种社会性的存在，在任何一个社会中，若要实现其自身的社会本质，都需要遵循内在的必然要求。因而，道德律同时体现着“天道”和“人道”的内在辩证统一。康德曾把支配人的这两种必然性限制极其优雅地概括为：“头上的星空和心中的道德律。”

所以，道德规范的必然性便成为道德主体进行自由自觉的类活动的最大制约性力量。因而，人类活动中的“自由与必然关系”问题，在道德活动中就表现为道德选择中道德主体的意志自由和道德规范的必然性之间的关系问题。

在道德实践活动中，这种必然性对意志自由的限制主要以如下两个途径得以实现：一是，在历史条件和社会环境还未能提供道德意志自由选择的客观可能性时，道德主体就不能对自身行为进行“要”或“不要”的自由和自觉的选择，反而要更多地听命于这种客观必然性。特别是当人对自然规律、社会规律以及道德律茫然无知或知之甚少的时候，道德的自由永远是在人之外的一种存在。二是，在进行道德自由选择时，如果人选择了“恶”的或不道德的行为，那么道德规范就作为一种必然之则发挥它的制约作用，它便要通过外在的社会舆论或主体内心的良心机制，对主体自身进行某种程度的惩罚，这当然是对主体自由的一种必要的限制。

最后，道德活动是主体人格在自由与必然之间进行选择的活动。道德活动具有人类一般活动所必须解决的自由与必然的关系，并呈现出这些关系在人类活动中的一般特征。因此恩格斯这样认为：“如果不谈谈所谓意志自由、人的责任、必然和自由的关系等问题，就不能很好地讨论道德和法的问题。”[1]的确，人的意志自由在很大程度上体现为人作为道德主体争取道德自由的能力。人们既可以正确地运用这种能力，并以它为中介达到道德人格的理想层次，也可能会滥用这种能力，并把“自由”理解为任性地表现这种能力，从而使自我成为人的利己天性及由此导致的不道德的欲望表达的奴隶。“从表象上看，当个人把历史必然性、把社会需要和义务、把对行为后果的道德责任弃置一旁，任凭自己一时的好恶进行选择时，这种我行我素、随心所欲的表现似乎十分自由，然而这种自由却是一种毫无规定性的、主观的空虚自负。黑格尔深刻地指出这只是一种‘虚假的、形式的自由’。事实上，道德主体在这里恰恰是最不自由的，因为他不自觉地沦为自己本能恶习、情欲的奴隶，从而导致道德情操和人格品性的堕落。”[2]因此，恩格斯一再强调，“自由是对必然的认识”。道德主体人格的自由就在于认识道德规范的必然性，并在这个必然性的有效范围内进行自由的活动。道德主体是否自觉地认识和把握了道德必然性所呈现的这种制约性，就成为了道德主体能否获得道德自由的认识论前提。没有道德主体对道德规范的必然性以及作为这些必然性进一步展开的诸如群体与个人的关系、社会发展的需要与个人自我发展的需要的关系等方面的正确认识和把握，即使社会历史为道德主体提供了最大的道德选择的自由，他依然会不知所措，从而根本无法获得真正的自由，而只是在道德之外和自我人格的主体创造之外徘徊。因此，我们在这里特别强调自觉人格构成道德人格的这一认识论基础和活动的前提。

当然，若要达到人生的理想道德人格的最高境界，获得道德自由，固然需要以道德必然性的充分认识为前提，但又不能仅仅停留在这个

① 《马克思恩格斯选集》第3卷，人民出版社1972年版，第152～153页。

② 应杭：《伦理学基本问题新论》，《浙江大学学报（社会科学版）》1992年第3期。

认识的阶段。显然,正确的认识只为自由提供了理论上的潜在性和可能性。在我们的自我理想人格塑造中,要使自由获得直接的现实性,就必须在认识必然性的基础上通过道德实践中的积极选择和自主活动来发挥自由意志,使自我的道德践履从自觉走向自愿,最终塑造和完善自己的人格和品性。积极进行道德践履的主体人格不仅越来越不为过去的坏习惯或不合理的情欲所统治,而且也会逐渐摆脱“偶然的意志”、任性的冲动等驱使。只有这样,我们在主体道德人格的塑造过程中才能真正获得现实的自由,开始使自我生命活动和道德活动走向“自律”境界,亦即走向孔子“从心所欲,不逾矩”[①]的理想人格境界。正是从这个意义上讲,我们强调,道德从必然走向自由,从外在限制走向“自律”的主体活动,正是意志自由的正确运用和自主发挥成为关键的实践步骤。因为,从对社会历史条件和外在环境的认识和利用,到最终实现在活动中来超越现实阻隔的“从心所欲”的自由意志行为,都是主体人格的意志自由在一系列的选择和行动中使其从可能变为现实的。因此,我们的结论是,一方面,没有意志自由,就没有主体人格的道德自由。道德人格的自由既是意志自由在不同的道德选择和不断的道德实践中所追求的理想目标,同时也是主体人格开展意志自由活动的必然结果。但另一方面,意志自由又必须是被正确认识和把握了的。因为不受任何规范制约的所谓的意志自由是不存在的,脱离必然性的意志自由同样不可能在主体人格的塑造中成为直接的现实存在。

(二)道德人格塑造:走出宿命论与唯意志论的迷误

只要认真考察一下人们对自我主体人格的道德生活实践,我们就可以很容易地发现,在我们的自我人格塑造和追求的实践中,在意志

① 朱熹:《四书集注》,岳麓书社 1987 年版,第 76 页。

自由与规范必然性的关系问题上存在着诸多认识上的迷误和实践上的偏差。

一些道德主体看不到人的意志自由,以为人的一切行动均受规范必然性的支配。其实这种观点忽视了一个最基本的事实:道德对人来说具有一系列的潜在性和可能性,每个人可以根据自己的自主性在这些可能性中做出自由抉择和进行道德实践活动。如果只承认是规范必然性在支配一切,抹掉一些可能性的变数和内容,自由便湮灭在必然之中,道德主体无疑要因此而走上宿命论的道路。道德生活实践中那些逆来顺受、含垢忍辱者,事实上正是这样一种失落了主体人格自由的不幸者和可悲者。在这一点上,中国传统道德由于把道德规范理解成一种神秘的天道,强调道德人格中所谓的"以德配天"的追求,故而常常使道德主体陷入这种宿命论之中。这无疑是我们在道德人格追求中所应该扬弃的。

另一些道德主体则否认了规范必然性对人的制约,无限夸大主体人格意志的独立性。这种过于崇尚人的意志自由的观点认为,意志可以摆脱道德关系和规范制约的态度,无疑又把自由带向另一个虚幻的境地。事实上,这种绝对的自由是不可能存在的。因为道德规范本身是以限制自由的形式存在的,否则,道德规范就没有了存在的根据。现实生活中那些企图随心所欲,想干什么就干什么的人的做法正是一种个人自由意志无限膨胀的表现。当然,这种否认任何规范必然性对自由限制的行动,正如我们在历史与现实中的一些人在道德生活实践中所见到的那样,有时表现为"离经叛道"的积极抗争精神。但我们同时应该承认,"离经叛道"依然存在,因此对"道"的遵循依然是必需的。所以,从根本上讲,由于自由不可能存在于必然性的限制之外,这样,那种把道德自由的可能性提高到可以摆脱必然性限制的做法,从理论上讲恰恰走向了唯意志论的迷误;而从实践上看,则会因为任性和狂妄而注定要遭到现实社会生活的否定。因而，在道德人格的追求实践中，意志自由是必然的和神圣的，必然性对意志自由的限制也同样是必然的和神圣的。

还有一些道德主体在实践中在规范必然性与意志自由的关系面前犹豫不决，无所适从。在他们看来，既然承认必然性的制约，自由似乎就是不可能的，因为自由总是对必然性的限制给予某种程度上的否定。而如果否认必然性的限制，认为自由是无条件的，可现实社会的生活实践又总是对这一点给予否定的回答，那么，道德人格在主体认知上便表现出犹豫、徘徊、动摇，以致焦虑不安、无所适从。在人类的道德生活实践中，哈姆雷特式的彷徨和焦虑，或许正表明了这一种情形。

无疑，要走出这种犹豫不决和无所适从的道德窘境，唯有在自由与必然的关系问题上寻求一个"中道"境界，即唯物辩证地把握道德规范必然性与道德主体意志自由的关系。一方面承认主体有进行道德选择的自由；另一方面又认为，既然这是道德选择，那么这个选择就注定要受道德规范必然性的限制。所以，在人生实践中，"随心所欲"从来不是道德人格的品性，只有"从心所欲，不逾矩"（孔子语）才是道德人格的真正品性。

二、道德人格的自由、责任与义务

道德自由作为人能获得的最深刻的自由形式之一，必须内含着道德规范必然性在其中，否则，这种自由就是虚幻的。道德自由的这一规定在道德实践活动中往往是以道德人格的道德责任和道德义务体现出来的。或者说，道德责任和道德义务是道德人格自由的题中应有之义。

（一）道德行为是自由与限制的统一

正如我们已指出的那样，我们承认自我主体人格的意志自由对道德活动的充分必要性，这样，在人类复杂的行为活动中，唯有那些在一定道德意识支配下自由抉择的有利于他人或社会的行为，才称为道德行为或伦理行为。因而，构成道德行为的特征就有如下两方面的规定性：其一，道德行为必须是基于对他人和社会关系的一种自觉的认识基础之上的。没有这种自觉的认识，人的行为就不构成道德行为，其人格也就不可能达到道德人格之境界。所以，稚气未脱的儿童以及精神错乱者等尽管做出在一般人眼中可做善恶评价的道德选择，但这种行为本身不构成道德行为。在伦理学理论中通常称此种行为为“非道德行为”。其二，道德行为必须是行为主体自由选择的结果。亦即是说，道德行为必须是由道德主体根据自己的意志而做出的自由抉择。倘若是一种“除此之外别无选择”的情况下做的“善”或“恶”的选择，这种行为无论是多么“崇高”或“卑劣”，都不构成道德行为，也因此，行为主体不承担道德责任或享受道德荣誉，这种情形下也无所谓道德人格的造就。

因此，从道德行为本质的规定性中，我们可以理解，道德行为的选择是道德主体意志在实践中的一种自由选择。选择本身就意味着，行为主体可以在几种客观存在的可能性中自主地择其一而行之。如果别无选择，我们只是被迫地行动着，那我们也就没有道德行为和道德人格的造就。

但同样显而易见的是，道德行为的这种自由选择在实践中又是受社会规范必然性制约的。马克思和恩格斯在具体谈及人的选择时，曾这样说过：“如果他要进行选择，他也总是必须在他的生活范围里面，在绝不由他的独自性所造成的一定的事物中间去进行选择的。”①这亦即是说，马克思主义在道德活动的问题上是坚持历史辩证法的，一方面，它充分承认人的意志自由，并认为这是道德的必要前提；另一方面又坚持社会决定论的观点。这个观点正如列宁所说的那样：“决定论思想确定人类行为的必然性，推翻所谓意志自由的荒唐的神话，但丝毫不消灭人的理性、人的良心以及人的行为的评价。恰巧相反，只有根据决定论的观点，才能做出严格正确的评价，而不致把一切都任意推到自由意志的身上。”②

正是从这样一个意义上，我们把道德行为的自由选择理解为是自由与限制的辩证统一，把道德人格理解为对道德规范在自觉基础上的一种自愿人格。

（二）道德人格的自由与责任

从社会决定论的角度分析，道德行为的自由选择事实上是在一系列非常不自由的情形下进行的。这种不自由的一个具体而真实的表现形式就是，我们的意志自由总受到来自道德责任的限制。

对于道德的自由与责任的关系，古希腊的亚里士多德曾颇多论及。他认为，人的道德行为当然是自由的，可称之为道德行为的必须不仅是行为者深思熟虑的自觉结果，而且也必然是行为者自由选择的自愿行为。因而，“善”在于我们自己，“恶”也在于我们自己，人应自己对自己的“善”或“恶”的后果负责。在亚里士多德看来，即便是某些被迫行为，也只是表面上看来是被迫的，实际上行为者依然是自由选择的。譬如，歹徒要你抢别人的钱，如果违抗则会被杀死，即使在这种极其罕见的情形下，行为主体也可以有两种选择，因为我们至少还

---

① 《马克思恩格斯全集》第3卷，人民出版社1960年版，第355页。

② 《列宁选集》第1卷，人民出版社1960年版，第27页。

可以违抗歹徒的胁迫。在我们的道德生活实践中，也的确存在一些不屈服于淫威而勇敢地选择死亡的殉道者。

因此，在这种被迫的情形下，我们也依然要对抢钱这种“恶”行负一定的道德责任。存在主义哲学家萨特进一步表达了相似的思想。他认为，人一方面是绝对自由地选择自己的行为；但另一方面，人又必须对自己的自由选择负责。他的伦理学有一个重要观点就是：“人要为自己所做的一切承担责任。”他在《存在与虚无》里甚至这样认为：“如果我被征调去参加一场战争，这场战争就是我的战争……因为我随时都能够从中逃出，或者自杀或者开小差……由于我没有从中逃离，我便选择了它。”①因此，尽管战争是好战分子策划的，但我们每一个哪怕是被迫的参战者，也应承担道德上的责任，因为这也是我们自己选择的结果。

两位不同时代的思想家，对道德自由选择与道德责任之间关系的论述当然是相当深刻的。但我们认为，无论是亚里士多德还是萨特，他们又都赋予道德主体过于沉重的义务和责任。尤其是萨特，他甚至直言，第二次世界大战中一个普通的德国士兵也需要对整个法西斯战争承担全部道德责任，这显然是不公正的。这种对道德责任的片面理解在表象上似乎突出了道德责任的重要意义，但事实上，其结果却是使道德责任变成人格自由选择的“包袱”，甚至成为人格塑造的绊脚石。同时，这个沉重的“包袱”或绊脚石由于其强人所难的不合理性，常常会被道德主体所抛弃。这样，本来应当由道德主体承担的以便使主体在必然性中获得自由性的责任和义务反而成了限制自由的绝对必然性。这种冲突在我们的传统文化中经常能够看到，即因过于强调个人对其亲人、国家和民族的道德责任，结果往往适得其反，个人只顾

① 让-保尔·萨特：《存在与虚无》，三联书店 1987 年版，第 709 页。

一己之私而视他人、民族与国家为无物，从而使整个社会伦理日渐消解，个人的道德生存也出现严重危机。这或许也是中国传统社会中，一旦到了王朝末期，假道学盛行于世的一个重要根源。

自由与必然关系问题的正确解决是把握道德责任的关键。按照历史唯物主义的基本观点，我们这样认为，自由与责任不可须臾分离，道德自由事实上是一种道德责任的可承受和能践履的状态。道德责任应该成为道德自由的应有之义和必然选择，因为责任作为一种必然性的东西，也是自由所必须认识和把握，并主要是通过责任的践履来实现的。因而，道德自由包含和要求道德责任，道德责任体现和实现道德自由。我们强调道德行为选择中的意志自由，其目的就是要使人自觉意识到，自己的自由选择和道德人格是可能的，但同时，这一目的本身也要求主体人格自觉意识到，自己的道德责任是必须承担的。这其实就是一个主体人格从自觉走向自愿的认识和实践过程，人正是在这个过程中体现其道德价值的尊严的，自我的道德人格也正是从中被塑造的。

在道德生活实践中，许多人往往看不到自己进行自由道德选择的可能性，而仅仅一味地强调客观因素的影响作用，从而以此为借口逃避自己所应承担的道德责任。这无疑是与道德人格境界的塑造过程相违背的。但是必须明确的是，由于道德选择中的自由是有其显示必然性的限度的，并且是相对的，因而在这其中人对道德行为所负的责任也不是完全的、绝对存在的。所以，我们又不能像萨特那样无视现实社会条件的必然限制，而把一切道德责任任意加诸个人身上，使个人在这种责任感的重负下陷入无穷的烦恼、孤独与绝望中，最终不堪重负，只能选择推卸责任、逃避责任。

按照我们的理解，人所应负的责任应当有个“度”的问题。这个“度”是由客观自然环境、社会条件所提供的选择的可能性以及个人在社会道德关系中具有的自由程度和选择能力决定的。由于决定道德主体应负责任的两个客观条件,即其选择的可能性的大小和人所具有的选择能力的大小,都是随着社会历史发展呈现出无限变化和发展的量,因而个人所负道德责任的限度也是一个不断变化和向前发展的量。显然,随着道德自由选择可能性的增大,人的意志自由活动的范围也就必然扩大。与这个增长相适应,个人对自己行为应负的道德责任也趋于增大。而与此同时,道德主体也就愈能在自由选择和承担责任的过程中不断提高自己自由选择的能力,使自己在道德实践中获得真正的自由。这种自由的获得正是道德人格由可能成为现实的印证。

(三)道德人格的义务感

马克思说:“作为确定的人,现实的人,你就有规定,就有使命,就有任务,至于你是否意识到这一点,那都是无所谓的。”①人的这个义务是由于人的社会性存在及其与现存世界的联系而必然产生的。道德义务则正是这样一种一定社会对处于一定社会关系中的人的行为在道德方面的要求。亦即是说,一方面,凡是有人与人的关系存在的地方,有共同生产、生活和活动的场所,都有道德义务的产生。这是义务存在的客观必然根据。但另一方面,道德的这个社会要求转化为个体的道德行为,在道德个体面前又必然要表现为个体在理性和意识方面认知和接受社会的道德规范要求,并在这个基础上,对自己将要选择的行为后果所负的责任有一个预见和把握。在道德实践中,这一切正是通过道德个体的义务感而表现出来的。也因此,在伦理学理论中,义务感通常就被理解为一种道德主体自觉意识到的道德责任。

正因为这样,对义务范畴的探讨在伦理思想史上可以说是亘古及今的。因为没有一定的义务感,就不会有道德行为的产生,从而也就

① 《马克思恩格斯全集》第3卷,人民出版社1960年版,第329页。

不可能有道德人格的造就。“义”这个范畴在中国古代伦理学家那里就是“应当”的意思。朱熹认为，“义之为义，只是一个宜”。这个说法是深刻的，因为它已涉及到道德义务最本质的属性。西方伦理史对“义务”做了更为详尽的探讨。柏拉图把“义务”理解为“上天赋予的智慧和德行”。康德从“善良意志”出发，把义务视为自己伦理学的中心范畴。因此，在他那里，义务是“善良意志”发出的“绝对命令”，这是一种绝对的行动规律。这样，在康德看来，义务就其表现在人的行动过程中而言，“就是牺牲我的一切爱好，我也应该遵守这个规律”①。费尔巴哈则从人的自然本性中把握义务，在他看来：“对于自己应尽的各种义务不是别的，而是一些行为的规则。这些规则为了保持或获得身体的和精神的健康是必要的，并且是由追求幸福而出现的。”②因而，义务在费尔巴哈看来具有双重的含义：一是承认他人对幸福的追求，即利他主义；二是为了将来的幸福而抑制自己的许多不合理欲求，即自我克制。故他进而认为，“义务是自我克制，而自我克制无非是使我服从别人的利己主义”③。这些思想家们对义务的探讨均有其值得借鉴的地方，特别是他们都把义务视为道德行为的调节机制，这是非常恰当的。当然，他们对义务本质的解释又都带有极大的片面性，甚至是充满着唯心主义的神秘色彩，这又是我们在理解和把握上述思想家的义务观时所应注意扬弃的。

其实，在历史唯物主义看来，义务作为一种被意识到的道德责任，它既非来自上帝或神的启示，也非来自人的“善良意志”或自然本能的

---

① 康德：《道德形上学探本》，商务印书馆 1957 年版，第 15 页。

② 路德维希·费尔巴哈：《费尔巴哈哲学著作选集》上卷，商务印书馆 1984 年版，第 562 页。

③ 路德维希·费尔巴哈：《费尔巴哈哲学著作选集》上卷，商务印书馆 1984 年版，第 432 页。

需要,而是来源于人的社会性的本质存在以及人类对这种社会性的自觉认识和自愿行动。这样,从道德个体人格的义务感的产生而言,义务是社会道德关系及其社会道德的规范在个人内心中的认识和反映。每个人从儿童时代起就从家庭、学校、社会中接受了各种关于人生义务的观念,并仿效大人为自己亲近的人尽义务。随着年龄的增长,这种义务感就和自己的道德理想、人生目的以及社会崇尚的道德规范、原则、理想及信仰等联系在一起。这时,我们就可以说,作为道德主体自我人格意识中一个重要内容的义务感也就真正诞生了。

义务感在道德行为选择中的作用是明显的。义务感是高度的道德责任感,它是个人自觉自愿因而也是自由地使自我人格的认知、情感、意志服从于一定社会道德规范的内在心理机制。这种内在的心理机制,其最重要的作用在于,它构成道德主体在道德行为实践中的内驱力。

义务感在道德行为选择中的这种作用首先是在理性的认知基础之上的。如果我们不假思索地追随某个权威、效仿某个楷模或领袖人物,从而盲目执行别人或社会的意志,那么,这绝不能被理解为是在履行自己的道德义务。所以真正的义务感是道德主体人格中的理性对道德情感、意志、信仰的唤醒,而不是不知所以然地、盲目地从他人或社会中去“接受”所谓的道德义务。同时,义务感作为道德人格高度自觉化的道德责任感,它也不应使道德主体感到是一种无穷无尽的重负。

倘若一个人只是忍受着道德义务的重负,无可奈何地执行着道德义务的命令,那么显然,这还不能真正称为达到较高道德境界的人。唯有那些把道德义务的要求和自己内在的道德信念、道德理想的要求结合起来,使义务成为心灵和人格中的一种内在需要,并能从中享受到欣慰、愉悦心情的人,才可称为真正达到了道德人格境界的人。道德人格义务感正是在理性的觉醒和可负的道德责任这两个前提下，真正发挥其行为实践的内驱机制的。如果做具体的分析，那么我们认为，道德义务作为道德人格的行为机制，是通过如下两个途径实现的：

其一，道德义务通常是以牺牲自己的某种个人利益而实现对行为的调节的。正是在这一点上，道德义务不同于政治和法律的义务。亦即是说，道德上的义务本身的含义就是要人趋善避恶，做出有利于他人、有利于社会的行为。它不但不以获得某种个人的权利或报偿为前提，反而总是要牺牲一些个人利益，在极端情形下，甚至以牺牲生命为代价。当然，“没有无义务的权利，也没有无权利的义务”，道德义务的履行，也总会以这样或那样的方式得到社会给予的名或利作为报偿。但和政治义务、法律义务不同的是，道德义务的这种权利不应构成行为本身的目的，否则，这就不是在履行一种道德义务，其行为也就失去作为道德行为的本质。也因此，我们可以理解，为什么中国传统道德观中有所谓“施恩图报非君子”之类的说法。这正表明了道德义务与其他义务的一个本质区别。

其二，道德义务也是在对道德自由境界的追求中实现对行为的调节的。与其他义务不一样，道德义务是行为自由的表现，因为在道德行为实践中，道德义务是自觉自愿地履行的。当然，这种自觉自愿的履行是建立在道德行为主体认识到了社会发展的客观要求，认识到了自己存在的价值、使命、职责的基础之上的。否则，道德主体要自觉和自愿地履行义务就没有了认识论的前提。因此，道德义务首先基于一种自觉的认知，这种自觉的认知正表明主体是自愿选择这种德行的。这种自觉与自愿的选择表现在道德主体那里，就不会把道德义务作为一种外在的沉重负荷，而看成是主体追求自由自觉活动中的一个愉悦的行动。黑格尔深刻地指出过这一点，“在义务中个人毋宁说是获得了解放”，“义务所限制的并不是自由，而只是自由的抽象，即不自由。

义务就是达到本质、获得肯定的自由”。[1]

所以,尽管从义务感在道德行为中的调节作用来看,道德义务无疑有着一种道德意义上的“强制”因素,是对自由选择的一种限制,但道德义务绝不能简单地被归结为一种强制因素。正是在这一点上,我们认为,康德的伦理学虽然博大精深,而且在许多问题上不乏精辟独到之处,但是他在道德义务的理解和阐释方面却陷入了片面性。他采取了过于严酷的态度,以“绝对命令”来解决道德上的义务问题。因为在康德看来,义务中所体现的道德必然之则作为一种行动规律一定是强制的,人总是强迫自己去履行这一必然之则所应遵循的义务,而不可能任意地按照自己的意愿来采取行动。但他认为,也唯其这样,道德才显示出实践理性的价值。显然,康德在这里所犯的错误是,他忽视了道德义务是一种自觉自愿的道德责任感,而片面地夸大了义务的强制性。而一旦我们这样来理解道德义务,那么在自己的行为中,或者使道德义务走向相对甚至是虚无,变成了逃避义务;或者使道德义务因着太多的无可奈何的消极特性而不能很好地发挥其作用。这无疑与道德人格的要求是格格不入的。

在道德的现实生活实践中,许多人不理解道德义务的这一真实含义,更无法把握道德义务作为行为选择的必要机制作用,而把义务视为个人自由的枷锁,是对个人兴趣、爱好等个性的否定。其实这恰恰是对道德义务的误解或无知。道德义务作为对他人、社会的道德责任,诚然是一种限制与约束,但这是一种个人生活实践中的必要的限制与约束。从道德行为的本质特性中考察,我们可以认为,道德义务的必然性与道德规范的必然性从本质上讲是一致的。所以,黑格尔认

① 黑格尔:《法哲学原理》,商务印书馆 1961 年版,第 167 页、第 168 页。

为:“义务仅是限制主观性和任性。”①一个在道德意识和道德行为实践方面都高度自觉自愿的道德个体,总是善于在扬弃主观性和任性的基础上,把自己的个性、爱好纳入一定社会倡导的道德义务之中,从而真实造就自己道德人格的理想品性。而我们道德人格之境界的追求也正是在这里真正地获得实现的。

三、道德人格实现的心灵历程

道德人格在生活实践中真正实现的过程肯定是一个充满曲折,并要经历反复的过程。而且不同的自我人格在这个追求的过程中会有其个性。但倘若我们撇开个性而只考察共性的话,那么我们认为,道德人格的心灵历程一般都有一个由自发到自觉再到自愿,由消极自愿走向积极自愿的历程。

(一)道德的心路历程

道德活动的发展实质上是道德主体的道德认知、道德情感和道德意志共同作用、相互协同的演进过程,亦即表现为,道德主体逐步把握必然性而获得道德自由的发展过程。从理论抽象的角度,我们可以把道德主体这样一个发展过程划分为如下三个具体的展开阶段。

其一是自发阶段。这是道德人格发展的萌芽阶段,亦可称为“前道德”阶段。人作为有生命的存在物,一开始充满着各种需要和欲望。当他和社会及他人发生联系时,各种需要和欲望不断展现出来,并随着实践和交往关系的不断丰富,它们又不断增长。可是,经验又在另一方告诉他,在自觉地意识到自身需要和欲望以及满足的手段时,必然有一个他人和社会的“可以或不可以”的问题同时存在,以及随之而来的相应的对道德主体的行为结果进行的善恶评价。这样一个“可以

① 黑格尔:《法哲学原理》,商务印书馆 1961 年版,第 158 页。

或不可以”的现实判断和经验积累，再加上家庭、学校和社会教育的影响作用，就必然导致主体意识认知内省的出现和发展。这个基于经验和教育的认知内省便是一种自发的道德意识。这种自发的道德意识所导致的行动也只能是自发的。

在自发阶段，道德主体只有不自觉或“自在”地存在的道德自我意识。因而道德主体对道德规范及所蕴含的必然性往往呈现为无知或知之甚微的状态。道德意识的主要表现形式是惘然和犹豫。当然，处于自发阶段的道德主体也会有自己的道德选择和道德评价，但这却是不自觉的。由于道德主体对道德规范的无知和自在领悟，有时甚至可能在道德行为选择上表现出幼儿般的天真无邪，但我们却很难给予道德评价，因为这种“无邪”是以自发为基础的。事实上，自发的道德意识规定了，道德主体在进行道德选择时，要么是茫然不知所措，要么是仅凭自己情感的自然流露和本能表达去选择自己的思维方式和行为模式。同时，“前道德”的善恶判断和评价中也往往失落了个体自我的主体自由，往往会使个人成为人云亦云的局外人，从而缺乏独立的判断和价值评价标准。因此，当道德主体人格的知、情、意尚处于自发状态时，他的道德活动是非常不自觉的。

其二是自觉阶段。这可以称之为道德主体“知情冲突”的阶段。在自觉阶段，由于道德主体通过不断的知觉内省过程以及主客体双重作用的对象化的实践活动，从而对道德规范及其客观必然性有了较为全面的认识，道德自我意识开始摆脱自发与无知的状态。与道德人格自发阶段主要表现为情感的作用不同，道德自我意识在自觉认识和把握了道德规范的必然性限制以后，在道德实践中，不仅对道德客体有对象化的认识，而且对道德主体自身也有一个意向性的认识，因此能凭意志勉力而行。这个勉力而行的过程就是通过克服不合道德规范的欲望冲动和对当下不能满足的无限需要的克制而表现出来的。这就如黑格尔在《法哲学原理》中所深刻地指出的那样："冲动是一种自然的东西，但是我把它设定在这个自我中，这件事却依赖于我的意志。"[①]对于道德主体内部这种已认知的道德规范和欲望冲动之间的冲突，弗洛伊德曾以"知情冲突"这一概念予以界说。在他看来，这是一种"知"与"情"的冲突，亦即道德主体所认知的道德规范及规范背后的必然性根据与自我本能及情欲之间的对峙和冲撞。我们应该承认，弗洛伊德正确地揭示了这种"知情冲突"的不可避免性。但他没有充分关注人的理性和由理性而决定的意志，终于使得这种冲突对人生具有极强的无可奈何的色彩。这当然是弗洛伊德学说所具有的非理性主义的迷误。事实上，正是在自我欲望的冲动和凭意志抑制其中不合理的选择和冲动的抉择中，每一个道德主体展现了自身的道德价值。也正是在这里，人类的道德实践才开始有了善与恶、伟大与渺小、崇高与卑俗的相对明晰的区分。所以，道德自觉在主体自我人格境界的追求中具有十分重要的意义。

然而，道德主体在这里尚未实现完全意义上的自由意志。因为只要主体还在把道德规范的必然性视为异己的、外在的存在，只凭主体意志自觉而不是自愿地去遵循那个"必然之则"，并将这个必然性融合到主体的自由实践的活动中来，那么，主体的道德和因自由选择所决定的行动就依然没有获得真正的自由。而且，在这个自觉阶段中，主体由于意志不够坚定还常常会伴随着一种摆脱道德规范约束和限制的冲动，企图跳脱无所不在的责任的重压而走向自由的真空地带。但道德规范本身对人的社会存在而言又表现为一种必然性的东西，试图完全摆脱它而进入纯粹自由的领地肯定是徒劳无益的。而这正表明，道德主体依然未能达到道德人格的自由境界，还存在必然与自由的关

① 黑格尔:《法哲学原理》，商务印书馆 1961 年版，第 23 页。

系未能得到彻底解决的困扰。

其三是自愿阶段。这是道德主体的“自律”阶段。自愿阶段正是道德主体意识发展的最高层次。在这里,道德主体不仅对道德规范的必然性有了正确而充分的认识,服从既有社会规定和自然规律,无须或很少借助自觉意志就能自愿地接受道德必然性的约束。道德规范作为一种外在的“必然之则”已转化为主体自愿的内在“当然之则”了。显然,由于道德主体不再把道德规范视为消极的、异己的和外在的东西,而是自愿地把道德规范转化为内心的一种信念或信仰,因此,道德主体凭着这种内心信念或信仰就能自然而然地使自己的一言一行都合乎既定社会的道德规范。我们认为,道德主体只有达到了这样的境界,才算是获得了真正完整意义上的道德自由,也才可以认为达到了道德人格的真实完美境界。在这个境界里,不仅外在的道德规范变成了内在的道德准则,而且单纯被动地遵循道德规范的自发或自觉的行为变成了根据自己的意愿主动地、创造性地去实践道德规范。

如果借用康德的表述,那么道德人格提升之心灵历程中的自愿阶段实质上就是“道德自律”。道德主体自觉自愿地为自己立法,把自己对欲望、目的的追求主动地置于社会的道德规范之下,并以道德责任和道德义务来有效地约束和限制自己的行为实践。在这个阶段,道德规范与欲望之间的冲突依然存在,但“自律”却使这种冲突在主体知、情、意的融汇中得以理想地解决。从这个意义上讲,道德主体意识的自愿与“自律”事实上已标志着道德个体道德意识社会化的真正完成。社会心理学的研究表明,这甚至是一个人是否成熟的一个重要表征。

由此可见,一个真正的完整意义上的道德活动的形成,总是要经历“自发—自觉—自愿”的历程。自发意识支配下的德行,无论其效果是多么有利于他人和社会,都不能称为真正的“善”,因为它的主体因素如此缺乏,个人的存在更是不值一提。自觉意识支配下的道德行为当然是“善”,但这种“善”毕竟带着更多无可奈何的色彩,是人屈服于外在必然性的体现。唯有自愿意识支配下的道德行为才是真正完整意义上的“善”,因为它既有主体意志自由的内核,又有个体自我的存在。所以,道德主体活动的这一心路历程的理想归宿应该是道德自律的形成,亦即达到孔子声称的“从心所欲,不逾矩”的自由人格境界。

(二)道德自愿:从消极走向积极

从道德主体的实践历程来看,我们发现,道德主体在客观的、必然的道德规范面前,似乎总是被动的与受制约的。尤其是道德主体在追求自我实现和自我完善的过程中,需要始终克制自己过度的、不合理的情感和欲望。因此,道德主体自我人格的完善及道德理想的实现仿佛总意味着丧失自身的独立意志和行动自由,外在的、必然的道德规范对行为主体来说仿佛是一个异己的存在。正是这个缘由,一些人甚至因此而把道德视为心灵自由的“十字架”。如果只是从社会道德对个体人格的限制来看,这种“十字架”的感觉是真实的。不过,这只是表象。《圣经》中耶稣因受难而升天的故事就蕴含着一个启迪:当耶稣被钉死在十字架上时,他却在心灵上摆脱了这沉重的十字架,在复活中得到升华和永生。实际上,道德规范对个体来说,其意义正可以用“十字架”与升华来表示。亦即是说,贯穿在道德主体行为中的最本质的东西依然是道德主体人格的自由抉择。因此,道德活动中主体的灵魂依然是自由的,它可以实现对道德规范“十字架”的超越和升华。

在道德活动的每一阶段中,道德主体始终可以自觉自愿地选择外在道德规范,以作为自己的行为规范准则和道德理想的目标。虽然每个人对道德规范的取舍可谓是差异很大,但作为道德实践的主体,我们在做出抉择之前都有思考、分析、判断和做出正确决定的自由。从这个意义上说,萨特等人认为,人的一切行为都是自由的,思想又具有片面真理性。这就是说,外在的必然的道德规范,只有与道德主体自觉自愿相联系才是有意义的。

当然,现实的道德生活实践又确实使人常常感到“非自愿”情形的存在。当个人利益和社会整体利益发生冲突时,譬如萨特举的例子:某青年上前线抵抗法西斯的入侵与在家赡养年迈的母亲之间发生冲突。这时不管他本人是否愿意,社会群体总是要求他本人放弃自身利益以服从国家、集体利益,而他为了避免社会的道德谴责也只能被迫服从。虽然从行为动作发生的意识上也可以说是自愿的和主动的,可是从个人的道德认识、道德情感、道德动机来看,他的直接驱动力显然出于社会的压力而非自觉自愿。那么,是否可以说,个人的道德抉择没有真正的自愿,每个人最终注定要成为道德规范必然性的奴隶呢?

这里,我们显然面临着矛盾。在认识上,对于这种自愿的事,人们无法否认。我们得承认,道德主体中确实存在这种不自由,每个人都背着道德的“十字架”在生活着。但这仅是问题的一个方面。因为从根本上讲,连我们“只能服从”这样一种“不自由”的情形,最终也还是由自己自愿地决定的。因为我们至少还可以“冒天下之大不韪”,我行我素。毕竟与自然之则不同,道德的必然之则的约束不是绝对强制的,因而也是可以违背的,正是在既有道德的必然之则失去其现实合理性时,人们适时地抛弃它而代之以新的具有现实合理性的必然之则,才使得人的主体性和创造能力不断增长。这也是道德不同于其他规范的本质区别之所在。

于是,这就提出了如何理解道德主体的自由问题。只要我们将人类道德的行为实践做认真的分析和审视,便可以发现,在道德的自愿问题上存在着诸多不同的境界,我们至少可以将其划分为“消极的自愿”和“积极的自愿”这样两个层次。

其一,消极的道德自愿阶段。所谓消极的道德自愿是指,个人在道德抉择中,为避免社会的异己力量对实现自身目的的限制所进行的一种选择能力。它通常表现为，个人在欲做符合自身愿望的事情时，遇到外来的体现着社会群体意志的道德规范的阻碍，于是，个体只得放弃或者改变自身愿望和兴趣的初衷。其实，如前所述，这实质上表现为道德活动中的自觉，而非真正的自愿。因为在这种情况下，个体的道德活动诚然以外在必然性为前提，但他内心的道德认识、道德情感、道德意志、道德信念却可能与社会外在道德要求相抵触。从这个意义上看，个体的行为是“被迫的”，因而也是“不自愿”的。但即使道德主体面临这种情况，其行动与否、如何行动，行为者本人又是经过深思熟虑和审时度势的。因而从行为的发生学意义上讲，最后的决定终究还是出于“自愿”的抉择。当然，这种自由仅局限在外在条件许可的范围内。虽然行为者做了“自愿”的选择，但行为动机和目的与真实愿望不完全一致，甚至可能恰恰相反。因而，这种行为的“自愿”实际是消极、被动和有局限性的，或者说这是一种不自愿的“自愿”。

我们理解，在道德主体的心灵历程中，处于自发和自觉阶段的个体所做的道德行为抉择，都在不同程度上带有这种不自愿性。

处于自发道德阶段的人，其道德认识能力仅限于对自身利害的考虑，他们的行为动机、愿望和目的都是为了自身利益。但由于行为主体知道，在这个过程中，如果不顾社会他人的利益，甚至损害社会他人的利益，就会受到社会的惩罚。这种社会道德规范使个人产生恐惧感，并由于恐惧不得不在行为之前对可能产生的后果进行权衡，最后才选择有利于或至少无害于社会的行为。

处于自觉道德阶段的人，他们明确意识到自身的利益与社会利益的区别，并能根据社会道德准则考虑行为的抉择。然而，他们之所以要这样做，并不是出于对个人利益和社会整体利益关系的正确认识和自愿为社会利益牺牲个人利益的道德情感，而往往是基于他人的道德评价压力，是在他人的赞许或谴责中，出于责任、义务、良心而不得不调节自己的行为。社会舆论给予赞扬的行为就能成为日后选择同一类型行为的范式,而受到谴责的行为在日后的选择时就会力求避免。与自发阶段相比,道德主体在这里有更大的自觉性和自由度。可尽管如此,这种相对扩大的自由依然是消极的、被动的。因为促使他们不做不利于社会的行为的出发点是社会外在的评价而不是自我内心的使然。一旦离开社会外在的道德评价,即使他们能按习惯做出判断,在道德情感上也往往更倾向于自身的利益,对社会和他人缺乏强烈的道德责任感。因为,我们可以发现,处于自觉阶段中的人的行为需要监督,而监督的本身就意味着强迫,自愿如果有“强迫”的意味,就总是一种欠缺。

在道德的现实生活实践中,处于消极的道德自愿境界的人格颇为普遍。但无论如何,这种消极的自由毕竟也包含着积极的意义。这就是说,个人道德选择中消极的自愿反映出人们在个人愿望、个人目的与社会要求不一致时,能够自觉地以社会要求为标准,放弃自身的某些利益,服从社会整体利益。我们不能指望一个人的主观需求、主观愿望和社会要求完全一致,更不能苛求个人在放弃自身利益时没有任何内心冲突。重要的是个人最后的行为选择方向,只要合乎社会道德评价,就完全应该对此加以认可,不应该强求人人都去追求与社会的绝对一致性。因而,在理论与实践中都应该允许道德人格的这种“欠缺”存在。

其二,积极的道德自愿阶段。事实上,道德自愿的真实含义只能在更高的层次和境界上才能真正被体现。这个层次和境界就是积极的道德自愿阶段。积极的道德自愿是指,行为主体主动克服各种力量对自身行为的强行限制,在社会道德面前不是被动地顺应、服从,而是主动地按照这种道德要求自由选择和自由行动。获得积极的道德自愿的主体人格在自身利益和社会整体利益发生矛盾时,无须社会强制就能主动克服利己情感,在自身理智和情感的冲突中,自觉自愿地用理智控制情感。当然,这不是意味着内心道德冲突的消失,而是指在冲突面前,能凭借高度的道德认识、强烈的情感、坚定的道德意志和依此而确立的道德理想及道德信念战胜来自内部和外部的障碍。在这个过程中,道德实践者的选择完全出于主体人格的自觉自愿,无须社会与他人的任何监督。

显然,道德发展的最高阶段——自律阶段才具有这一积极的自愿特性。处在这一阶段的个人,在长期的道德生活中,对自身利益和他人利益的关系有了正确的认识,深刻地反映并把握了外在道德的必然性,因而,他们能自觉自愿地遵循社会道德要求,在利益冲突面前,不再以外部标准、强制力量来约束自己,而是把社会道德要求转化为内心的道德需要,使其成为自我人格中必不可少的素质品性。正因为这样,道德主体在实践中才具有了高度的自由。当然,这种自由并不是消除了一切障碍和限制的随心所欲的绝对自愿,而是指内心克服各种障碍的高度自觉的自愿。行为者不仅遵循道德准则,而且也主动为自己确立道德准则。所以这种遵循与服从是合乎自己意志的,而不是违背内心意愿的。正是从这种意义上可以说,这是真正的道德自愿。因此,我们甚至可以说,道德人格的造就在这里就意味着积极的道德自愿原则的有效确立。

由此不难看出,道德活动发展的进程实际上也是道德主体从规范的必然性限制中走向道德自愿的发展历程。道德主体自身的道德完善是以个人的道德自愿选择为依据的。在一定意义上甚至可以这样说,道德自愿程度的大小直接代表了道德主体水平的高低,直接代表了道德主体的道德人格完善程度的大小。

四、简要的归纳与进一步探讨的问题

对“集体我”之自觉人格的进一步反思，必然要为自我人格在实践中设定一些基本行为规范，这些规范作为做人的原则而被行为个体所奉行，这个规范主要就是道德规范。但是，道德人格要有效地被确立，显然还必须解决一个认识上的问题，这个问题就是：道德规范是必然的吗？因此，我们在这里就本章中对这一问题的回答做一个简要的归纳。

（一）简要的归纳

“自由是对必然的认识。”（恩格斯语）在历史与现实中，从来不存在没有限制的所谓自由。因此，要准确地把握道德人格的意志自由问题，不仅要看到，道德意志是以认识一定社会的道德规范的必然性为前提的，同时还要看到，在实践选择的过程中，道德意志自由也必须处处遵循这种规范的必然性。而且，由于在意志自由的选择过程中，道德必然性往往以道德责任和道德义务表现出来，所以道德人格的主体自由与其所应当承担的责任、义务密不可分。自由包含责任与义务，责任与义务则体现自由。

正是从这一理解出发，我们强调，在自我人格塑造的道德实践中，道德人格自由的境界同时也是对自我的主体行为高度负责的能力和水平。这也就是说，每一个人作为具有意志自由的道德主体，在道德实践的自由选择中，同时要承担道德责任与道德义务，这是主体人格走向成熟的内在标志之一，也是道德人格在实践中不能自在悠游地在道德之境漫游而注定要背负特定的道德选择和道德责任的原因。我们正是在这个自由与限制相统一的基础上，才真正实现道德自由的。而且，从当代中国人的道德生活现状考察，我们想特别强调如下的一个结论,即对道德主体人格的意志自由和道德规范的必然性关系问题的正确认识和把握是我们追求道德人格境界的最根本问题。我们必须在这个问题上形成这样的自觉意识:自我人格的意志自由是神圣的,道德规范的限制也是神圣的。这就是说,一方面,自由是受限制的,自我人格需要约束和限制;另一方面,自由又是真实存在的,这种自由恰恰表现为,我们自由地选择道德规范来限制自己,从而实现对真、善、美理想人格的追求。

因此,我们旗帜鲜明地反对在当代中国人中滋生着的那种把"任性"理解为道德自由的现象。在一些人那里,道德义务、道德责任、道德理想均被任性地视为"道德说教"而被摈弃了,正义感、助人为乐、集体主义等美德则在"商品经济"的借口下成为异己的东西。事实上,这一"任性"现象的背后正是唯意志论的伦理追求在作怪。这种追求否认了道德规范作为一种必然性对道德主体的约束,而无限夸大人的意志的独立性和自由性。显然,这种过于崇尚人的意志自由的行为认为,意志可以完全摆脱道德原则和规范制约的态度,无疑是把道德人格所追求的自由带向了一个虚幻的、抽象的,因此任何人都达不到的境地。因为这种绝对的自由从来是不可能存在的。

(二)进一步探讨的问题

从如上的理论分析中我们知道,道德作为一种人性的规范,是社会集体共同制定并要求每一个成员遵循或信奉的。因而,道德主体自己给自己的内心"立法",就是一个不断地限制和规范自己的实践过程。于是,需要进一步探讨的问题就是:作为道德人格,其最本质的规定是主体的自由还是外在的道德规范?这个问题在道德主体的个人道德与社会集体道德相一致的情形下是比较容易解决的。然而,在道德的现实生活中,我们总是可以发现,一定社会倡导的社会集体道德和每个人自我规范的个体道德之间并不总是一致和吻合的。道德有时是对立的,甚至是冲突的。亦即是说,在这种情况下,我们依然能说,道德人格的本质规定是主体人格的自觉自愿吗?我们的回答是肯定的。

我们知道,作为道德活动的主体,道德个体的差异是导致个体道德与社会集体道德对立和冲突的必然性根源。在任何社会中,具体的个人的情况总是千差万别的。这些道德个体自觉或不自觉地要从自己的特殊经历、特殊地位、特殊的主体素质等个人存在的特殊性中来自由、自主地选择和接受一定社会倡导的社会集体道德。这就使得个体道德常常和社会集体道德不一致。

人的生存本能和利己天性促使个人为自身利益而行动,而人的社会本性则要求自己按社会要求行动。这就形成了道德理智与情感的内心冲突,从而必然使道德个体呈现出多面性。有时,人们的社会地位和担任的社会角色迫使他们按社会预先规定的范式规范自己,他们在自己的职业所扮演的社会角色中,可以是一个不折不扣地服从集体道德原则的人。然而,他们的内心很可能与此截然相反。这种主体人格的内心自我冲突、表里不一的情况,在道德生活实践中是大量存在着的。只要社会道德要求和个人的内心欲望不完全吻合,个人就会有程度不同地偏离社会道德要求的冲动产生。不仅如此,在一定的社会中,占主导地位的社会集体道德是不可能排斥其他各种与之并存的道德思想的存在的。譬如,在我国社会主义现阶段,我们倡导社会主义和共产主义的集体主义道德,但这并不能完全消除其他道德对人们的影响。

于是,我们便不可避免地面临着个体道德与社会集体道德的冲突。但我们认为,冲突并未消除道德人格的意志自由选择。只要对道德冲突的情形做一个认真的审视,我们就可以发现,冲突并不否定选择的自由,而是相反,冲突恰恰是由于人能自由地选择而产生的。因为冲突至少表明，道德主体可以在具有两种可能性的道德方案中选择，否则，如果在实践中行为主体只能如此，别无选择，那也就无所谓冲突了。当然，也正因为主体具有自由选择的可能性，故在个人道德要求和社会集体道德要求相冲突的自由选择中，道德主体的确常常处于一种非常为难的窘境。因为主体一方面可以自由选择，另一方面又必须对选择负责。这样，伴随着冲突中的自由选择，道德主体的内心通常是痛苦的。存在主义的伦理学家们甚至据此认为，人的道德选择注定要使人痛苦和绝望。萨特就认为，人是自由的，但也因着这个自由，人对人生必然是悲观绝望的。因为在他看来，任何在冲突中的选择都是同样有价值的，因而任何选择都是可能和可以的；但这种自由选择的背后是沉重的道德责任，正是这种责任又使任何选择要伴随犹豫、痛苦和绝望。

尽管萨特夸大了这种选择中的痛苦心境，但他的这个思想是有一定的合理性的。的确，道德主体在道德冲突的选择中常会体验到一种难言的孤独、焦虑和不安的痛苦心情。行为主体要避免这种痛苦就要放弃选择，放弃道德上的自由，而听从别人或权威或社会集团对冲突所做的裁决，道德行为主体只要遵从这个裁决行事即可。但这样一来，行为主体的这一实践就丧失了追求道德人格的本质特性。因此，道德主体必然不会放弃这种自由自主的抉择权利，从而也就注定要忍受痛苦的折磨。但我们认为，道德主体也正是在这种痛苦的选择中显示了自己人格存在的崇高道德价值的。因此，只有在“自我立法”中把道德责任、义务自觉地置于自我的人格之中，我们在道德冲突的自由选择中才能获得真正的自由。

当然，道德个体能够获得自由选择的另一个含义是，社会同时又应允许个人根据自己的爱好、能力和可能程度来选择适合自己的个体道德。个体愿以什么样的道德水准作为自己的道德实践目标，必须要从道德自我的实际情况出发。占主导地位的社会集体道德可以要求个人“应当”如何,而不应“强迫”个人如何。所以,我们认为,个人道德的自由选择可能而且应该是多种多样的,道德人格在实践中的具体范式也必然是多种多样的。马克思曾经这样指出过:“人不是由于有逃避某种事物的消极力量,而是由于有表现本身的真正个性的积极力量才得到自由。”[①]我们认为,道德人格的本质规定应该是这种“表现本身的真正个性的积极力量”,而不应该是对社会道德规范的消极无奈的遵循。否则,道德就将会变成一种对人异在的、令人痛苦的东西。

所以,尽管许多人在理论和实践中都主张,道德的本质在于人对外在规范的遵循,而反对对道德的本质做自觉自愿,从而也是自由的理解,但是我们依然坚持道德的本质在于自觉、自愿、自由的观点,并据此认为,道德人格的境界实质上就是自我人格在对自我进行行为规范时所达到的自觉、自愿和自由的境界。而且在我们的理解看来,这应该成为道德人格塑造和追求的一个基本的认识论的结论。我们认为,只有这样来理解道德人格的实质,人格境界在实践中才可能是有感召力的。

---

① 《马克思恩格斯全集》第2卷,人民出版社1957年版,第167页。

第五章　道德人格与“道德我”

道德人格的本质在于主体人格能自觉、自愿，从而也是自由地规范自我，这个规范自我的实践领域主要包括社会公共生活、职业活动和爱情婚姻生活。

——题记

在认知上正确把握了道德人格的意志自由与道德规范的客观必然性的关系后，自我人格的塑造也就逻辑地从“集体我”演进为“道德我”的形态。从理论上分析，“道德我”是对“集体我”在实践中的践行，而“集体我”之所以能真正实现，恰恰是以“道德我”来证明的，这个证明表明，为了保障社会集体及他人的利益，自我人格在这里自觉自愿地以道德来规范和约束自我。从自我人生所涉及的实践领域来看，这个约束和规范自我的道德规范主要包括社会公德、职业道德和爱情婚姻道德。

一、“道德我”的社会公德修养

社会公德是理性对自我人格所应有的最起码的规范和准则。这种规范和准则或者指公共场合中最起码的行为准则，或者指个人与他人交往和交际中起码的文明、礼节和礼仪等。遵循社会公德是每个社会成员应该做到,也是不难做到的。对社会公德而言,尤其值得注意的是,我们常因其琐细,便将其视为“小节无害”而忽视。但是“小节无害论”的信奉者恰恰忘记了,道德人格造就通常在很细小琐碎的事情上体现出来。因此,我们认为,如果没有这方面最起码的自觉规范,我们就没有资格奢谈什么造就自己真、善、美的理想人格。

(一)作为“道德我”之最基础规范的社会公德

社会公德作为维护人类日常的社会公共生活所必须遵循的道德行为规范,它的一个最基本的特征是其全社会性,因而它所反映和维护的是人类社会的最广泛、普遍,从而也是最简单、一般的社会关系。

道德既然是特定社会集团调节利益的产物,那么各社会集团群就会有各自特殊的道德规范要求。但是,显然各社会集团在除了有其特殊的利益之外,肯定也存在着一些共同的利益关系。所以,道德规范准则中也就必然存在着一些即使在阶级社会中也同样起作用的共同行为规范。因此,马克思也认为,道德的一个重要任务是“努力做到使私人关系间应该遵循的那种简单的道德和正义的准则,成为各民族之间的关系中的至高无上的准则”①。我们认为,这种以“简单的道德和正义的准则”为主要表现形式的社会公德,其产生的社会历史根源可以具体地做如下三方面的理解:

其一,维护正常的社会生活秩序,处理最简单的社会关系的需要。正常的生活秩序是一个社会得以存在和发展的必要前提条件,而这显然是社会所有成员都企求维护的。所以,一切时代条件下的社会、国家、民族、团体都毫无例外地要制定并遵循维护“数百年来人们就知道的、数千年来在一切处世格言上反复谈到的、起码的公共生活规则”②。

---

① 《马克思恩格斯选集》第2卷,人民出版社1972年版,第135页。

② 《列宁选集》第3卷,人民出版社1960年版,第241页。

其二,共同的历史条件和某些共同利益存在的需要。在一定的历史条件下,社会各阶级肯定存在着某些需要维护的共同利益。譬如,只要社会历史发展中存在着私有制财产这一社会历史现象,那么为维护私有制财产而制定的诸如“勿偷盗”之类的社会公德就是最一般的普遍的道德戒律。

其三,共同的民族文化传统的需要。民族文化在其历史发展中肯定积淀了许多带着全民族文化共性要求的基本生活规范准则。这些准则之所以能历代相承,本身就表明了其共同性的存在。在我们的社会公德中,极大一部分内容如“孝亲”、“和为贵”、“言必信”等规范显然是对传统文化习俗的承袭。当然,与此同时又要指出的是,我们在强调道德人格之公共道德的教育和修养时,又决不能把社会公德视为一种永恒的道德。事实上,任何道德总是一定时代条件的社会历史存在的反映。因而,社会公德的规范准则从内容到形式都会有不同程度的变更。这正如恩格斯指出的那样:“从动产的私有制发展起来的时候起,在一切存在着这种私有制的社会里,道德戒律一定是共同的:切勿偷盗。这个戒律是否因此而成为永恒的道德戒律呢?绝对不会。在偷盗动机已被消除的社会里,就是说在随着时间的推移顶多只有精神病患者才会偷盗的社会里,如果一个道德宣扬者想来庄严地宣布一条永恒真理:切勿偷盗,那他将会遭到什么样的嘲笑啊!”[①]因而,在我们对自我人格进行道德教育和道德修养时,注意社会公德在社会现实生活实践的变化发展也是非常重要的。

(二)社会公德在现时代的主要内容

从古迄今,人类社会公德的具体规范非常丰富,而且随着社会历史的进步和生活实践领域的不断拓展,具体社会公德的领域也在不断

① 《马克思恩格斯选集》第3卷,人民出版社1972年版,第133页。

地丰富和发展。因此,要一一列举所有内容和规范标准是不可能的。根据当代现实社会生活领域内的急剧变化对社会公德所提出的不同要求,并结合当前的道德生活的实际和探索,我们择其主要的规范做如下几方面的概括。

首先,尊重他人。尊重他人既是文明礼貌的基本前提和主要标志,也是社会公德的最根本要求,自然也就成为社会公德领域内道德人格的最起码的规范。在社会主义社会,人与人之间的关系已经转变为相对平等的关系,再加上市场经济的影响,人与人之间的平等交往成为市民社会的基本交往规则。因此,每个人无论职位高低和职业形式如何,都有受到别人尊重的同等权利,也有尊重他人的具体义务。我们这里所谓的尊重他人,主要是指尊重他人的正当的愿望、人格、感情、爱好等属于个人特性的东西,同样也包含尊重他人的社会劳动、风俗习惯以及其他所应该享有的权利。人与人之间的互相尊重,既体现了人的自尊心的精神需要,也会促使社会形成良好的社会风尚和高尚的道德力量。因此,在我们的道德实践领域,尊重别人就不仅需要尊重老年人、上级、老师等,尊重自己的同辈人、下辈人、下级,而且也要尊重陌生人。在日常生活中,对一切社会公民都应采取同等的尊重和友好的态度,这也就是说,尊重他人通常被告知要讲究礼节。我们理解,这里的“节”就是指一个人在同别人的交往中,要善于以一定的道德规范来约束自己,控制自己的言行。这即是说,要周到地考虑到他人的身份、处境、心情等等,在言行上做到适度,即有节制、讲分寸。可以肯定地说,在日常生活中,每个人因处境不同及文化程度不同,就会形成不同的爱好,不同的需要,或者也常常可能有不同的苦衷。因此,我们在与他人的交往中,要善于根据具体对象的不同情况,协调自己与他人的关系,使之尽量不发生矛盾,避免造成不应有的不愉快。譬如,自己想听音乐,就要考虑到他人的工作、休息需要安静,否则,只顾自己高兴，搅得四邻不安，就是缺乏节制的不道德行为。

其次，举止文雅、规矩行事。一个人的举止是否文雅，行事是否符合特定社会的规矩，不仅表明他是否有文明的自我修养，而且也反映了他的内在的道德品质和高尚人格。任何时代，为了使整个社会生活和谐安定，人与人之间的关系融洽，人人都必须对自己的言行加以适当的约束，这就是俗语所云：“没有规矩无以成方圆。”在社会交际中，按照良好的规矩来行事，使人与人之间的交往符合既定的社会规则，进而促进人们的社会关系不断得到优化，这在社会公德的自我修养中是非常必要的。日本学者福泽谕吉曾这样说过，“文明世界好象是一个大剧场，其中的演员的表演，必须切合剧情、维妙维肖，才能受人欢迎。否则，进退失度、言语失节，笑既不逼真，哭又没有感情，或者当哭而笑，当笑而哭，都是不会受人欢迎的。”[1]这个“度”与“节”正是每个人在日常生活中展开其正常的生活所必须掌握的一项最起码的内在规则。当然，举止文雅、行事规矩并不是要人们为了自我私利而故作姿态，而是要求我们要以诚挚的、平等的态度关怀他人，理解他人。

针对当前公共社会领域里“国骂”颇为流行的现象，我们在这里特别要强调一下语言的文雅，并认为，这对道德人格的塑造而言具有特别的善的意义。古人所称“言为心声”，即是说，一个人的谈吐可以反映出他的道德修养程度，因此，语言美是“道德我”的一个重要标志。在语言的文野、善恶、美丑之分中正反映了一个人的高尚与卑微。那些心地善良纯洁的人，他们的谈吐必定是温和高雅的；反之，出口不逊、用语肮脏下流的人，他们的内心也往往是不清净的。

最后，遵守秩序。社会公共场合需要人人遵守正常的秩序。遵守秩序是人们在社会生活中约定俗成的公共道德准则，它反映了大家共

---

① 转引自宋惠昌：《道德修养讲话》，求实出版社 1984 年版，第 238 页。

同的愿望和价值期许。在公共生活中,是否遵守秩序最能反映一个人道德修养的程度。譬如,一个在肃静的阅览室里大声谈话或哈哈大笑的人;一个不顾大家都排队等待而偏要“夹塞”的人;一个在影院里手舞足蹈、高谈阔论,或不断吹口哨、跺脚板的人;一个上街走路横冲直撞,态度蛮横,大有老子天下第一之势的人。这些都是无视社会公共生活准则、破坏社会生活秩序以及损害公共利益的道德品质恶劣者。因此,我们如果要使自己成为一个正直的,而且遵循社会公共道德的人,在这里就意味着必须首先使自己成为一个遵守社会公共秩序的人。这是道德人格造就的起点要求。

(三)让美德成为习惯

古希腊哲人曾指出“美德是习惯”的命题,这一命题的含义是指,美德应该是人的自然而然的习惯品性,而公共道德,正是这一起码的道德习惯。而且从根本上说,社会公德的教育和修养的意义在于,能形成良好的社会环境和造就良好的社会风尚。由于社会公德不只是社会部分成员共同生活的行为规范准则,也不是某些成员道德实践的结果,而是整个社会成员共同生活的行为规范准则和道德实践的共同结果。因此,社会公德是社会环境和社会风尚的主要影响者,它对整个社会的文明程度,从而也是整个人类社会的进步发展起着广泛、持久和深刻的影响和制约作用。所以,在我们这个素有“礼义之邦”著称的文明古国,强调对每一个社会成员的社会公德教育和自我修养,其意义无疑是深远的。

在公共道德的遵循方面,我们中的一些人常常有这样的观点:这只不过是区区小事,与违法乱纪相去甚远,何必如此介意。其实,这种看法是不正确的。我们说从表象上看事情确实很小,甚至很细微琐碎。可是,在道德领域里,善就是善,恶就是恶;美就是美,丑就是丑,界限分明,它不会因小而改变性质。何况,在不讲社会公德与违法乱纪之间并不存在一条不可逾越的鸿沟。道德生活实践中无数事实告诉我们：一个人的变坏，往往是先从小事开始的。量变到一定程度就会发生质变。不注意细小的恶行，就会积恶为患，铸成终生大错。

因此，一个品德高尚的人，既注重大节，小节也绝不含糊。正是从这个意义上我们认为，养成良好的公共道德习惯对于实现道德人格境界的追求，从而对于最终实现真、善、美的人格具有不可忽视的实践意义。

二、“道德我”的职业道德修养

我们知道，社会分工的必然结果是形成不同的职业。职业道德是从事一定职业的人们在其特定的工作和劳动中的行为规范。处于一定社会关系中的人们从事着不同的职业，因而我们的人格、德行更多直接地体现在各种职业的劳动和工作中。这就如爱因斯坦所说的那样：“人格决不是靠所听到的和所说出的言语，而是靠劳动和行动来形成的。”①所以，作为道德人格基本范式的“道德我”必然在自我人格修养中内含职业道德的内容，这既是在职业谋生过程中所必需的，同时更是道德人格造就过程中的一个重要内涵。

（一）职业道德是道德的自我规范在职业中的要求

作为社会道德的一个重要形式，职业道德是社会分工的结果。因而，所谓的职业道德是指对不同行业范围内的特殊的具体的道德要求，它是一定社会道德及阶级集团道德规范准则在行业中的具体表现。所以恩格斯认为，“实际上，每一个阶级，甚至每一个行业，都各有各的道德”②。

---

① 《爱因斯坦文集》第3卷，商务印书馆1979年版，第143页。

② 《马克思恩格斯选集》第4卷，人民出版社1972年版，第236页。

职业道德是在人们的职业的实践活动中逐步产生的。因为特定的职业不仅要求人们具有特定的知识和技能,而且必须在这个别人不能或不会参与的知识和技能的施行过程中,遵守一定的规定或誓约。古希腊最著名的希波克拉底誓言就是医生职业道德的最基本规范,迄今尚没有失去它的意义。在中国古代人们对不同职业的道德规范也做了较为详尽的探讨。早在春秋时代的《尚书》中就记载了官吏的道德规范:"宽而栗,柔而立,愿而恭,乱而敬,扰而毅,直而温,简而廉,刚而塞,强而义。"而在《孙子兵法》中对军人的职业道德规范也有如下的规定:"将者,智、信、仁、勇、严也。"①对医德的记载,从春秋战国的《黄帝内经》中的"疏五过"、"征四失"到扁鹊"随俗而变"的高尚医德,及唐代孙思邈在其《论大医精诚》中"不得问其贵贱贫富,长幼妍媸,怨亲善友,华夷愚智"的自我医德的制定,都表明着职业道德的产生几乎和社会分工的出现一样源远流长。

在职业道德的教育和自我修养中,为了更好地使职业道德在自我道德人格中有效地确立,必须注重职业道德与一般社会道德相比较所具有的特殊性。我们认为,这些特殊性可以归结为如下三方面:

其一是职业性。职业道德是人们在社会生活中各个不同行业领域所特有的行为规范,这些规范由各种职业的具体利益、义务和行业的内容所决定。因而,每一种职业道德只能约束从事该行业的人员自身,只能在特定的职业范围内起作用。它不可能也不应该成为约束其他行业或一般社会行为的规范。也因此,我们认为,公平交易在商业行为中是合乎道德的,但在政治活动中却是"缺德"的。

其二是稳定性。现有社会的分工尽管进一步深化和细微,但已有的职业分工却是相对稳定的。因而,在这种职业分工中形成的比较稳

---

① 《孙子兵法新注》,中华书局1977年版,第1页。

定的职业心理和行为习惯所铸成的职业道德，其基本规范也就是稳定的。从古希腊的希波克拉底誓言到现代的世界医学协会规定的医生的道德义务，即“一个医生必须始终记住保护人类生命的职责。一个医生对他的病人应当忠诚，为病人贡献出自己的全部科学知识”，从中我们看到的正是职业道德规范的这种稳定性。

其三是多样性。职业道德因行业而异，其规范是庞杂的，所以必须联系职业的不同特点，来理解和把握这种多样性。因此，法官以对犯人的铁面无私为高尚，而律师则以维护犯人的合法权益为原则；军人以消灭敌人为天职，而医生则以救死扶伤为己任。无疑，在这种行为规范的多样性中，有些甚至是直接对立的，但对不同行业而言却都是道德的。当然，职业道德作为社会道德的一部分，必然直接或间接地反映一定社会道德的阶级利益。古希腊伦理思想家柏拉图就认为，统治者的高尚道德是智慧，武士的道德是勇敢，平民的道德则是节制。“这三个阶级在国家里面各做各的事而不互相干扰的时候，便是有了正义，从而也就使一个国家成为正义的国家了。”①柏拉图论述的当然是不同的职业道德，但更是等级森严的阶级道德。在现代西方社会，我们常常可以见到，有许多群众甚至是某些团体组织在从事“为维护病人权利”而斗争的运动，这本身就表明了，对医德这一职业道德的遵循，无疑是受资本主义社会最本质的东西——商业利益制约的。

（二）职业道德对“道德我”的基本规范

在我们现有的社会主义商品经济条件下，职业道德无疑不可能完全摆脱商业利润之类的社会因素的消极制约和影响。但社会主义作为一种公有制的客观现实存在，却能够最大限度地消除这种消极影响，使职业道德能最完整、最全面地付诸“道德我”的行为实践。

---

① 《古希腊罗马哲学》，商务印书馆 1982 年版，第 230 页。

我们可以把职业道德的最基本的规范理解为“我为人人，人人为我”这样一个行为规范。亦即是说，从事各种职业的人们，是通过自己的特殊知识和技能服务于社会和他人，从而实现着自己的社会本质的。从这样一个“我为人人，人人为我”的基本规范出发，我们或许可以把职业道德的基本规范要求做如下几方面的归纳：

其一是热爱本职工作，有强烈的事业心。在我国古代一向有“乐业”之说，所谓“乐业”，就是热爱自己的职业，从而在其中培养出一种强烈的事业心。一个人对自己所从事的职业没有感情，缺乏兴趣，那是无法做出什么成绩来的；反之，热爱自己的职业，全力以赴，聚精会神，才能有所成就。人类社会职业劳动的大量事实证明，真正有成就的人，都是一些热爱自己职业、有强烈事业心，甚至全身心投身于事业的人。可见，热爱职业、有强烈的事业心，是保证事业成功的重要道德因素。热爱本职工作，从其实质上来说，表现了对自己的服务对象的深厚感情，对人类的真正热爱。所以，从根本上讲，对本职工作的强烈事业心，体现了为人类进步和社会发展而献身的精神。许多卓有贡献的科学家之所以能表现出那样顽强的毅力，那样不惜一切代价而追求事业成功的巨大勇气，正是由于他们具有一种无私的献身精神。这就如马克思说的：“科学绝不是一种自私自利的享乐。有幸能够致力于科学研究的人，首先应当拿自己的学识为人类服务。”①可见，怀着造福社会、造福人类的雄心壮志，为自己所热爱的职业而献身，这是从事任何职业的人都应当具有的基本的职业道德修养。

其二是忠于职守，有高度的责任心。在社会生活中，我们每个人所从事的任何一种职业，都是社会生活整体中一个不可分割、不可缺少的环节。因此，本职工作的好坏或成败，都会对别人的生活乃至整

① 转引自宋惠昌：《道德修养讲话》，求实出版社 1984 年版，第 197 页。

个社会的生产产生直接或间接的影响。也就是说，任何人所从事的任何职业，都对别人及整个社会承担着一定的社会责任。这就决定了，忠于职守、有高度的职业责任心是从事任何职业的人都应该具备的基本道德要求之一。忠于职守和高度的职业责任心，实质上是从事特殊职业的个体对社会整体利益的自觉维护，表现了一个人对社会整体利益的忠诚。因此在职业活动中，忠于职守、具有高度的职业责任心往往在道德上需要职业活动者具有一种奉献精神。

其三是刻苦钻研业务。我们从事任何一种职业活动，都是为了给别人与社会做出一种贡献，使我们的工作有益于社会。但是，如果没有真才实学、不精通本行业务，要做出贡献是不可能的。毛泽东同志称赞白求恩是个高尚的人，原因之一是，他作为一个医生，以医疗为职业，对技术精益求精，在整个八路军医务系统中，他的医术是很高明的。因此，对本职工作有高超的造诣，就需要刻苦的努力。精通本行业务，不刻苦是不行的；而要刻苦，就必须有顽强的意志、百折不挠的决心。正是就这一点来说，精通业务的要求也包含着道德因素在其中。

其四是团结协作，打破职业间的狭隘眼界。俗语说：“同行是冤家。”但很显然，在现代社会中，这是不利于社会发展的。在我们今天的社会中，每个部门、各种行业，都是社会整体事业的有机组成部分，都是密切相关和互相制约的。因此，这就要求不同行业的人们在不同的岗位上都能协同合作、互相配合。现代科学技术的发展，生产规模的扩大，生产社会化程度的不断提高，使社会上的各种不同职业、不同部门之间的关系和联系更加密切。因此，发扬团结协作的精神就必然成为对每种职业的共同的基本道德要求了。

（三）职业道德对不同职业者的特殊规范

当然，职业道德在遵循共同原则的前提下，更多的是针对具体行业的不同特点而制定的特殊行为规范。由于社会职业生活的多行业性，从理论上要归纳和概括所有具体行业的职业道德内容是不可能的。因此，我们在这里只能选择几个主要的职业，按照职业道德的共同原则进行如下的概述：

其一是为政者的职业道德。自从国家产生以后，人类社会也就出现了以管理国家的行政事务为职业的人。在中国古代称其官吏，我们现代一般称其为政者。为政者的职业道德，又称“政德”。孔子说过：“政者，正也。子帅以正，孰敢不正？”①德的遵循是尤为重要的，它甚至直接影响社会风气和道德风尚。就一般而言，政德的具体规范包括：忠诚为国、一心为公、严于律己、廉洁奉公、宽容大度、顾全大局、纳谏如流、兼听兼信、心胸坦荡、唯才是举、体察下情、刚正不阿等等。

其二是教师的职业道德。教师指以教育学生为职业的人，其职业道德又称“师德”。唐代思想家韩愈在《师说》中把师德概括为“传道”、“授业”、“解惑”三个基本规范。由于教师这个职业是担负培养人的这一崇高而艰巨的任务的，因而社会对教师道德也就必然是高标准严要求的。这正如苏联著名的教育家卢那察尔斯基所说的那样：“对于我们来说，很重要的一点，就是要使教师成为国家中最博学的和最优秀的人，因为教师应当使自己成为使孩子们愉快地转变的动力，而孩子们正处于能力的逐渐发展的过程中。教师的崇高事业就在于此。毫无疑问，任何其他的职业都没有对人提出这样的要求。教师应该在自己身上体现人类的理想。”②以这样一个要求来提出教师的职业道德，那么，真正的师德至少应该包括如下一些具体规范：为人师表、诲人不倦、以身作则、授业无私、学而不厌、治学严谨、热爱学生、尊重

① 朱熹：《四书集注》，岳麓书社 1987 年版，第 199 页。

② 转引自契尔那葛卓娃，契尔那葛卓夫：《教师道德》，华东师范大学出版社 1982 年版，第 26 页。

学生、文雅端庄等等。

其三是医生的职业道德。作为以治病救人为天职的医生，其职业道德简称“医德”。由于这一职业的阶级性、政治性色彩最少，故而从古到今形成了极多的医德具体规范。中国古代医学著作在记载了丰富的医学知识的同时，也记载有丰富的医学伦理思想和医德传统：“凡为医者，性存温雅，志必谦恭，动须礼节，举乃和柔，无自妄尊，不可矫饰。”“疾小不可言大，事易不可云难，贫富用心皆一，贵贱使药无别。”这其中对医德的概括无疑是合理且精当的。从现代社会医生职业的一般要求中，我们可以把医德规范做如下一些归纳：医风正派、正直廉洁、医行端正、满腔热忱、医学精湛、勤于钻研、医志坚定、敢当风险等等。

其四是商业工作者的职业道德。商业作为服务性行业，直接地为最广泛的社会成员的需要服务，其职业道德的教育和修养无疑具有直接广泛的影响力。古人所称的“买卖不成仁义在”、“笑口常开”等，就是对商业道德的一般规定。一般而言，买卖公平、诚信无欺、举止文雅、一视同仁、说话和气、百问不厌等构成商业道德的几个最主要的规范。

与我们日常行为实践密切相关的职业道德无疑还包括科学家的职业道德、司法工作者的职业道德、新闻记者的职业道德、工程技术人员的职业道德、文艺工作者的职业道德等等。这些具体内容各异的职业道德的教育和修养，其目的在现时代无非都是要实现“我为人人，人人为我”这一体现真、善、美理想人格的基本规范。

职业道德作为人的职业行为的指导者，其意义不仅在于，职业道德是影响社会风气的主要因素，更主要的还在于，它是每一个社会成员自我道德完善的最经常必要的条件。正是因此，我们认为：“道德我”的造就在这里就意味着良好的职业道德品性的形成。

三、“道德我”的爱情婚姻道德修养

费尔巴哈以哲人的睿智曾提出“爱就是成为一个人”的命题,这事实上揭示了爱情道德中一个极为精辟而深刻的思想。正如我们已多次强调的那样,人之为人恰恰在于人的社会存在,在于人的社会本质。我们可以在许多活动中使自己成为人,即获得自己的社会本质,但爱的活动显然是其中最重要的一个活动。因为在爱情追求中,人的自然属性和社会属性最直接普遍地交织在一起。我们正在这其中以“善”的规范来约束自我人格,从而使自己成为真正的大写的人。所以,爱情婚姻道德的自我修养对于“道德我”之人格的塑造具有重要的意义。

(一)“道德我”的性道德规范

恩格斯曾对“人们彼此间以相互倾慕为基础的”爱情做了深入的研究。在他看来,真正的人的爱情至少包括性爱、理想与义务等要素在其中。① 因此,只要摒弃对性的蒙昧主义和禁欲主义态度,我们就会承认一个最简单的事实:性构成人类爱情的自然生理基础。但性观念的开放并不像我们中的一些人所理解的那样,性爱就是绝对自由的。那种把性的自然主义甚至是纵欲主义者追求的行为视为“真正爱的追求”,只能是性道德上的一种不善。弗洛伊德及其精神分析理论曾把性从无休止的“恶”的诅咒中解放出来。他的精神分析理论以大量的可信的材料证明了,人一直为一种被他称之为“力比多”(libido)的东西所支配,性的冲动正是根源于这个“力比多”。所以,性不仅不应该被谴责和诅咒,而且还应是人类文明“善”的颂歌。他甚至认为,是性及性的升华构成了人类对艺术美的永恒追求。

我们在这里不可能全面评价弗洛伊德的这个理论。但我们至少

① 参见《马克思恩格斯选集》第4卷,人民出版社1972年版,第230页。

可以得出如下两个基本结论:其一,的确是弗洛伊德的理论使人类开始有足够的信心从传统文化对性的责难和负重中解脱出来。性不是不洁,更不是犯罪。其二,弗洛伊德的理论由于带着浓厚的泛性论色彩,又极易给性自由主义者提供理论和实践上的依据。其中一点或许是弗洛伊德自己也未曾预料到的,但是无论如何弗洛伊德的学说毕竟使人类对性的认识有了一个质的飞跃。或许正是因为弗洛伊德的理论具有这样一种思想解放的功能,所以,这个理论从其诞生时起,便产生了广泛而又深远的影响。罗素说过:“在价值的世界中,自然本身是中性的,不好也不坏,既不应受赞扬,也不该遭指责。”[①]性作为人类自身的自然存在,也应作如是观。这是我们使性从传统文化的否定中解放出来,予以重新客观公正的评价的一个基本出发点。

然而,在现时代,即便是在我们这样一个有着源远流长的禁欲主义传统的国度里,“性”也已开始渐渐地揭去了神秘的面纱。虽然这是一个羞怯而缓慢的过程,也依然有一些道学家们对性的存在表示极为强烈的义愤,但性毕竟已不再遭到普遍的诅咒和责难了。对这种情况,正如一些有识之士指出的那样:这正是中国人在性问题上的一个必然的进步的表现。

但也正如许多人所忧虑的那样,这种进步在一些人那里却带来了另一个结果,这就是对性的自然主义甚至是纵欲主义的态度。在一些人的爱情生活实践中,这甚至被视为“真正爱情的追求”,是一种“爱的回归”。故而我们不得不讨论这样一个问题:性的自然主义或称“性解放”价值趋向的善与恶问题。

无疑,就性构成爱情的自然生物基础而言,性的自然主义或“性解放”对于批判传统文化无视这一基本事实的蒙昧,具有特定的合理性。

① 罗素:《为什么我不是基督教徒》,商务印书馆 1982 年版,第 51 页。

但是，我们认为，这种合理性也仅此而已。因为性的需要毕竟还不能等同于爱情的需要，性的追求并不完全构成爱情的追求。我们承认如下一个基本事实，这就正如倍倍尔所说的那样："在人的所有自然需要中，继饮食的需要之后，最强烈的就是性的需要了。延续种属的需要是'生命意志'的最高表现。"①但自然需要仅仅是一种自然需要，而爱情显然不是一种自然需要。有一个最简单的事实是：爱情一开始仅仅是心灵和精神上的需要，性的要求只是爱情发展到一定程度时才被设想并可能实现的。因此，性问题上的自然主义对人的存在而言，恰恰是不善的，是性道德上的一种迷误。列宁对十月革命后出现的"杯水主义"的性自然主义做法进行过专门的分析批判。我们认为，这个分析批判对于走出性自然主义的道德迷误依然有着重要的警策意义。"杯水主义"是苏联十月革命后出现的一种对新社会制度下爱情活动思考所得出的所谓新见解和新理论。这种"杯水主义"的理论认为，在新社会里，人们满足性欲和爱情的需要，将像喝一杯水那样简单和自由。一些人甚至把这种观点说成是马克思主义的。这种理论在实践中造成了很坏的影响，它使一部分青年的爱情生活变得极度的轻率。列宁为此进行了深刻的分析批判，他说："自然，渴是要满足的。但难道正常环境下的正常人会爬到街上去喝那里的脏水，或者从那沾有许多人的唇脂的脏杯子里喝水吗？"列宁认为，这里的关键问题是，作为爱情的一部分，"在性生活上，不仅应该考虑到单纯的生理上的要求，而且也应考虑到文化的特征，看他们究竟是高等的还是低等的"。列宁为此指出，恋爱不像喝水那样是一个人单独的事情，恋爱已经是具有社会性的事情，因为"恋爱牵涉到两个人的生活，并且会产生第三个生命，一个新的生命。这一情况使恋爱具有社会关系，并产生对社会

---

① 转引自基·瓦西列夫：《情爱论》，三联书店 1984 年版，第 18 页。

的责任”。所以，列宁认为，这个“杯水主义”的所谓理论，“完全是非马克思主义的，并且是反社会的”①。

通过对人类爱情生活的考察，我们或许可以对爱情做如下描述性的界说：爱情是源于性的吸引，但却开始于心灵慰藉的需要，最终走向肉体与灵魂的完满统一的属人的感情。也因此，尽管性存在于每一个生命个体中，但爱却往往是一场感情上的执着而持久的寻觅。马克思在最终意义上把人的本质界说为“一切社会关系的总和”。这种社会关系作为一种必然的东西，表现在爱情追求上，就使得人类的爱情不单单是自然生物的本能，而且是社会伦理文化的一种追求。爱情的自然属性正是以社会属性来规范和调整的，正是在这种规范和调整中，人类的爱情和动物的两性关系相比，具有了崇高的道德审美价值。

我们诚然无法在这里罗列性道德的所有规范，但人类爱情生活实践的经验表明，在“道德自我”的自我人格中确立如下两个规范无疑是重要的：

其一是纯洁。纯真的爱情是两颗质朴的、不加任何修饰的心灵的碰撞和交融。只有纯洁的心灵才能获得另一颗纯洁的心灵；而只有纯洁的心灵的结合，才能产生优美的爱情，也只有这样的爱情才能经得起生活的考验。爱情的纯洁，除了体现在爱一个人不应怀有超越感情的政治、经济及其他物质利益的目的外，同样重要的还表现在不能以从对方那里获得性的满足和愉悦为目的。真正的爱情应当是不依附于财富的多少和其他外在的条件，应当是两个灵魂的真诚的融合。诚然，爱美之心，人皆有之，但如果恋爱只是因为迷恋对方的容颜、身材，那么，这种恋爱就是带着浓厚的肉欲色彩的。至于把爱理解为在情感欲望方面的“消愁解闷”，则更是对纯洁爱情的亵渎，而最终必将导致

---

① 参见蔡特金：《列宁印象记》，三联书店 1979 年版，第 60 ~ 72 页。

因心灵的负疚而带来的人格苦楚。

其二是理智。爱情是一种异常炽热的情感,我们人类的恋爱始终是在充满感情的状态下进行的。因此,随着感情的发展、成熟和心理相容程度的提高,恋人间出现一些亲昵举动是合理的。但这一切绝不意味着恋爱时可以不要理智。既然一定社会的道德法律及文化习惯认为,性只是婚床上才可以品尝的禁果,那么我们在性关系上轻举妄动、放纵情欲的越轨行为,就是对纯真爱情的无情践踏。所以,莎士比亚说:“爱,和炭相同,烧起来,得想办法叫它冷却。让它任意着,那就要把一颗心烧焦。”因此,用理智克制婚前性冲动,这恰恰是纯真爱情的要求。因为恋爱中的理智,恰恰表现了对心爱的人的尊重和爱,因而只会促进爱情的发展。因而,从性道德的如上规范中,我们可以看到,决不能把爱情中的性绝对化。如果我们这样做了,这将是危险的。爱情唯有超越性的藩篱,才能使人奋发、上进,充满着对人生的信心和对生活的热爱,也只有这种爱才是道德人格所应具有的。

(二)“道德我”的爱情道德规范

黑格尔在《法哲学原理》中对爱情的本性做过这样的界说:“爱是一个人放弃自我独立而和另一个人之间的统一。因而,爱是一种不可思议的矛盾。”①我们理解,爱情的这种矛盾来自爱情自身的存在。爱情本身从它一开始时起便为自己培植了矛盾的胚胎。正如黑格尔所指出的那样,这个矛盾来自一个人甘愿放弃自己的独立性,甚至牺牲自己的某种自由和另一个人结成一个统一体。但既然是两个人,就不可能是完全的一致和统一。但这种差异由于爱本身而不会破坏统一。因为如果差异和对立达到破坏统一的程度,那么爱情也就不存在了。这样,爱情便注定会有矛盾。爱情道德规范正是由爱情的这一矛盾本

---

① 黑格尔:《法哲学原理》,商务印书馆1961年版,第175页。

性中派生出来的,或者说爱情道德是爱情生活本身的内在要求在行为规范中的体现。根据我们的理解,道德人格在这里要确立的爱情道德规范主要包括:

其一是尊重信赖。既然爱是两个人有差异的统一,因而爱一个人就必须是以尊重这个人为前提的。离开了相互尊重,也就谈不上是真正的爱。尊重首先表现在,表达自己内心对一个人的爱时要尊重对方的感情与意愿。爱上了一个人,可以通过礼貌的方式向对方提出,但必须尊重对方的意愿和选择。因而,求爱不成,反目成仇,软硬兼施,强求感情,都是不道德的。而作为被爱者,即便不愿接受对方的感情,也应尊重对方的感情,坦诚相告,婉言谢绝,那种对真挚爱心的讽刺挖苦或不理不睬,也是不道德的。尊重也表现在恋爱双方的相互交往和了解的过程中。了解对方,应从交往中去观察,那种忽冷忽热、故意刁难或捉弄的所谓“考验”,只会使人格受辱。尊重还表现在爱情生活中,尊重对方的独立人格,对方的兴趣、爱好、工作、事业、社交等等。相爱双方当然情感相依,但人格却是独立的。如果我们恋爱,一味地要求对方“一切听我的”,从属于我,甚至把对方当作自己的私有物,这也是不道德的。由尊重而必然派生信赖,因而在爱情道德中无端猜疑,既是爱情生活中的大敌,也是爱情生活中的不善。鲁迅先生曾这样形容猜疑者的心理:“见一封信,疑是情书了;闻一声笑,以为是怀春了;只要男人来访,就是情夫;为什么上公园呢?总该是赴密约。”这种猜疑无疑是对自己所爱的人缺乏信任的表现,因而是不道德的。

其二是忠贞不渝。忠贞专一要求相爱的人在共同的人生旅程中,能始终如一地在事业上互帮互助,生活中同甘共苦,能经受住人生的种种考验,用爱心努力消融随时可能出现的矛盾,推动爱情不断地更新和发展。爱情的忠贞专一更要求不能喜新厌旧或滥施“爱情”,那种朝三暮四、见异思迁或水性杨花、轻浮放荡的做法,是一种玷污爱情、败坏道德的行为。

其三是崇尚奉献。爱就其表现形式而言,只是给予而非索取。给予不是施舍,不是为了获取而不得已地付出。给予是真心诚意的奉献。爱上了一个人,就意味着为他(她)谋幸福,为他(她)心甘情愿地奉献出一切所有。因此,纯真的爱情中不能含有个人的私欲,真正的爱情不会总盘算着怎样从对方身上得到些什么。因此,为了索取而爱,得不到回报就气急败坏,只图自己快乐而不顾对方的痛苦,甚至为了自己而一味地要求对方做出牺牲,这都不是高尚的爱。因为在爱情中蕴含着对对方的强烈的义务感,意味着对爱侣的命运、前途承担责任,为他(她)缔造幸福。

所以当我们准备去爱一个人时,应当首先想一想,是否做好了承担义务、做出奉献的准备。黑格尔对这个问题有过如下一段精辟的论述:"爱情里确实有一种高尚的品质,因为它不只停留在性欲上,而是显出一种本身丰富的高尚优美的心灵,要求以生动活泼、勇敢和牺牲的精神和另一个人达到统一。"①这个论述给我们的一个最深刻的启迪是,爱情作为一种高尚的道德情感,不仅应当是纯洁的,而且更应当是具有一种无私的奉献精神的。

我们可以这样认为,只要爱情中如上的道德规范能普遍有效地确立,并能和我们所爱的人始终不渝地遵循,那么,"道德我"之人格境界在爱情生活领域里便已得到了顺利的实现。

(三)在爱情挫折中的"道德我"

爱情挫折的最经常普遍的表现形式是失恋。因而,在"道德我"之爱情婚姻道德修养的探讨中,失恋的道德约束具有特别重要的意义。

爱情中的失恋意味着矛盾的激化,并最终导致两个人之间统一关

① 黑格尔:《美学》第2卷,商务印书馆1979年版,第332页。

系的破裂。这无疑是痛苦的，因为对失恋者来说，这意味着要否定过去的感情。歌德在《少年维特的烦恼》中描写这种失恋的挫折和困顿时这样写过：“爱情是人性中的至洁至纯，为什么从此中有惨痛飞进？”歌德留下了这样的抱怨，也留下了爱情中维特式的永久烦恼。失恋之所以总是不可避免地要发生，在不同的人那里，具有各异的缘由。瓦西列夫在他的《情爱论》中把这种爱情悲剧发生的根源做了如下几方面的揭示：一是双方文化教养水平的不相容；二是心理方面的不协调；三是诸如年龄悬殊、情侣自身的过失、长久的分离以及阶级、宗教、民族等方面的差异。但无论何种情形，这都是源于两个人之间的差异和矛盾。由于这个矛盾，便酿就了许许多多的爱情悲剧。然而，无论失恋者如何在挫折和困顿中痛不欲生，这种痛不欲生看起来又多么令人同情，但正如爱情的矛盾存在是客观的一样，失恋也是一种事实的存在。

失去了的毕竟是一去不复返了，因此在失恋中，任何自我折磨、自我沉沦都是缺乏理智的表现。当然，值得特别指出的是，失恋后，一些人通常会产生这样一种不善的念头：既然不能因爱把双方联结起来，那就用恨来联结吧，既然爱情不属于我，那也决不能留给别人。于是，一些失恋者常常采用粗暴恶劣的手段来达到自私的满足和“解脱”，其结果只能是害人害己。对于这些人来说，俗语称的“失恋不失德”无疑应是一个重要的行为规范。因为即使相爱不成，纯洁的友谊也是难能可贵的。

无论过去、现在还是将来，由于爱情的矛盾本性决定了失恋的悲剧必将发生，所以，每个人不仅要以独特的方式争取爱情的成功，而且还要以独特的方式应付可能发生的悲剧。对待失恋的最好办法是：承认这一痛苦的现实，在此基础上完善自我，继续追求，以获得那一份真正属于我们自己的爱。特别有意义的是，我们还总是发现，爱情的不幸不仅成为一个人意志是否坚强、信念是否执着的标准,而且,它还能从中磨炼一个人的人格,使一个人在失恋的挫折和磨炼中变得更加成熟。试想,如果我们能使自己在“失恋不失德”的行为规范约束中很快走出失恋的阴影,那不正意味着我们的人格向成熟和完满迈进了一大步吗?也许正是从这一点上,我们可以理解作家莫里哀的一句名言:“爱情是一个伟大的导师,她可以使我们重新做人。”心理学的研究表明,在一个人成才的道路上有三个强大的动力:爱情、逆境和信心。而爱情追求中的失恋,则同时使一个人具备这三个强大的动力。失恋的挫折和困顿正是一种逆境,而对这种逆境的抗争又总是必须伴之以坚定的信心。这也就是爱情的磨难和挫折具有改变一个人的神奇魅力的原因所在。所以失恋对失恋者具有双重作用:对于弱者,它使人自甘沉沦,甚至痛不欲生而走向毁灭;但对于真正的强者,它则是一个严厉的生活导师,用近乎残酷的手段,使我们在异乎寻常的痛苦中重新认识自己、认识爱情、认识人生。这样,在失恋的反省和沉思中,我们就会自觉地把失恋当作自我完善的一次机会,失恋不失德,使自己的意志变得更坚强,品格变得更高尚,情感变得更深沉,因此对生活、对社会、对人生依然充满了热烈的爱。故而恩格斯曾把失恋称为使人变得高尚纯洁的痛苦,而他本人就曾在这种失恋的痛苦中升华自己的人格。

所以,爱情的矛盾挫折把人格置于一种抉择之中,这就正如日本哲学家今道友信所下的这样一个断言:“爱是使生命从善或从恶的岔路口。”[①]我们人格的软弱或坚强,我们的生命卑微还是崇高的标准,道德人格之境界的高低也就在这里有了一个真实的写照。

---

① 今道友信:《关于爱》,三联书店 1987 年版,第 32 页。

四、“道德我”对社会主义道德的认同与奉行

我们理解，在现时代的道德修养中，除了一般的社会公德、职业道德和爱情婚姻道德外，还有一个重要的内容，这就是作为现时代的经济基础和社会存在而在道德领域里体现的社会主义道德。恩格斯曾经设想，爱未来社会主义的道德是“拥有最多的能够长久保持的因素”①的道德形态。显然，与其他社会道德相比，在现时代的我国，社会主义道德观念的确拥有最多和最能长久保持的特性。这个道德适用并渗透到所有的社会关系和人们的生活中，具有最直接的普遍性。因而，社会主义道德对道德人格的建构和追求也就具有了最直接的普遍意义。

（一）现时代的基础道德——社会主义道德

资本主义作为私有制社会最完善同时也是最后的发展形态，正如马克思和恩格斯曾预言的那样，将被一种以公有制为基础的理想社会所替代，这个替代的过程从 20 世纪初已开始成为现实。因为，“从人类历史发展的现实运动来看，继资本主义社会之后而产生”的是社会主义社会。自然地，作为社会现实运动必然反映的道德类型也演进为社会主义道德。就世界范围而论，这是一种和资本主义道德并存的，而且是正不断地被实践着的一种新型道德。社会主义道德的形成途径可以从两个角度理解：一方面，社会主义道德来源于社会主义的经济基础，社会主义生产资料公有制的建立，消灭了人剥削人、人压迫人的现象，从而为新道德的产生奠定了客观的社会存在基础；另一方面，社会主义道德又是直接继承了以往社会一切优秀的道德遗产而形成的，这其中理所当然包括了劳动人民和统治阶级中的那些优秀分子的

① 《马克思恩格斯全集》第 20 卷，人民出版社 1971 年版，第 102 页。

道德品性。

正如我们已经论述过的那样,社会主义道德的一个基本原则是集体主义原则。因为这是和社会主义的生产资料公有制相适应,并由这一社会关系的现实存在而直接决定的。概括地说,在社会主义社会,以集体主义作为“道德我”所奉行的道德基本原则,基于如下三方面的根据和理由:其一,集体主义原则正是对资产阶级私有制基础上产生的个人主义、利己主义原则的批判和反动,也是这两种根本对立的道德形态的根本区别所在;其二,集体主义原则最集中地体现了公有制基础上无产阶级和全体人民群众的整体利益;其三,集体主义道德原则也正确解决了整体(集体)利益和个人利益之间的关系。一方面,“只有在集体中才可能有个人自由”①;另一方面,集体又是由个人所组成的,故又必须强调个性的自由全面发展。因此,我们在道德人格境界追求中对集体主义道德基本原则的遵循和奉行,在社会主义市场经济普遍确立的今天依然有其充分必要的理论和实践依据。

(二)社会主义道德的具体规范

社会主义道德围绕着集体主义基本原则,形成了一系列其他的具体道德规范要求,根据“道德我”之人格建构的内在要求,我们择其要者在这里概述如下。

其一是爱祖国。作为一个道德范畴,爱祖国反映的是个人利益和国家、民族整体利益的关系。热爱祖国是人们在历史上形成的对自己祖国的一种深厚的感情。由于人们长期地在一定的地域生产和生活,因而产生了对自己的乡土和亲人们的一种热爱和眷恋的感情。这种感情一方面表现为对自己定居的乡土和亲人们的依恋之情,表现为对自己祖国的语言、文化、民族传统、美好河山的无限热爱;另一方面表

① 《马克思恩格斯选集》第1卷,人民出版社1972年版,第82页。

现为对自己祖国的前途和命运的关注，对自己祖国的无比忠诚和甘愿为祖国的富强而牺牲个人利益的献身精神。

爱祖国的理论表现形态就是爱国主义。可以肯定地说，爱国主义是一个历史范畴，对同一个国家或民族的不同历史时期，爱国主义有不同的内容和要求。我们认为，社会主义的爱国主义既批判地继承了传统社会爱国主义价值观的优良道德内容，又依照新的社会实践要求探索出新的道德内涵。因此可以说，社会主义的爱国主义有着广泛的道德感召力，以及对时代使命的召唤的积极回应。但是，我们也应该清醒地认识到其间所蕴含的巨大差异性。由于各种社会历史原因、个人处境不同，或者同一社会主义国家在同一时期中，其不同社会成员或同一个人的不同人生阶段，对爱国行为的选择都面临着完全不同的道德境遇、道德责任和道德判断力。因此，社会主义的爱国主义在不同的人那里就显示为不同的道德境界，体现出不同的道德层次。但不管在哪一个道德层次上，我们都应当予以肯定和承认。

根据现阶段社会主义建设的实际情况和人民素质的基本水平，社会主义的爱国主义的基本规范可以涵括为既相区别又有密切关联的三个道德人格境界：第一个是，个人命运和祖国兴衰存亡的命运相联系的境界；第二个是，个人命运和祖国社会主义制度的命运相联系的境界；第三个是，个人命运和祖国的未来（即共产主义）相联系的境界。①

首先，将个人命运和祖国兴衰存亡的命运紧密联系起来，这是社会主义的爱国主义最低层次上的道德要求，也是在处理个人和祖国的关系时起码应有的道德人格境界。这个道德人格境界的基本要求是：

---

① 参见马博宣：《论社会主义社会爱国主义的基础、特点和要求》，《学术论坛》1984 年第 2 期。

具有民族自尊心和民族尊严,珍视祖国的尊严和荣誉,维护祖国的独立、统一和主权,坚决反对损害和出卖祖国的行为,积极抗御一切侵略势力;维护祖国大好河山,合理开发自然资源,自觉为祖国物质文化财富和精神文化财富的不断增长贡献自己的力量;等等。以上正是一个人将自己的命运与自己祖国的生存与发展紧密联系起来,努力尽到自己的道德责任和义务的具体体现,也是一个人身上所应有的"国格"的具体体现。个人的力量是渺小的,只有将无数个人的力量汇聚到一起,形成强大的国家力量,才能使一个国家、民族屹立于世界,也才能使个人摆脱孤独无依的状态,获得自我发展的强大后盾。社会主义的爱国主义不仅是个人命运浮沉的牵引,同时也是我们民族优良道德心理的现代表达,是民族性的时代展现。

其次,社会主义的爱国主义的第二种道德人格境界,是将个人命运和祖国的社会主义制度的命运联系起来。这个境界所需要的基本道德人格观念是:按照历史唯物主义的科学理论自觉认识到,社会主义制度是人类历史发展的进步阶段,是实现国家富强、人民幸福的最基本保障;自觉维护以生产资料公有制为基础的社会主义经济制度和共产党领导的人民民主专政的国家政治制度;在意识形态领域,坚持马克思主义的领导,以共产主义思想为价值核心,抵制资本主义文化及其他不良文化的渗透、腐蚀;坚持祖国利益高于一切;通过诚实劳动及社会主义制度所允许的劳动方式,创造社会主义的物质文化财富;等等。这些道德要求,是在根本上将社会主义的爱国主义的世界观、价值观等方面的本质特征区别于其他非社会主义的爱国主义。它特别突出了个人对社会主义发展潮流的认可,并自觉参加到推动社会向更加先进、自由的社会迈进的历史进程中去。通过自身的理想道德人格的追求和塑造,个人将自我人格建立在更加稳固的社会主义伦理道德的地基之上,他的道德人格就是稳定的,并且持续进步的。因此,社会主义的爱国主义在这个境界的道德人格要求,对于社会主义祖国的绝大多数人而言,不仅是应该达到的,而且是完全可以达到的。

最后,社会主义的爱国主义道德人格的最高境界,是将个人的命运同祖国的未来(即共产主义前途)联系起来。共产主义理想是社会主义国家越过初级阶段而达到高级阶段的自然的产物。它对理想道德人格的境界提升有着积极的意义。这一要求主要体现在:第一,要确认共产主义社会是人类历史上空前美好的社会这一正确的认识,并为实现共产主义社会奋斗终生;第二,自觉为推进社会主义制度不断完善而贡献自己的力量,创造极大丰富的物质财富,从而为人的解放得以彻底实现打下坚实的基础,改造自身的社会关系和交往方式,从而创造共产主义的“新人”;第三,能够义无反顾地克服困难,做出自我牺牲,支持受压迫人民的革命解放事业,投身到促进人类进步的伟大事业中来。当然,爱国主义在这个境界的道德人格如此耀眼、如此光明,它在事实上也不可能是绝大多数人在短期内就可以真正达到的。但是,有着社会主义社会的建设事业作为基础和现实的领域,共产主义这一理想中的道德人格才是值得期待和追求的,因为社会历史发展的必然趋势正是推动共产主义理想人格的不断涌现。

社会主义的爱国主义在不同层次上的道德人格要求不是彼此割裂,不相关联的。它们根据不同个人由于社会历史原因等对自身提出的不同层次上的人格境界要求,而对应于具体的道德人格修养层次。它的最大优势正是它可以团结不同层次和不同觉悟水平的人群,将每个人都纳入到对最高道德人格境界的追求过程中来。它一方面承认了人的发展的不同方向和不同层次的现实状况,另一方面又不限于对这一现实状况的简单肯定,而是用共产主义这一否定之否定的最高人格境界引导人们对自我人格进行不断提升。

其二是爱人民。作为社会主义道德的基本规范,爱人民表达的是一种对人民的深厚热爱，忠于人民的真挚的道德感情，是一种为了人民的利益和事业敢于献身的精神。“人民”是一个历史的范畴，它泛指一切对社会历史起着进步作用的人们。在不同的国家和同一国家的不同历史时期，人民所包含的内容是不同的。但是不管历史条件如何变化，人民的主体始终是从事物质资料生产的劳动群众及其知识分子。在社会主义社会，爱人民这个道德规范，有其深刻的社会根源和特殊的道德意蕴。从社会历史根源而言，正如历史唯物主义所指出的那样：“历史活动是群众的事业。”①这是因为：人民群众是社会物质财富的创造者。人类社会赖以生存的所有生活、生产资料都是劳动人民创造的，是他们辛勤劳动的结晶。不仅如此，人民群众也还是社会的精神财富的创造者。这表现为：一方面，人民群众创造的物质财富是一切精神活动的物质基础与前提，没有这些物质生活资料，任何政治、科学、艺术活动都不可能进行；另一方面，人民群众的实践活动也是一切精神财富的唯一源泉。任何有价值的精神财富都只能来源于社会实践，而社会实践的主体是人民群众。而且，正如我们已看到的那样，人民群众也是社会变革的决定力量。社会的发展变化，生产关系的变革，无论是革命还是改革，其主体都是人民群众。

因此，爱人民的最高境界和要求是全心全意为人民服务。社会主义人生观把为人民利益而工作看作是最大的幸福和最高的荣誉。把人生的价值奠定在全心全意为人民服务的基础上，做一个全心全意为人民服务、毫不利己专门利人的人，是我们追求的道德人格。当然，社会有分工，人的能力有大小之别，贡献亦有大小不同，但我们认为，只要有毫不利己专门利人、全心全意为人民服务的精神，尽己之力做好本职工作，以应有的成绩奉献给人民，这样的人，那就如毛泽东所称赞

① 《马克思恩格斯全集》第2卷，人民出版社1957年版，第104页。

的那样：是一个高尚的人，一个纯粹的人，一个有道德的人，一个脱离了低级趣味的人，一个有益于人民的人。

其三是爱劳动。爱劳动也是社会主义道德的基本规范之一。把爱劳动作为一个重要的道德规范，有着重要的社会本体论根据。因为从社会发展史的角度看，劳动是整个人类生活的第一个基本条件。没有劳动，就没有人类，也就没有人类社会。我们的祖先在从猿到人的进化过程中，起决定性作用的就是劳动。劳动使人有了手和脚的分工，劳动创造了工具，并产生了语言。劳动又进而和语言一起，成为两个最主要的推动力，促进猿的脑髓逐渐变成人的脑髓，并使之不断发达，从而改变了野蛮和愚昧，使人从自然的奴隶变成了自然的主人。“以致我们在某种意义上不得不说：劳动创造了人本身。”①而且劳动不但创造了人，还成为人类赖以生存的基础，成为人类能够延续的支柱。人类要生存，第一件事就是要有吃、有喝、有穿、有住。而这些生活资料的获得，无一能够离开劳动。所以说，人类如果离开劳动，就不可能生存，更不能从事政治、科学、艺术、教育等各种社会活动。这正如马克思所说：“任何一个民族，如果停止劳动，不用说一年，就是几个星期，也要灭亡，这是每一个小孩都知道的。”②

因此，从人类的社会实践考察，劳动应该是衡量人的社会价值和道德水平的标准。劳动态度具有重要的道德意义。所以，即便在剥削阶级那里，也同时存在赞扬和鄙视劳动的矛盾现象。一方面，在统治阶级的道德规范中，特别是处于上升时期的资产阶级及其思想家，并非一概地都把劳动看成是卑贱的事情，他们也能选择勤劳节俭，甚至会把诚实劳动列为道德规范；但在另一方面，一般来说，他们从来都不

① 《马克思恩格斯选集》第3卷，人民出版社1972年版，第508页。
② 《马克思恩格斯选集》第4卷，人民出版社1972年版，第368页。

准备身体力行地去践行这种道德，过的是不劳而获的生活，所以他们的说教只是为了束缚劳动者，而自己真正奉行的是“劳心者治人，劳力者治于人”的信条。

只有在实现了生产资料公有制，消灭了剥削和压迫的社会主义条件下，由于劳动者社会地位的变化，劳动的性质和道德意义才发生了根本的变化。首先，社会主义确立了“不劳动者不得食”的原则，不允许任何人无偿地占有他人的劳动，每个人只有通过自己的辛勤劳动，才能满足自己的生活需要。所以我国宪法规定：“劳动是一切有劳动能力的公民的光荣职责。”这充分表明了社会主义劳动所具有的崇高道德价值。其次，在社会主义条件下，一切社会所需要的劳动，不论是脑力劳动还是体力劳动，也无论是简单劳动还是复杂劳动，工业劳动还是农业劳动、服务性劳动，尽管劳动条件不同，报酬也有差别，但在道德尺度面前，都是平等的、高尚的。一切为社会创造财富、为他人带来幸福的劳动都毫不例外地受到整个社会的尊重。最后，劳动成为衡量人的社会价值和道德水准的尺度。在社会主义社会，个人的社会价值、道德品质是由他的活动，特别是劳动创造的。一个人在他的劳动活动以及各种活动中，越是能充分地发挥积极性、主动性和首创精神，越是能无私地为社会贡献自己的力量，他也就越应当受到社会与他人的尊敬。

高尔基曾经呼吁：“热爱劳动吧。没有一种力量能像劳动，即集体、友爱、自由的劳动的力量那样使人成为伟大和聪明的人。”我们认为，在今天以劳动为主要内容的社会生活实践中，每个人都展现出自我教育、自我认识、自我完善的无限境界。而且，由于社会实践的无穷尽，人自身的潜能发展也将是无穷尽的，因而其人格的完善也是无止境的。

其四是爱科学。爱科学是社会主义道德的一个具有特殊意义的道德规范,它具有深刻的道德意义,包含了多方面的道德要求。把爱科学作为社会主义的具体道德规范,首先是因为,科学是人们用于改造社会、造福人类的武器,对社会的发展和人类的进步具有重要的道德意义。科学技术的重大发现和它在生产中的运用,必然引起生产力的巨大发展,促进生产关系的变革,从而推动社会的全面进步。今天,科学技术愈发展,就愈促进社会主义物质文明建设和精神文明建设,就愈促进人们道德水平的提高。因此,科学技术对道德的进步有着重要意义。

不仅如此,爱科学还可以陶冶人们的道德情操,培养人们良好的道德品质。因为从事科学实践活动,就是探索真理与追求真理,而探寻真理的道路是不平坦的,它需要人们付出长期艰苦卓绝的劳动,甚至献出毕生的精力。个人道德境界的升华,就在探索真理、坚持真理的奋斗之中得以实现。历史上,许许多多献身科学、献身真理的科学家,他们用自己的毕生精力甚至生命,探索科学的奥秘,造福人类。因此,他们成为道德高尚的楷模。

正是由此,我们认为,作为社会主义的具体道德规范之一,爱科学因为是社会主义现代化建设的客观需要,从而也就是我们应尽的道德义务。正如我们已充分感受和体验到的那样,社会主义现代化建设是一个异常艰巨复杂的历史任务。因为现代化是建立在劳动生产率的极大提高的基础上,而要提高劳动生产率,没有现代化的科学技术和现代化的科学管理是不可能的。因此,在我国进行社会主义现代化建设的这一历史时期,提倡热爱科学,掌握科学知识,攀登世界科学的高峰,是摆在我们面前刻不容缓的任务。这是我们现代化建设的需要,从而也是我们应尽的道德义务,这两者具有内在的一致性。

而且,在现时代,爱科学与爱祖国、爱人民、爱劳动具有内在的一致性。因为经验证明,从事艰巨的科学研究,攀登科学的高峰,必须有科学工作者自身的内在动力。科学史上无数事实证明,这种动力来自科学工作者对社会、对人民的无限热爱,对艰苦卓绝劳动的执着投入。尤其是对祖国、对人民无限热爱的崇高道德感情,会变成科学工作者的一种渴望祖国繁荣富强的动机,激发科学工作者攀登科学高峰的巨大热情和力量。因此,在我们国家面对新技术竞争浪潮的严峻挑战的今天,我们在自我人格塑造中倡导爱科学,以科学技术来振兴中华民族,无疑具有尤为重要的现实意义。

(三)社会主义道德向共产主义道德的迈进

对现行的社会主义道路的探讨中,关于这一道德形态不完备性的研究具有特别重要的理论价值和实践意义。社会意识反映社会存在。社会主义道德的不完备性是与社会主义社会自身的不完备性相联系的。一方面,和完整意义上的共产主义社会相比较,它所赖以建立的社会主义生产力和生产关系还很不完备;另一方面,作为直接脱胎于私有制社会的社会主义社会,总还这样或那样地带有旧社会的痕迹和烙印,而这一切必然要反映在社会主义道德中,使得社会主义道德在比以往道德都具有更广泛、更深刻的优越性的同时,也还存在着一定的不完备性。

我们认为,社会主义社会的现实存在对社会主义道德不完备性的影响作用,一方面是现存的社会经济政治制度所使然,如按劳分配原则对社会主义道德的影响就是双重的:它既能培养和塑造热爱劳动的美德,但同时又使劳动者个人对集体主义原则有某种程度的保留。因此,社会主义道德作为一种普遍规范,就不可能因大公无私以及毫不利己专门利人的高尚情操被完全彻底地纳入社会的道德规范体系之中而要求每一个成员遵循。否则,我们对"道德我"的要求在这里就往往会沦为道德说教。社会主义道德的不完备性的另一方面是历史文化的传统习俗所带来的。传统正如恩格斯分析的那样,带有极大的惰性，这种惰性的力量总要这样或那样地作用于我们的现行社会。譬如，传统的官本位意识，传统的宗法观念等，也就必然地在许多人的道德生活中发生或深或浅的影响。这对社会主义道德规范中爱人民、爱科学等具体规范的消极影响也是显而易见的。

所以，我们在对待社会主义道德的问题上应该注意纠正来自两方面的偏颇：其一是把社会主义道德拔高和理想化，以一种未来形态的，即共产主义道德来规范人们，其结果是使这种道德流于一种说教；其二是对社会主义道德产生悲观失望的情绪，甚至进而采取一种反道德或道德虚无主义的态度来对待社会生活和自我人生实践。这两者无疑都是片面的。

可以肯定地说，社会主义道德规范中的这些不完备性会随着这一道德向更高形态——共产主义道德的迈进而消失。共产主义作为一种运动无疑已经蕴含在社会主义的实践中，但从社会进步发展的必然趋势来把握，我们又要看到，这个运动还有它更高的发展阶段。因而，与这样一个更高的社会形态相适应，也就有一种更高的崭新的代表道德发展未来形态的共产主义社会的道德形态产生。列宁说：“如果我们问一下自己，共产主义同社会主义的区别是什么，那末我们应当说，社会主义是直接从资本主义里面长出来的社会，是新社会的初级形式。至于共产主义，它是这种社会的高级形式，这种形式只有在社会主义完全巩固的时候才能发展起来。”①因此，在这样一个高级的社会形态中，它所产生的道德固然是社会主义道德的进一步完善和发展，同时也是对人类历史上一切优秀道德传统的继承，但这种道德更重要的还在于，它是共产主义社会存在的一种直接反映。因而共产主义道德具有最高的进步性。我们理解，这种进步性表现为：

① 《列宁选集》第4卷，人民出版社1960年版，第149页。

其一,共产主义道德彻底摈弃和消除了以往一切道德所具有的局限性。由于社会主义现行制度必然存在着一定的不完备性,因而社会主义道德也具有自己的不完备性,因为这种道德在理论和实践中要受到生产力发展水平及由此规定的分配原则、消费方式等诸因素的消极影响。而共产主义道德由于其赖以存在和发展的社会经济、政治制度的完备性,从而消除了社会主义道德所有的局限性,以使集体主义的原则得到了真正、完全的实现和弘扬光大。而这样一种完全实现了的集体主义原则也就是共产主义的道德原则。

其二,共产主义道德为培养、造就道德上的真、善、美的理想人格提供了最现实的可能性。因为在共产主义社会中,生产力高度发展,实行的是“各尽所能,按需分配”的原则。这样的一个社会基础就为培养和造就丰富个性和全面发展的人格创造了优厚的现实的可能性条件以及实现这种可能性的最广泛的现实途径。因此,在这一社会形态中,一切压抑人的个性的言行都将被视为是无道德的。

其三,共产主义道德将是真正的全人类的道德。在未来的社会,我们有理由断言,适应于全人类的道德也就真正出现了。而这正是历代思想家孜孜不倦刻意追求的,具有最广泛、深刻的渗透力和约束力的“全人类道德”。

所以,共产主义道德是人类有史以来最崇高、最进步的道德,这正如刘少奇所概括的那样:“这种道德,不是建筑在保护个人和少数剥削者的利益的基础上,而是建筑在无产阶级和广大劳动人民的利益的基础上,建筑在最后解放全人类、拯救世界脱离资本主义灾难、建设幸福美丽的共产主义世界的利益的基础上,建筑在马克思列宁主义的科学共产主义的理论基础上。”[①]我们诚然无法具体罗列共产主义道德的所

① 《刘少奇选集》上卷,人民出版社 1981 年版,第 133 页。

有具体规范，但我们却可以指出，这一崇高进步道德的一个最基本的规范是人的个性自由全面的发展。在这个自由全面发展的过程中，道德最大程度地实现了彻底的人道主义精神。在每个人自由全面的发展中，由于人与人之间的精神的丰富，团结友爱协助原则的高度发展，每个人不仅可能而且必然在自我道德中实现理想人格的追求。而与此同时，按照马克思和恩格斯的设想，在共产主义理想个性的实现过程中，人们活动的目的不是物质财富，而是人自身的丰富和发展。也正是从这个意义上，可以认为，在社会进步发展到了共产主义社会的这一阶段，人成为了最高和最善的存在，即真正成为社会历史发展的目的本身。无疑，这正是人类道德的至真、至善、至美的理想境界。

所以，尽管西方一些思想家喋喋不休地声称，未来共产主义社会的道德只是一种对原始氏族道德的“复归”或“完美化”，或者干脆断言，共产主义道德永远只是一种无法实现的“道德幻想”。但共产主义道德自身的完美性，以及这种完美性已在社会主义道德实践中不断证实的事实本身已充分证明了，这一道德是人类迄今为止所能认识到的道德进步的最高形态。因为这样一个原因，共产主义道德在历史、现实和未来中才显示了真、善、美的永恒魅力。也因此，我们认为，共产主义道德的自我修养和信奉就构成了道德人格中的最高境界。

五、简要的归纳与进一步探讨的问题

我们把道德人格的基本内涵理解为，以道德规范的自觉自愿来自由地规范自我人格，并用“道德我”为基本范式来涵括道德人格的基本规定。从中我们可以看出，道德规范的遵循与谨奉在“道德我”人格范式中的重要性，为此，我们把这些基本的道德规范在这里做如下的简要概括。

（一）简要的归纳

我们认为，"道德我"对社会公德的遵循是道德人格造就的起码要求。社会公德中的一些道德规范诚然是简单而琐碎的，但是因此它构成了道德上人性向善规范中最普遍、最基础的规范。也因此，遵循一定的社会公德是人的文明程度高的直接标志之一。日本哲学家福泽谕吉曾这样定义"文明"："'文明'这个词，是表示人类交际活动逐渐改进的意思，它和野蛮无法的孤立完全相反，……"①从这个意义上说，我们所论述的社会公德均属于人类文明的基本范围，它反映着人类文明进步的基本秩序。因此，从个体来说，能否尊重社会公德就是一个人文明程度高低的标志。我们只有自觉地遵循社会公德，才能做一个文明的人。

特别值得指出的是，当代社会的发展，使人们的日常生活的社会化、集体化和交往的程度日益提高，社会活动日益频繁、广泛，这就使遵循社会公德的问题显得更加重要了。很自然地，遵循社会公德对于自我道德人格的造就也越来越有意义了。我们如果在社会公德的修养上没有足够的德行储备，那么在现代社会生活中就会被拒斥。这绝不是危言耸听，而是社会发展的必然。

作为基础道德规范另一形式的职业道德规范，在对人格向善的规范中也具有重要的意义。职业生活是人类社会生活中最为重要的领域。自从人类社会开始了分工之后，职业道德的存在就有了客观的必然性。因此，一方面，"四民异业而同道"（王阳明语）；另一方面，职业道德是人类长期实践活动的产物，具有明显的职业特点，故而在社会生活中，一般的道德原则不能代替职业道德的作用。职业道德本身有着特殊的社会作用：它使道德教育和道德修养中"善"的要求具体化，

① 转引自宋惠昌：《道德修养讲话》，求实出版社 1984 年版，第 231 页。

并富有成效。由于职业道德使一般道德原则带有了具体职业的特点，这就需要我们克服在道德教育和道德修养上一般化的欠缺，从而能够更具体地去调整职业范围内特殊的人与人之间的关系，最终更切合实际、更加有的放矢地解决人们之间的矛盾。所以，职业道德使道德人格在道德追求中体现出具体化、经常化和多样化的特点。

爱情婚姻的道德规范对“道德我”也具有同样的重要性。特别重要的还在于，爱情和矛盾几乎是同义的。因而无论是谁，如果认为爱情只是花前月下的卿卿我我，喁喁私语，没有矛盾，没有对立，没有冲突，那只能表明他没有真正地懂得爱。爱情的矛盾作为一种本性的东西是真实地存在着的，怨天尤人的诅咒不能消除矛盾，一帆风顺的庆幸并不意味着爱情的矛盾就永远不会出现。所以，莎士比亚说：“爱情的道路从不平坦。”走出爱情矛盾困境的一个重要途径就是学会道德上的“自我立法”，即以善的道德规范来有所约束、有所限制，从而有所获得、有所实现。如果我们能在爱情的理性与感性、理智与本能、奉献与占有、灵与肉、利他与利己等的矛盾冲突中选择理性、理智、奉献及利他等道德品质，那么我们就在赋予爱以一种真正优美崇高之属性的同时，彻底摆脱和消解了爱情的矛盾本性对自我人生造成的困顿，我们的道德人格便从中获得了一个重要方面的造就。

（二）进一步探讨的问题

如果说，作为“道德我”的基本规范要求，社会道德规范、职业道德规范和爱情婚姻道德规范比较容易得到普遍认可的话，那么社会主义道德的基本规范是否也作为“道德我”的基本道德要求，这一观点在当前则是有争议的。因而，对这一问题就有进一步探讨的必要。我们的基本结论是，社会主义道德规范同样是“道德我”所必须遵循的基础道德规范，这绝不是过分理想主义的任性，也不是“左”倾的说教，而是当代中国的社会现实所规定的。

社会主义道德规范对“道德我”的充分必要性在于，我们置身于社会主义的现实社会。因此，尽管改革开放和市场经济使社会主义本身处于发展变化中，但我们对社会主义道德的一些最基本的规范却是不能采取怀疑主义甚至虚无主义态度的。因为，道德归根结底是一定社会经济基础的产物。我国的社会主义公有制基础就决定了我们对社会主义道德的认同与遵循，这个道德坚持以集体利益为本位，以共同富裕为价值导向，以集体主义为基本原则。这也就是说，社会主义的集体主义道德原则以及诸如“爱祖国、爱人民、爱劳动、爱科学”等基本规范可能而且也必须构成我们道德人格追求的一个重要方面。

不仅如此，“道德我”对社会主义道德规范的遵循和奉行，在当前尤其具有重要性。毋庸讳言，我们当前的社会的确正在面临着社会生活的“道德失范”和“道德滑坡”，拜金主义、享乐主义、个人主义有所滋长，这一切就更加要求我们在当前的社会主义精神文明建设中加强社会主义基本道德规范的教育。在我们的理解看来，在这个社会主义道德规范的教育中，必须坚持集体主义的基本原则，以“爱祖国、爱人民、爱劳动、爱科学”为基本规范。

不仅如此，对于我们群体中的先进分子，还应要求他们在自我的人格道德修养中把握共产主义道德理想的大趋势，把共产主义道德信念作为自己追求的长远目标，从而使自己成为未来我国社会主义建设的骨干力量和新的社会主义精神文明的开拓者。这无疑是一种最崇高的道德人格境界。

第六章　道德人格的一般实践指向

既然追求道德上的善是人的社会性存在对人格造就的内在要求，那么我们就可以把道德人格的造就归结为在实践中的扬善抑恶，并因此而拥有美好德行的修养过程。

——题记

培根曾说，善行是人类行为中唯一可与神相并列的伟大品行，这个说法从某种意义上讲是深刻的。因此，我们或许可以把道德人格的一般实践指向归纳为人格向善的追求。这个人格向善的追求既表现为道德的意识中具有明辨善恶之能力，更重要地还表现为在道德实践中扬善抑恶，不断充实自我人格中的优美德行的过程。

一、道德人格对善与恶的明辨

善作为道德的最基本的范畴是不言而喻的，但究竟什么是善？什么样的行为才是善行？这却是一个常常引起异议的问题。显然，什么是善及善行的问题首先只有其在道德主体意识中被认知和确立后才可能在人们的生活实践中发挥其规范行为的功能，也才能成为道德实践主体在道德选择、道德评价和道德修养中“内心立法”的依据。从这个意义上讲，道德人格要有效地在自我人格中造就善的德行，从而完成“道德我”的建构，首先就涉及善与恶的认知和把握问题。

（一）善与恶的含义

我们承认，在人类思想史上，对善与恶的把握和界说，本身就是歧义纷生的。从词源上考察，善是一个佛教名词，意指符合佛教教理的思想与行为，而不符合教理的思想与行为则为恶。作为道德的基本概念，我们通常把善理解为符合一定道德原则和规范的思想与行为，反之则为恶。如亚里士多德就对善下过这样一个定义："人类的善，就应该是心灵合于德行的活动；假如德行不止一种，那末，人类的善就应该是合乎最好的和最完全的德行的活动。"[①]亚里士多德的说法无疑是对的。然而，这并未具体解释什么是善的问题。因为他在这里走入一个循环论证之中：道德是德行的规范，因而道德是一种善；而善又是一种道德上的德行，所谓的善就是符合一定的道德规范。这种循环论证从某种意义上说正表明了，作为伦理学的创始人，亚里士多德对善的认识和理解也是陷于困惑之中的。

正由于对善未能有一个明确的界说，所以伦理思想史上对善与恶便有了各种各样的理解和不同的说法。古希腊的苏格拉底、柏拉图等人以知识为善，认为"善的范型是最高的知识"，无知则是恶。圣·奥古斯丁认为，信仰上帝即为善。康德则把他的"绝对命令"，即先天的善良意志，作为唯一的善的标准，认为离开善良意志的一切行为都不能算是善的。一些快乐主义伦理学家，如伊壁鸠鲁、斯宾诺莎、费尔巴哈等人，则以获得快乐和幸福为善。斯宾诺莎对善与恶就曾下过这样的定义："所谓善是指一切的快乐，和一切足以增进快乐的东西而言，特别是指能够满足愿望的任何东西而言。所谓恶是指一切痛苦，特别是一切足以阻碍愿望的东西而言。"[②]如此众说不一的善与恶的理解和

① 周辅成：《西方伦理学名著选辑》上卷，商务印书馆1964年版，第287页。

② 周辅成：《西方伦理学名著选辑》上卷，商务印书馆1964年版，第619页。

界定,孰是孰非,无疑使我们陷于一种困惑和迷惘之中。正如我们看到的那样,在改革开放的现时代,这种善与恶的分界线似乎更是模糊了。因此,我们迫切需要从伦理学的一般理论出发,使行为主体在自我人格塑造中确立善与恶的正确意识和是非观念。

正如道德的本质源于人类的社会本质及为实现这一本质的社会活动的必然要求那样,善与恶的观念从最一般、最普遍必然、最本质意义上的确定也源于人类的社会活动。从规范人的活动的意义上讲,“善”与道德是同义的。只有从这样一个对人的活动加以规范的角度出发来把握善与恶的内涵,我们才可以理解孟子对善所下的一个著名定义:“可欲之谓善。”[①]“人之所以异于禽兽者几希”[②],因而人和动物一样有着各种诸如求生、利已、性欲本能的欲望和冲动,这是一种原初的所在。但道德上的善则要求人能以理性和意志区别于动物,依据理性与意志的原则区分什么是“可欲”的,什么是“不可欲”的。显然在动物那里是没有这种区分的,这种区分只有人才有。所以,人的行为中“可欲的”就是善的,亦即孟子声称的“可欲之谓善”。我们认为,孟子的说法在高度抽象的背后,蕴含着深刻的内涵,这一深刻性就体现在他对理性的高度推崇。

如果做更加明确的界说,那么我们可以认为,所谓的善就是指人“应当”有的品性,而所谓的恶则是人“不应当”有的品性。之所以用“应当”与“不应当”来界定道德的善与恶,那是因为,人的存在除了“应当”的追求以外,还有诸多“是”的存在。正如生物进化论所揭示的那样,人“是”动物,这是一个基本的事实。但道德上的善则要求,超越这个“是”,进而达到“应当”的境界:人“应当”超越动物,人“应当”

---

① 朱熹:《四书集注》,岳麓书社1987年版,第530页。

② 朱熹:《四书集注》,岳麓书社1987年版,第421页。

在这个超越的过程中使自己成为大写的人。现实生活中，我们中的许多人在自我人生中曾刻意追求大写的人，其实我们认为，从道德上讲，大写的人的一个最基本的规定正是善，这亦即是说，人应当使自己走向另一个基本的命题：人应当是道德的动物。我们如果无法使自己达到“应当”的境界，那么，就只能使自己沉沦于“是”的层次。在这种层次上的生活，那无疑就像孟子所鄙视的那样，是“与禽兽为伍”了，而这正是道德上恶的最基本的含义。

所以，善是人超越自己天性、本能的一种自觉规范，这表现为，人不断以“应当”来规范自己，造就理想人格的一种价值追求。而道德也因此可以理解为是人格向善的一种规范，亦即是说，在人格与“物格”、“禽兽格”的区分中，道德上的向善追求是最本质的。

从这样一个一般的界定出发，我们也就可以理解，由于不同政治经济制度和文化背景下的人们对“应当”的理解不同，善与恶的具体解释的确是众说纷纭，莫衷一是的。所以，要寻求一个永恒的关于善恶的观念是不可能的。马克思曾借歌德的诗形象地描绘过资本家的善恶观：“我是一个邪恶的、不诚实的、没有良心的、没有头脑的人，可是货币是受尊敬的，所以，它的持有者也受尊敬。货币是最高的善，所以，它的持有者也是善的。”①这当然是资本家的善恶观，而历史唯物主义则把道德上的善和“应当”理解为符合最大多数人类社会进步发展方向，从而也是符合最大多数人利益、愿望和要求的一切思想与行为；反之则为恶。

（二）形成完备而成熟的道德善恶意识

既然道德意识事实上从最一般定义上就被归结为对善与恶的认识和把握，那么，作为道德人格追求的实践前提，我们就必须要形成完

① 《马克思恩格斯全集》第42卷，人民出版社1979年版，第153页。

备而成熟的道德善恶意识。

可以肯定地说,道德主体意识中对善恶的认知能力是随年龄的增长、知识的增加和社会生活阅历的丰富而不断提高的。这样一个道德善恶观念不断提高的过程,从一般意义上可以区分为如下三个发展时期:

其一是朦胧期。就个体的生命历程而言,童年和少年时期就处于这一时期。在这一阶段,少年儿童虽然依靠仿效等途径能形成善恶观的萌芽,但远远没有形成善与恶的自觉观念。“好人”和“坏人”、“好事”和“坏事”的评价以及“我要做好人”、“我要做好事”的观念通常是朦胧期善恶观念的主要表现形式。但这种形式只是初步的,因为他们不能深明好坏善恶背后的必然性根据。

其二是形成期。这是主体进入了青年期后在具有独立思考能力的基础上开始逐渐出现的。在这个时期,青少年能在自己的思维和意识中进一步探究好坏善恶背后的原因,并在这个过程中初步建构自己的道德理想人格及确立基本的道德规范和原则。

其三是成熟期。随着青年期向成年期的过渡,随着道德行为主体的世界观和人生观的基本形成,道德主体能自觉地思考所面临的道德问题,并对社会和他人的行为做出独特的善恶评价。可以这样认为,作为道德人格范式的“道德我”必须是处于善恶意识的成熟期,为了具备这一成熟的善恶意识,道德的外在教育和自我教育对于我们的人格造就来说就显得特别的重要,而道德实践正是依据这种道德意识中的独立思考和评价“择善而从之”的过程。

必须特别强调指出的是,在不断增强道德善恶的认识能力和不断形成自己全面完善的道德向善意识的过程中,一方面,我们要强调关于德行之知识理论的学习。因为正如人的正确思想不是主观自主的那样,道德上正确的善恶观念也是后天学习的结果。先天性善或性恶的观点都是道德意识理论中的先验论观点,因而是错误的。但另一方面,也要勇于进行道德实践。“实践出真知”,正确的道德意识的形成从根本上讲也是从实践中获得的。这样,在我们的道德实践中,“勿以恶小而为之,勿以善小而不为”,就不仅是因为人生道德实践的需要,而且更是道德自我意识中正确的善恶观念形成的基础。

在形成完备而成熟的道德善恶意识的问题上,严于解剖自我人格,注重内心做功也是一种重要的途径。在这种内省的过程中,道德主体不是出于外在压力而敷衍了事,也不是因着内心的不安而自我忏悔,而是一种完全自觉自愿进行的主动修养。这个修养的一个重要指向无疑是确立自己高度完备而成熟的善恶观念。正是在这种内省的思想修养中,道德主体才不断拥有成熟的道德意识和道德心灵。鲁迅先生说:“我的确时时解剖别人,然而更多的是更无情面地解剖我自己。”[①]这或许正是鲁迅成为被毛泽东称誉的“中国的第一等圣人”的一个重要原因所在。

二、道德人格:扬善抑恶的践行

在认知上明辨善恶以后,道德人格的造就显然更重要的还体现在通过人格内部知、情、意的共同作用,在自我人生实践中扬善抑恶的过程,因为只有这个践行的过程才能真正表明,我们是一个有优美德行的人,从而证明我们的人格真正达到了道德人格之境。

(一)造就善的人格品性

在正确的善恶观指导下,我们应该也有可能在自己的人格中造就善的品性。这些善的品性无疑可以有许多具体表现形式,我们在这里,拟做如下几方面的罗列。

① 《鲁迅全集》第1卷,人民文学出版社1973年版,第261页。

其一是人格品性中的善良。可以这样说,从最一般的意义而言,“善良”是人性为善的一个最基本表现,因而也是我们培养善的人格的一个根本出发点。培根在《培根论人生》中,把善良定义为一种“利人的品德”,并认为,这是人类一切精神和品德中最伟大的一种,是属于神的品格。① 我们认为这个说法是给人以启迪的。

善良不像中国古代的性善论者所声称的那样是先天具有的,任何人性都是后天形成和造就的。所以是我们自己使自己具有利人的品德而变得善良,从而具有优美的德行。这是一个渐进的过程,是类似后天习惯那样积累而成的。因此,在我们的道德生活实践中,如果一个人愿意培养自己善良的人格品性,那么就必须“从我做起,从现在做起”。

有一种错误的观点常常影响我们人格中善良品性的形成,这就是,人们把善良想象得异常艰难,仿佛真的如培根声称的那样,只有神才具备。事实绝非如此。我们为一位陌生人指路是善良,我们搀扶一位老人过街也是善良,我们在路上移开一个障碍物是善良,甚至我们给予别人一个甜甜的微笑也是善良。总之,在我们的日常言行中,随时都能形成善良的品格。人格上的善良带给人们许多美好的享受。古希腊哲人德谟克利特就认为:善良是一种美,品性善良的人永远是美丽的。而穆罕默德则认为,善良是衡量一个人的价值所在。他以为:一个人的真正财富,是他在这个世界上对其同伴及朋友所做的好事。于是,当他死去时,人们不会问,他留下了多少遗产,但却会问,他生前做过多少好事。而且我们发现,在道德活动的历史延续中,有时善良的品性还带来这样一个意想不到的好处:前辈的善良作为一种人生遗产庇荫着后人,亦即所谓的“前人栽树,后人乘凉”,或如俗语所称

① 弗兰西斯·培根:《培根论人生》,上海人民出版社 1983 年版,第 5 页。

“善有善报”。

然而，并不是所有的人都自觉地追求善良的人格品性。尼采就非常厌恶善良，在他看来，怜悯、容忍、仁慈、宽恕等善的品性只能使人沦为弱者，所以他认为，善良恰恰是一种道德上的“恶”①，是他的“超人”人格所必须坚决摈弃的。但尼采在这里却正好忘记了一个最基本的事实：在一个没有善良，充满了恶意相向，因此冤冤相报的社会环境中，人的生存和发展将更加艰难。这是由人的社会性所决定的。如果你是一个弃善从恶者，那么，别人也至少对你来说是个弃善从恶者，而你又无法摆脱与别人的社会关系存在。因此人性在这样一个弃善从恶的社会环境中必然要被压抑和扭曲。尼采自己就是一个例证。他认为，暴力造就女性，男人必须对女性施加恶的暴力，因此他留下一句臭名昭著的话：“你要走向女人吗？请别忘了带上你的鞭子！”但也许正是这种恶意相向，当他向一位荷兰女子求婚时便遭到了刻薄的回报，以致他终生不能体验到爱情带给人生的欢乐。我们在这里无意否定尼采的一切，但至少认为他对善良的看法是错误的。

其实，在道德活动中，我们总是可以发现这样的事实存在：谁抛弃善良，善良也就抛弃谁。有一种自觉或不自觉的看法也极大地妨碍着我们对善良人性的追求：许多人把善良视为人格软弱的同义语。连培根也认为：“人性中这种仁善的倾向，有时也会犯错误。所以意大利有句嘲讽话：‘他由于太仁慈，而成了一个窝囊废。’”②其实这是一个误解，真正的善良同时也是一种坚强的人格品格。善良对敌视善良者总是严惩不贷的。希特勒极端仇视人性的善良，公开声称，德国要培养“严峻、苛刻和残忍的青年”。正如事后的历史发展所昭示的那样，这

① 参见 L. J. 宾克莱：《理想的冲突》，上海商务印书馆 1983 年版，第 195 页。
② 弗兰西斯・培根：《培根论人生》，上海人民出版社 1983 年版，第 6 页。

种违反人性的罪恶行径,最终遭到了善良和正义的人类的惩处。

当然,善良也绝不是无原则的,道德人格所追求的善良遵循着理性的尺度。伊索寓言中,一只绵羊看见屠夫磨刀霍霍准备朝它下手时,反而对屠夫说:小心,别割破你的手。这种善良当然是可笑的。而农夫用自己的身体去温暖冻僵了的毒蛇,这种善良只会带来恶果。因此,我们认为,决不要放弃对自己人格中善良品性的造就,因为善良使我们接近和理解每一颗心灵。更不要怀疑他人的善良品性,因为,"相信别人的善良,正证明着你自己的善良"。唯有那些自己不善良的人才会怀疑别人的善良,这或许也可以称为人类道德行为中的一条亘古及今的法则。

其二是人格品性中的同情心。每一个自我都在他人的关系中存在,在这个关系中,同情心使自我与他人之间"架起了一座沟通和理解的桥梁"(蒙田语)。所以,同情心与善良一样,也构成道德人格追求的人格品性之一。

人类社会的生活实践反复地向我们证明,人与人之间同情心的力量是神奇的。在宇宙中,作为生命个体的我们往往是很孱弱的。同情心可以造就一个人的成功,也可以毁弃一个生命的存在。许多人抱怨人生没有意义,而他们之所以这样,通常是因为在生活中遭受了挫折和不幸,或者是蒙受了委屈和耻辱,而他们的内心世界既孤独又脆弱,于是他们中的一些人便对整个人生都失去信心。这时,如果我们能以真挚的同情心去抚慰这些隐痛的心灵,那么我们往往便拯救了他们。

我们把同情心视为道德人格的内在德行之一,还因为,在人生中有一个基本的事实存在,这就是,一个人心灵的痛苦比肉体的痛苦要难以忍受得多。而同情心则总能抚慰这心灵的隐痛,从而使我们走出消沉而振作起来。所以同情心不仅帮助别人,而且也使我们自我人格的价值得以印证和实现。如果我们能以自己的同情心减轻或彻底消除一个生命的痛苦,甚至拯救一个绝望了的生命,这正是对自我人格价值的印证和实现。许多伟人之所以成功,按照罗曼·罗兰的说法,那是因为他们具有“比别人更多的同情和仁爱”。事实的确如此,如英国伟大的哲学家、数学家、政治活动家罗素在其自传的一开始就这样告诉我们:“对爱情的渴望,对知识的追求,对人类苦难不能遏制的同情心,这三种单纯但又无比强烈的激情支配着我的一生。”①而科学社会主义的奠基人之一恩格斯晚年在回忆自己背叛资产阶级家庭、献身无产阶级的解放运动的一生时,曾深情地说:那首先是基于对悲惨的被压迫的工人阶级的一种极大的同情感。在青年恩格斯发表的第一篇文章《乌培河谷的来信》中,我们就能感受到这位伟人对被压迫的无产阶级的同情心。更神奇的是,英国诗人白朗宁对伊丽莎白·巴莱特充满同情与爱,不仅使瘫痪在床上的巴莱特奇迹般地站了起来,而且造就了文学史上一个熠熠生辉的名字:白朗宁夫人。

因此,我们认为,每一个自我都需要培养和造就人格中的同情心,这是我们人性对自己同类的一种最重要的善的品性。我们或许可以这样说,正是同情心使许多人的心灵相互接近和沟通。当我们带着一颗真挚的同情心去帮助别人时,我们是快乐的;而当我们痛苦时,别人带着一颗同情心向我们走来,我们也会变得快乐。所以诗人泰戈尔说:“同情心造就神奇而美丽的人生空间。”这是一种充满温馨、愉悦且能永驻于我们记忆之中的人生真、善、美的空间。

缺乏同情心的人格心灵不仅是冷酷的,而且也是麻木的。而这种麻木则使人性中许多恶的品性得以滋长。这或许正是人们常把“麻木”和“不仁”归于一个贬义语“麻木不仁”之中的原因。显而易见,“麻木不仁”是人格的一种不幸:既失去了对别人的同情,失去了别人

① 转引自赵鑫珊:《科学·艺术·哲学断想》,三联书店1985年版,第197页。

对自己的同情,还失去了自己对自己的同情,使自己变成另一个陌生的存在。为此,罗曼·罗兰语重心长地告诫世人:切勿对倒地的朋友说,我不认识你了;应该说,拿出勇气来,朋友,我们会突破难关的。

然而,正如思想史上有人否定人性的善良一样,也有人否定同情对人性和人格造就的意义。尼采就声称:同情只是女人的软弱,而男子则必须是残忍的。他在回答"你的最大危险是什么"时,就毫不犹豫地认为"是同情"。尼采对同情心的所谓"危害性"做了几点论证:一是同情心对他人没好处,一个人的存在,需要不幸、缺乏、贫困、误解等东西来磨炼他的人格,对他人的同情使他失去各种磨炼的机会;二是同情心对自我也无好处,因为自我将从同情的情感中体验别人的痛苦,而这种体验原本是不必要的。[①] 我们承认,人格的坚强是在痛苦中磨炼的,但我们认为,尼采却忘记了,人类彼此间的同情心可以帮助我们更坚定执着地接受痛苦的磨炼。我们在同情别人时的确会体验到一种原本不会体验到的痛苦,但这正是道德人格的利他主义精神的崇高之处,而道德上的"善"正是从中生成的。列·托尔斯泰说过:"上帝有三个去处:其一是在天堂,其二是在善,其三是在同情者心里。"如果把这里的"上帝"理解为善的人性,那么这个说法是非常精辟的。因为在我们的人性中太需要同情心了:我们在对他人的同情中获得友谊和爱,我们在对整个人类的同情中获得创造奇迹的强烈激情和动力,甚至我们在对自然界一草一木的同情中还可获得博爱的情怀和气度。

其三是人格品性中的诚实。亚里士多德说:哲学追求真理,人性追求诚实。所以在他看来,诚实是人性中的真理,是人格的基础。亚里士多德的这一思想无疑是精彩的,因为,他把诚实对于人格造就的意义言简意赅地表达出来了。

---

① 参见尼采:《快乐的科学》,中国和平出版社1986年版,第226~227页。

诚实作为一种人格品性是一种言行一致、表里如一的美德。诚实存在于人性之中的一个最大的必然性根据在于,就人的天性而言,我们都希望别人对自己是诚实的。而要别人对自己诚实,自己就得首先是诚实的,这就是孔子所谓的“己欲立而立人,己欲达而达人”和“己所不欲,勿施于人”[①]的普遍道德律。因此,在人格品性造就中,如果我们相信别人的诚实,那么这往往是自己诚实的证明。

我们认为,诚实对道德人格的造就是必需的,因为正是诚实的自我坦荡而豁达,充满了一种真实可信的气度和风范。因而蒙田认为:“诚实是使每个人心安理得,并有所造就的品性。”显然,这种说法是我们每个人都能体验到的。培养人格中诚实的品性,最重要的一点就是要摈弃虚伪。虚伪作为诚实的对立面,是一种“可诅咒的恶习和坏品行”(培根语)。因为人与人之间往往是靠诚实才得以沟通和理解的,可虚伪使这种沟通和理解难以成为可能。显然,在人类的道德生活中,没有什么比被人发现你是一个虚伪者而更能使你失去尊严了。

特别值得指出的是,培养诚实的人格品性需要智慧和胆识,因为诚实有时得冒一定的风险。哥白尼以其诚实的科学研究把上帝画定的宇宙变了个样,但他却没有足够的勇气立刻向教会的权威宣布他的发现,而只是在临终时才宣布了他的太阳中心说。我们当然不会由此谴责哥白尼在人格上的虚伪,但却可以说他是胆怯的。而后,布鲁诺则为了维护哥白尼的太阳中心说而被教会焚烧于罗马鲜花广场,他用自己的生命证实了诚实的可贵与不易。因此,他的德行和人格风范使不同国度里的后人为之敬仰。所以尽管有时诚实带给我们挫折,甚至牺牲生命,但这种挫折和牺牲是有价值的,因为这体现着道德人格向“善”的尊严。

---

① 朱熹:《四书集注》,岳麓书社 1987 年版,第 192 页。

在道德人格的追求中，诚实需要勇气，而对自我的诚实更需要非凡的勇气。人性的弱点包括虚荣、好高骛远和沾沾自喜等。我们即使发现了自我的缺陷也往往会以阿Q式的自欺来满足可怜的虚荣心。可正是在这个自欺的过程中，自我变得平庸或者甚至因此走向堕落和毁灭。所以，哲人们常告诫说：诚实首先是对自己的诚实。

在培养诚实的人格品性方面，大文豪萧伯纳说过一句很有意思的话："在我们说你必须诚实时，我们首先必须使世界变得诚实。"的确，在虚伪盛行的世界里，诚实是不可思议的。但我们并不因此认为我们的人格品性可以放弃这一向善的追求，因为，为了使这个世界变得诚实，使诚实成为一种社会的时尚，我们首先必须从自我做起。否则，世界永远不可能变得诚实，而置身于这样一个社会的人性也就永远有着那么多的可怕的虚伪。

其四是人格品性中的友爱。友爱是人性中另一个善的品性。法国哲学家莫罗阿在《人生五大问题》中甚至断言：没有人类彼此之间的友爱，便没有人类的文明。这一论断无疑把友爱对于人格造就的意义异常深刻地表述出来了。

按照我们的理解，友爱是人格品性中一种博爱的追求。友爱包括友谊，却又不局限在朋友之爱上，友爱也包括爱情，却又比爱情更博大和宽广。可以说，友爱是这样一种涵盖万象的爱：对世间一切值得爱的人深怀同情和赞赏，愿把自己无限宽广的情怀倾注到那些所有值得去爱的对象身上的爱。甚至广义的友爱还包括对大自然的爱。但由于我们在这里探讨的是道德人格造就的问题，故友爱在这里主要指对人类的爱。

友爱虽然不像宗教哲学家马塞尔所说的那样是人与上帝交往，从而进入天堂的纽带，但友爱的确是人类自身建造"诺亚方舟"以抗御一切痛苦、磨难、不幸的道德伦理原则。正是每一个自我人格中友爱的品性，使我们彼此关切、彼此尊重、彼此理解、彼此信任，并从中体验到人生的无限快乐的。而且，人类的道德生活实践表明，友爱还使我们在爱和恨这一万古长存的情感中化恨为爱，使爱倍增。所以，我们认为，“让世界充满爱”的歌声飘进我们每一个人的心中，并引起我们强烈的共鸣，这绝不是偶然的，而是我们人性中友爱品性在长久地被压抑之后的必然激发和显现。的确，在我们人类以往的历史中，常常忽视了对友爱这一人性向善的追求，所以才有战争，才有压迫，在中国也才有“文化大革命”那样的十年浩劫。所以，历史已反复证明，没有友爱，人类将是不幸的。

友爱作为人性的一种善的人格品性，之所以值得特别推崇，是因为友爱最少功利的色彩，最给人以无私的帮助。友爱最鄙视那种需要你时来向你表示他的热情，而当你替他尽过力之后便视你为陌路的人。这种人很可能像《圣经》中的犹大一样，仅仅为了几枚银币就会出卖主人基督。因此，从道德人格之“善”的规定出发，我们可以这样认为，计算功利的友爱必定是虚伪的，而虚伪的友爱像我们的影子：当我们处于明媚的阳光之中时，它紧紧地跟随我们；当我们被黑暗或阴霾包围时，它便无影无踪了。这种“友爱”无疑是人性中不应有的，或者说恰恰是人性中的一种恶。所以莫罗阿要如此论述友爱：友爱是对于自己的一种自由和幸福的许愿，把天然的同情化为永远不变的和洽，所以，它超出情欲、利害、竞争和偶然之上。

而且，我们应当明白，友爱不仅表现在我们慷慨而无私地援助由于某种灾难而处于不幸中的人上，也不仅只表现在以正义的力量从强暴者手中救出被蹂躏的人上，而是更多地表现在日常生活中的举手之劳上。譬如，将突然患病的陌路人送进医院，为一位盲人引路，给一位孕妇让座，鼓励一个受挫的朋友重新振作起来，等等。如果我们每个人都尽可能多地培养、造就自己友爱的人格品性，并积极主动地让这一品性在自我人生的实践中发挥和表现出来，那么我们就能让全世界充满爱。

我们把友爱品性的培育视为道德人格追求的一个重要指向。其人生实践的依据正如一位哲人所概括的那样：我们可以忍受艰难困苦的人生，但却无法忍受没有友爱的人生。我们可以从许多地方获得幸福，但其中最主要的来源却是——友爱。

可以肯定地说，任何人格品性都是后天形成的。因而，我们应该对善的人格品性的造就充满信心。一旦我们形成了诸如善良、同情、诚实、友爱等真、善、美的人格品性，我们便可以坦荡而自信地面对人生，并从中体验优美德行所给予的自我人格上的充实，并因这种充实而感到人生的幸福和欢乐。

（二）恶之品性的自我警策

除已造就和正在造就的善的人格品性之外，无须讳言，在我们的现实人格品性中也还会程度不同地存在诸多恶的品性。这些恶的品性除了前面已较多论及的自私、利己的品性外，尚有纵欲、妒忌、易怒等，这无疑要求我们在人格的自我约束和规范中予以摈弃。否则，我们是无法造就自我的道德人格的。

其一是纵欲之性的扬弃。无论在理论还是实践上，我们都承认，欲望是人生的一种起始于自然的存在。每一个自我人格都充塞着各种欲望的骚动，但因着欲望这样一个自然的存在，人性在它面前却表现出各种各样的取舍，一些人奉行节欲的原则，还有一些人则有纵欲的追求。从人类道德活动的历史和现实考察，我们认为，其中对德行造就危害最大的是纵欲的追求。所以，斯宾诺莎甚至断言："在人类的许多恶中，纵欲主义是一切恶的根源。因为一切其他的恶都可归结为人的贪婪、无节制的纵欲。"人性中纵欲的存在当然也有其根据，因为现实的自我存在着欲望的骚动，而且外界的诱惑总是不断地诱使着自我去实现这个欲望，于是，名誉、地位、金钱、异性、赏心悦目的良辰美景，乃至片刻的欢娱和享受，都会使自我陷于纵欲的追求之中。有时甚至明知是诱惑的陷阱，但外界的诱惑太有吸引力了，于是为了贪图一时的享受和安逸，却甘愿忍受没顶之灾，不顾一失足成千古恨的后果。

然而，欲望的骚动和诱惑的存在并不一定使我们的人格必然陷于纵欲之中不可挽回，因为人性还有理性和节制等自我主体性特征。哲学史上曾有这样的记载，有纵欲者问苏格拉底："难道你没有欲望吗?""有，"这位哲人肯定地回答，"可我是欲望的主宰，而你是欲望的奴隶。"我们认为，苏格拉底的回答是意味深长的。纵欲的追求恰恰是一种使人沦为欲望之奴隶的非人性的追求，因而是道德上的一种恶。显然，人类的理性应该制止这种追求，否则，我们对道德人格的造就便无从谈起。纵欲之所以是非人性的追求，那是因为，纵欲是对自我本身的欲望的一种放逐，这种放逐由于无视理性的规范，总是沦为一种动物般的对欲望本身的无意识和无节制追求。由于人格的尊严在动物式的纵欲行为中迷失和沦丧了，所以人就变成了"非人"。而且经验还表明，纵欲还总使我们丧失对人生中除欲望满足所带来的快感和幸福感之外的其他美好东西的追求。我们原来可能有远大的目标和理想，并为之孜孜以求，焚膏继晷。可纵欲却使我们不由自主地止步不前，而把自我置于对当下看似美好的事物的留恋之中。甚至当我们一旦幡然悔悟时，我们却已在纵欲中变得怠惰和心灰意懒了，原初的踌躇满志因为岁月的蹉跎已经磨灭了痕迹。

所以，道德人格追求实践在这里就要求每一个自我人格必须要有道德上自觉的自我节制。欲望激发起我们经受各种诱惑的挑战，善的规范和节制正好让我们从这种挑战中保持住主体的地位和人性的尊严。诚然，作为感性存在的欲望本身，人都需要寻求人性向善的规范和节制以规制这些欲望,有时无疑是非常痛苦的。但这种痛苦却可以使我们跳出自然感性的单纯约束,避免自身陷入纵欲的泥潭之中,从而获得持久的幸福感和满足感。因而,这种痛苦的自我节制是有价值的。必须同时指出的是,节制不是禁欲。尽管禁欲主义者常常把自己的主张也称之为“善”的要求,但禁欲主义者无疑又走向了另一个极端。由于欲望是一个真实的存在,因而禁欲只能是人格品性中一种虚假的追求。而节制是一种理性的自我约束,它承认欲望的存在,并认为,人应该实现那部分可以实现的欲望,它所约束的只是沉浸于为所欲为的纵欲。所以雨果说:我们对每一种欲望,包括爱情在内,也都有胃口,但不可太饱。在任何事情上都应该在适当的时候写上“终”字,自行约束。因此,我们或许可以说,禁欲是对人性的摧残,而纵欲则是对人性的放任,唯有节制才是道德人格所应有的品行显现。

然而,节制却常常被人误解为是对道德人格造就的一种束缚,是对人性的剥夺。在他们看来,放纵自我、随心所欲才是人的真正天性。其实,对放纵的节制恰恰带给人性更多的自由。如果没有道德上的节制,那么纵欲便往往会使我们的人性走向迷误,甚至是犯罪。而一旦由于放纵的行径而遭到他人和社会的道德谴责,甚至是法律的制裁,那还奢谈什么自由呢?所以,歌德曾有一句名言说:“伟人在节制中表现自己。”我们同样可以说:许多人之所以无法成为伟人,那是因为他们只知道放纵自己。

其二是妒忌心的扬弃。妒忌也时常隐藏在许多人的人格品性之中。日本学者阿部次郎对妒忌下过一个极妙的定义:“什么叫妒忌?那是针对别人的成功而产生的一种心怀憎恨的钦羡之情。”所以妒忌是人性中这样的一种秉性:总觉得别人的成功贬低了自己,而这一成功正是自己渴望得到的。于是,妒忌者便不由得要诋毁别人的成就,以此来弥补自以为别人成功之后使自我损失了的某些东西。事实上,理性的审察却表明,他自己并未损失什么,这只是自我人格因理性的迷误而在认知上导致的幻觉与自我欺骗,但妒忌的人却往往甘愿受这种幻觉的欺骗。

我们认为,妒忌是人性因自私利己而产生的又一个重要的丑恶之性。哲学家培根在自己的一生中,那一颗高傲的心曾被无比强烈的妒忌心折磨得异常痛苦,所以他在《论妒忌》中深有感触地称妒忌是“卑劣下贱的情欲”,认为“妒忌把凶险和灾难投射到它的目光所注目的地方”。我们理解,妒忌之所以是一种不善,那是因为人性中的妒忌带给我们双重痛苦:既有对别人成功的敌视和诋毁,又有对自身无能的哀怨和叹息。

因此,妒忌又常带给我们双重的灾难:妒忌使自己伤害别人,而这些人往往是与自己最亲近的人,自己本应分享他们成功的欢乐,可妒忌却使我们“对自己的同胞犯下罪行”(亚里士多德语);妒忌又使我们自我折磨,原应从别人的成功中得到鼓励和启发,使自己也获得成功,可妒忌却把自己的精力消耗在对别人成功的诋毁和憎恨上。而且,我们发现,妒忌甚至可能诱发人类那些最可怕的罪恶。《圣经》中的该隐谋杀自己的亲兄弟亚伯,就是因为上帝耶和华喜欢亚伯的供品而冷落了他的供品。《圣经》里因此把“该隐杀弟”视为人类第一桩罪恶,而这桩罪恶的缘起竟是妒忌!《圣经》中的这个故事对于我们扬弃自我人性的妒忌之性具有极大的警策意义。

我们的经验表明,妒忌最容易存在于那些缺少才能和意志的人身上。无论妒忌有多少不同的表现形式,或溢于言表,或深藏于心,其本质只有一个:贬低别人借以抬高自己。但这种贬低和抬高往往是虚幻的,成功者并不因妒忌者的贬低而真的失去了他的成功,而妒忌者的自我抬高也并不因为妒忌而真的使自我人生有所增值。相反,只能证明,妒忌者本人是一些可怜而又可鄙的生活的弱者。

当然,正如一些心理学家提出的那样,有一种妒忌值得特别地分析,这就是爱情中的妒忌。瓦西列夫在其著作《情爱论》中曾这样认为:爱情中的妒忌是爱的愿望无法实现而产生的一丝哀愁和心灵的隐痛。[①] 我们认为,这无疑是就妒忌而言的文明而细腻的表现方式。然而,即便是爱情中的妒忌,更多的也是带着强烈的自私情绪,从而给爱情带来猜疑、侮辱、不信任和相互敌视等痛苦和灾难。假如说,爱情中常常需要一层淡淡的妒忌和忧伤以增添爱的感受的话,那么,这种妒忌只能是文明并合乎规范的,因为太偏执的妒忌因其自私利己的品性而总要带给爱情无端的"醋海风波"。

还有这样一种较为普遍的看法:妒忌源于主体自我人格对成功以及成功之后快乐体验的渴望,是当这种成功和快乐被别人获得以后所产生的一种钦羡之情,因而,妒忌是合理的。我们认为,这个说法无疑是似是而非的。妒忌如果只是一种钦羡之情,就不再是妒忌而是羡慕了。但妒忌永远是一种包含了忌恨的自私和利己之心,而且这种忌恨正如我们已指明的那样是无来由的。我们没有任何理由阻挡别人的成功,正如我们也不希望别人来阻挡我们自己的成功一样。这正是道德在这里的一条普通立法准则。我们也许可以承认,妒忌者的确往往不乏事业心和上进心,但可惜的是,事业心和上进心被狭隘、自私和虚荣心支配了,因而妒忌者的事业心和上进心是片面和偏执的。

我们认为,既然妒忌是对别人成功的一种扭曲了的体验,因而摈除妒忌的最根本的一点是,我们必须设法使自己也获得成功,而这就需要我们培养自我非凡的才智和意志力。此外,摈除妒忌之性,还必须学会对别人的友爱,特别是对那些和我们相互接近的人的爱。之所以特别要强调对相互接近的人的爱,那是因为,通常我们不会妒忌那

---

① 参见基·瓦西列夫:《情爱论》,三联书店 1984 年版,第 155 页。

些地位远远在我们之上的领袖或名家大师的成功,在他们身上我们只有敬仰之情。而那些地位和我们相近的人的成功,则往往带给我们无法排遣的妒忌之情。而友爱则可以使我们走出这种消极的心境。记得作家傅雷说过:“妒忌是一种失去,而爱则是一种获得。”这个说法是意味深长的。可以肯定地说,我们的人格品性因妒忌会失去许多优美的品性,但爱却可以使这种优美的品性失而复得。

其三是易怒之性的扬弃。易怒之所以也是人格品性中的恶,是因为这也是源于人的自私利己天性中的一种品性。这正如弗洛伊德主义者所认为的那样,易怒和攻击性是人的自我保护的生命本能在行为中的表现。和弗洛伊德主义者认为这是天然合理的观点不同,我们则认为,易怒是人性中的一种恶,而且这种恶行还常常导致对他人的某种侵害甚至犯罪。日本哲学家三木清曾这样指出:“怒火最能搅乱正确的判断。”[①]而人性一旦失去了理智的判断,那么心灵的一切无疑都会陷于错乱之中。作家薄伽丘对易怒的情形及其危害性做了如下一段精彩的描述:“愤怒就是在我们感觉到不如意的时候,还未来得及想一想就突然爆发的情绪。它排斥理性,蒙蔽了我们理性的慧眼,叫我们的灵魂在昏天黑地中喷射着猛烈的火焰。”可以肯定地说,人们的发怒有各种各样的原因。但经验表明,易怒却是人格的一种怯弱,受它摆布的往往是一些生活的弱者。因为易怒表明,我们无法理智地驾驭自己的人格品性,它意味着,我们不能承受任何一点的压力或不公正。

不仅如此,易怒还表明,这是人性的一种愚蠢。因为愤怒和暴躁不仅使我们伤害别人,从而无法体验友爱的温馨和快慰,而且这实际上也是一种自我伤害。事实上,当我们抱怨或斥责别人时,我们自己也同时受到刺激和伤害。所以《圣经·旧约》这样告诫世人:“你莫急

---

① 三木清:《人生探幽》,上海文化出版社 1987 年版,第 39 页。

于动怒，愤怒只跟愚者如影相随。”这也就是为什么在现实生活中，我们总是可以发现，易怒的人总以冲动开始，而以后悔告终的一个根本原因。

但是，人格心理学的研究表明，怒气郁积在胸又是有害的，这不仅使我们的情绪处于持续的紧张和不安之中，而且使我们无暇顾及其他该做的事。这样，对待发怒，我们便面临一个类似二律背反的抉择：既不能使怒气郁积在胸，又不能让怒气发泄在外。我们认为，走出这个二律背反的唯一途径就是：尽量不使自己发怒。无论有多少令人恼怒的事情，我们也应心平气和，使自己相信，理智的冷静永远比感情冲动更能解决问题。尽管“人之情，易发而难制者，以怒为其甚”（程颢语），但人性中的理智和意志却可以使我们达到“制怒”的境界。

鉴于易怒是人格中一种恶的品性，因而，古今中外的哲人们探讨了诸多“制怒”的智慧。其中的智慧之一就是学会容忍。中国古代哲人提出过“必有容，德乃大；必有忍，事乃济”的处世准则，而《圣经》则认为，“忍耐是快乐之门”。这就是说，我们无法一下子消除人生中的不如意和不公正，但我们可以在容忍中一点点地消除它。“制怒”的另一个智慧是要有自信。“当人感到被蔑视的时候最容易发怒。所以有自信的人是不常发怒的。……真正具有自信者是安静的，并具有威严。”①因此，中国古代的圣哲提出了如下的格言：“忍辱所以负重。”英国谚语中则有“自信是不动怒的别名”的说法。对道德人格造就的实践而言，特别有意义的还在于，我们的理性应该善于区分“愤怒”与易怒。休谟曾这样说过：“愤怒和憎恨是我们的结构和组织中所固有的。在某些场合下，缺乏了愤怒和憎恨，甚至可以证明一个人的软弱和

---

① 三木清：《人生探幽》，上海文化出版社 1987 年版，第 43 页。

低能。”①

特别是人性中那正义的愤慨，常常是造就伟人坚强不屈品性的条件之一，但愤怒不等于易怒，易怒是一种失去理性的感情冲动，动辄暴跳如雷的人，绝非坚强之辈，而恰恰是自己恶劣脾气的奴隶。这些人尽管常常自诩为不畏强暴的强者，但仅仅是一种“自诩”而已。而且，即便是那种正义的愤慨，人性也应予以节制。愤慨一旦听凭感情的任性与冲动，那么往往会使真理变成谬误，使正义变成蛮横。这当然是道德人格追求中所不应有的一种过失。

总之，人性除了有优美的品性之外，还有许多恶的品性。正视这种“恶”本身就是我们对自身存在的一种自我诚实。无视这种“恶”，诸如纵欲、妒忌、易怒、冲动之类的恶的品性则会在我们的人格中滋长、膨胀，甚至会因此吞噬我们人性中的那部分优美的品性，并最终毁灭我们的人生。为此，亚里士多德断言：最出色的哲学家必须告诉人们，人性中常常有许多恶的品性。所以，唯有正视人性中的恶的品性，我们才可能改变它，以塑造善的人格品性。

三、道德人格的修养与境界

显然，正是在每一个自我对人性的扬善抑恶的过程中，我们造就着自我的德行，实现真、善、美的理想人格的。由此，马克思甚至认为：“整个历史也无非是人类本性的不断改变而已。”②因为人类社会的历史正是由许许多多个体的人生历史构成的。因此，我们对道德人格的追求，对人性修养的关注，在思考、反省与实践中造就理想的自我人格，就恰恰具有整体的历史的意义。

---

① 休谟：《人性论》，商务印书馆 1980 年版，第 648 ~ 649 页。

② 《马克思恩格斯全集》第 4 卷，人民出版社 1958 年版，第 174 页。

（一）人格品性修养的可能性

我们是否可以这样说，当马克思把人的本质界说为“社会关系的总和”时，就已蕴含了一个深刻的思想：人格品性只是一种后天的社会属性。由于是后天的，因而当生命个体开始存在时，人格品性的修养不仅是必要的，而且是可能的，所以，“人格对生命就表现为一种可能性”。

这样，在现实的道德生活实践中，我们便可以看到，人格品性作为一种可能性是多维的，可以为善，也可以为恶，还可以善恶相杂。中国古代哲学在人性问题上一直有“性善论”与“性恶论”之争。这个争论把人性视为先天造就，这当然是先验论的。但这个争论把人性善恶的多种可能性充分揭示出来了，这无疑是有意义的。我们从中可以发现，人性既有“恻隐之心……羞恶之心……恭敬之心”[①]，也有“好利之性，争夺之性，好声色之性”[②]，这种或善或恶之性皆在人格品性中真实地存在着。

历史唯物主义认为，没有抽象、普遍、共同的所谓人性，人性作为一种可能性，必然具体体现在不同的人对这个可能性的自觉或不自觉的追求之上。善之性是可能性的一种结果，恶之性也是可能性的一种结果。所以，培根提出如下一种观点是正确的，“人性中的确有向善的倾向：友谊、同情、善良、正义；但也有为恶的倾向：嫉妒、憎恨、野心。因而那曾受一般人赞颂的人性，并不总是令人值得赞颂的。这取决于我们所赞颂的人性中有没有值得赞颂的东西”。所以，人性作为一种可能性便意味着，我们每个人可以在一定的社会关系中选择追求一种最好的人格修养之可能性，亦即真、善、美的理想人格品性。

---

① 朱熹：《四书集注》，岳麓书社 1987 年版，第 469 页。

② 《荀子引得》，上海古籍出版社 1986 年版，第 87 页。

当然,我们承认,我们无法完全按照自己的意愿塑造真、善、美的理想人性,因为这受到一定社会的现实所限制。但我们却依然应该有真、善、美之理想人性的追求,否则我们就连塑造真、善、美理想人格的可能性也丧失了。而且,正是在对真、善、美的理想人格的追求中,我们改变着人性中诸多不如意的现实品性。

不仅如此,人格品性之造就作为一种生命的可能性还意味着,我们可以改变人性。即使我们的人性中有了许多不尽如人意的属性,如自私、纵欲、妒忌、虚伪、迷信等等,我们也不必为之而妄自菲薄,甚至自甘沉沦,只要有向善的勇气和追求,我们就能形成令人称羡的理想人格。

(二)道德人格的修养过程

在我们人生的实践中,人格可能性中的一种最完美的选择,无疑是真、善、美的理想人格的追求。这个追求构成"道德我"的最根本的追求取向。显然,这种追求是一个渐进的过程,在理论上一般地可以把它理解为由理想品性向理想境界不断跃进的过程。品性是美德作为规范在自我身上的体现和凝结,通常以自我在与他人和社会集体的关系中表现出来的习惯为存在形式。优美品性的培养对理想人格的塑造所具有的意义,犹如帕斯卡尔所声称的那样,"真正的人性是一种品行和习惯。是自然而然的言行举止,企望一个没有好品行的人有一个完美的人性,那是荒唐可笑的"。

可以肯定地说,理想的品性在不同的历史时代有不同的内容。古希腊哲人曾提出,一个真正具有优美崇高人格的人必须具有四种品性:勇敢、智慧、节制和公正。18 世纪的英国伦理学家亚当·斯密则提出,理想的品性是自制、节朴、勤俭、奋发、仁爱、正义、大度、急公好义,并且认为,仁爱是女性所特别应有的品性,而大度则是男性的美德。苏联教育家加里宁则认为,在社会主义的历史条件下,社会主义新人最优秀的品性，第一是爱的感情，第二是诚实，第三是勇敢，第四是团结同志，第五是爱劳动。我们认为，无论如何规定理想品性的具体内容，有一点都是肯定的，这就是，理想人格的培养和造就离不开优美品性的培养和造就。因此，我们必须在自己的人生追求中形成美好的品性，并使之成为一种习惯，因为"如果没有德行，就没有人性，而人的德行是他的命运"。

更多的时候，培养优美的品性是通过对不善、不美的品格的摈弃和克服来实现的。人生的经验表明，"与心做斗争是很难的，因为每一个品性的存在都具有极强的惰性"，但我们不能屈服于这种惰性。若屈服于这种惰性，就意味着放弃对真、善、美理想人格的追求。而失去了真、善、美理想人格的追求，那么人生也就失去了存在的价值和意义了。品性的综合便可达到人格所拥有的一种境界。境界比品性高一个层次，因而通常表现为一种觉悟水平和思想情操的综合。为此，歌德曾经断言："所谓境界无非是人的至善至美的状态。"中国古代哲人尤其注重人性的这种境界的追求，并为此提出了诸多的理论和方法。哲学史家冯友兰先生通过对传统哲学境界理论的探讨，提出了人格的四大境界说。他认为，人类对境界的追求和体验尽管千差万别，但根本上可区分为四种：自然境界、功利境界、道德境界和天地境界。[①] 这四种境界的划分虽然带着浓厚的思辨色彩，却深刻地反映了道德人格追求的不同层次和不同的发展阶段。就每一个自我个体的发展而言，自然境界是一种混沌无知的状态，更多的是人性中的自然属性的显现，没有严格的自觉的善的自我人性追求。功利境界和道德境界的区别则在于，功利境界信奉自私人性，道德境界信奉利他主义的人性。因而，这两者的区别是利与义之别，是"自私我"与"道德我"之别，是

---

① 转引自刘再复：《性格组合论》，上海文艺出版社1986年版，第398页。

“占有”和“奉献”之别。而天地境界则是人性超越人自身，而从更高的立足点，即“与天地参”之中培养和造就最高的圣人之性。显然，自我人格对不同境界的追求，不同的时代，不同的个人都有不同的感受和理解，但有一点却必然是共同的，即人性总要追求一种理想的境界，而这理想境界的一个最高标准就是真、善、美的和谐与统一。

这样，如果我们在道德人格的追求中，不仅造就了理想的品性，而且使这种理想的品性融合和跃迁为一种理想的境界，那么，我们就可以自豪地说，在人性向善的道德修养中，我们已形成了真、善、美的理想人格。

（三）道德人格修养的方法

我们可以发现一个基本的事实：当一个人的心灵处于沉睡状态，即使面对着最优美的德行，他也会无动于衷。而教育则可以使沉睡的心灵被唤醒，使受教育者能自己认识到培养真、善、美理想人格的重要性，并竭尽全力去实现这一道德人格的追求。而这正是教育的力量。我们在对道德规范的遵循中常有这样的体验：对于自我人格中的缺陷，别人生硬地指出来要求我们改正，往往会使自我有一种不以为然的抵触情绪；而如果在夜深人静时，当我们的心灵洞察了这种缺陷而进行自我反省时，我们往往就能进行自觉的向善的思想转化和行为控制。因此，法国哲学家笛卡尔揭示过如下一个自我教育的新方法：善于把自己的言行历历在目地描绘出来，然后从别人的评断中听取意见。[①] 我们认为，这的确是培养自我道德人格的一种好方法。只有这样，我们在对自我的反省、检点中才能对真、善、美的理想人格产生发自内心的惊叹、倾慕和景仰，对丑与恶的人性产生痛恨、憎恶和唾弃的情绪，并使之成为激励或警策自己道德完善的强大精神动力。

---

① 参见《西方哲学原著选读》上卷，商务印书馆 1981 年版，第 363 页。

因此，自我教育的主要形式之一是内省。内省正如孔子声称的那样，可以使自我人性达到一种“仁者不忧”的境界：“内省不疚，夫何忧何惧？”①所以，中国古代哲人在论及人格品性修养时，几乎无一不对“内省”的方法推崇备至，曾子的“吾日三省吾身”的做法，更为后人所仿效。以毛泽东同志为代表的中国共产党人则把“内省”这一修养方法正确地理解为一种自我批评。他认为，正是经常的批评和自我批评才能使我们成为“一个高尚的人，一个纯粹的人，一个有道德的人，一个脱离了低级趣味的人，一个有益于人民的人”。人格修养的实践证明内省的重要性，因为内省是一种理想的自觉自愿。因为自我人格对真、善、美道德人格的追求有时是很痛苦的，特别是对自我人性中恶之性的自我反省需要极大的胆识和勇气，但也正是凭借这种胆识和勇气，我们才能真正造就自我的理想人格。

道德人格追求中更重要的环节是立志和实践。在真、善、美理想人格的追求中，立志之所以重要，那是因为，立志是一个起点，而所立之志则成为道德人格追求的一个目标。所以，明代哲学家王守仁甚至认为，“志不立，天下无可成之事”。我们同样可以说，在人格品性修养问题上，志不立，则无修养可言。在这个修养过程中，我们所谓的立志，就是要有一个培养理想品性、达到理想境界的具体目标。我们中的许多人常常给自己规定的座右铭就是立志的一个最常见的方法，而名人名言又常常是我们喜欢引用的座右铭。这是因为，名人一般是道德人格上的楷模，他们在人格修养上达到了一种令人景仰的境界。以名人名言作为立志的标准，可以从中发现自我人性中的不足和缺陷，从而检点、反省和激励自我追求名人所具有的那种优美的理想人格。马克思在答女儿问时认为，自己最喜欢的格言是：“人所具有的我都具

---

① 朱熹：《四书集注》，岳麓书社 1987 年版，第 194 页。

有。”这充分体现了他的品性:所有他人具有的优美品性我要具备,而且,别人所没有的优美品性我也要具备。因为这句格言的另一层含义就是,“人所不具有的我也具有”。可以肯定地说,我们如果也有这样的志向,那么,我们也将在自我人格上有所造就。

和立志紧紧相随的是实践。因为在人格修养上,立志毕竟只是前提,志向无法在志向本身那里得到实现。因而,立志之后的躬身实践就显得更为重要,否则,所谓志向永远只能是纸上谈兵。然而,在躬身实践方面,中国古代的许多哲人都表现出了极大的欠缺。在他们的修养理论中,往往过多地拘泥于诸如“修身养性”、“心斋”、“坐忘”的方法,从而脱离具体的社会实践。因而,这种道德人格的修养往往难免会沦为虚假的形式的追求。我国古代有一位这种内省修养方法的笃信者黄绾著文谈及,他是如何内省而又总不能奏效的亲身经历,这可以说是对仅仅只注重内省方法之欠缺的一个最好说明:“尝悔恨发奋,闭户书室,以至终夜不寐,终日不食,罚跪自击,无所不至。……如此数年,仅免过咎,然亦不能无猎心之明。由此盖知气习移人之易,人心克己之难。”[①]所以,真正的道德人格修养犹如刘少奇在《论共产党员的修养》中所指出的那样:“要在革命的实践中修养和锻炼,而这种修养和锻炼的唯一目的又是为了人民,为了革命的实践。”[②]这里虽然讲的是共产党员党性的修养,但其中所强调的躬身实践的方法同样也适用于任何一个人的真、善、美理想人格的培养和造就。

马克思认为,“整个历史也无非是人类本性的不断改变而已”。我们理解这个“不断改变”的历史进程,其最终指向是真、善、美理想人格的追求。无疑,正是在这个追求中,人性显示出了比动物性(兽性)更

① 黄绾:《明道编》,中华书局 1959 年版,第 23 页。

② 刘少奇:《论共产党员的修养》,湖北人民出版社 1980 年版,第 14 页。

优越与高贵的一面。而每一个自我，则是在这个真、善、美的理想人格的追求中使自己变得高尚和不平凡的。正如高尔基所说的那样，“一个人追求的目标越高，他的才能就发展得越快，对社会就越有益”。我们对理想人格的追求正是因此显示了其重要性的。

四、简要的归纳与进一步探讨的问题

当我们把道德人格境界的一般范式界定为“道德我”时，就意味着，道德人格的一般实践指向必须也只能是追求道德上的善，而且这个善的追求有明确的价值目标，这就是，一方面是善良、同情、诚实、友爱等优美德行的获得，另一方面则是对自私利己以及妒忌、纵欲、易怒等恶行的摈弃。在本章结束之际，我们对道德人格的实践指向再做如下的归纳。

（一）简要的归纳

我们认为，道德人格扬善抑恶的追求是充分必要的，因为这是“道德我”的内在规定性在自我人生实践中的表现。因此，无论是“扬善”，即培养自我人格品性中的善良、同情心、诚实、友爱等德行，还是“抑恶”，即摈弃自我人格中的自私利己、妒忌、纵欲、易怒等丑陋之性，都是我们道德人格境界追求中的题中应有之义。

而且，为了更好地在自我人格实践中实现扬善抑恶的提升，我们还应特别强调道德人格中意志力品格的培养。这亦即是说，在我们追求道德人格境界的过程中，在道德认知、情感和意志诸品格中，我们特别强调道德意志的自我培养。道德意志是自我人格在道德实践中所表现出来的自觉克服犹豫、惰性的障碍，敢于抉择的果断和坚韧品格。我们认为，道德意志诚然以道德认知为基础，但道德意志反过来又成为道德认知付诸道德实践的主体性保证。我们常常可以在实践中见到这样的情形发生:一些人在道德认知上已选择了某一“善”行,但由于意志不坚定而最终只能放弃;或者已付诸实践,但却因为意志的软弱而半途而废。因此,道德意志的培养对道德上人性向善的修养而言具有极为重要的意义。其实,在实际道德生活中,一个具有顽强的道德意志的人,在任何困难条件下,都能够保持自己的德行和情操。孟子推崇的理想人格之所以具有那种“富贵不能淫,贫贱不能移,威武不能屈”①的崇高精神境界,显然是对道德意志的笃信和持之以恒的结果。如果我们能在自我的道德人格中培养出这样一种坚忍不拔的道德意志,那么,可以肯定地说,我们对真、善、美理想人格的追求因此便有了一个最坚实的主体保障。

(二)进一步探讨的问题

在探讨道德人格的一般实践指向时,有一个问题却是可以进一步探讨的,这个问题可以归结为对道德认知与道德实践本身的评价问题。

从历史唯物主义对道德本质的实践理性的规定来理解,我们的确不同意古希腊哲人的“美德即知识”的说法,因为在道德行为主体那里,实践中的美德和道德认知上的美德并不总是一致的,但我们在这里却依然强调道德认知上的善恶是非观念的有效确立,并认为这是一种实践理念,它构成道德人格一般实践指向的认知前提。因为有一点是肯定的,善的德行肯定是在善的认知基础上才是可能的。有人曾正确地指出过这一点:“关于德性,我们既要确定何为德性,也要确定德性由何发生。因为我们如果不能知道获得德性的方法和途径,那么仅认知德性,并没有什么用处。因为我们不但要探讨德性是什么,还要

① 朱熹:《四书集注》,岳麓书社 1987 年版,第 381 页。

探讨怎样获得它。"[1]因此，在我们的道德实践活动中，必须强调善恶是非观念的有效确立。这在我们的道德人格践行中具体表现为一个对正确的道德知识和观念不断获得的过程。具体而言，道德认知在这里就是指要形成具体的正确的善恶观念。显然，行为主体只有在认知中能区分善良与邪恶，才可能在实践中趋善避恶，择善而行。

即便撇开抽象的理论演绎不谈，我们认为，对道德上的善恶的认知也是非常重要的，那是因为，在我们的道德人格追求的实践中，有许许多多现象的善恶是非界限的确是很难轻易划清的，如聪明与狡猾、慷慨与奢侈、俭朴与吝啬、勇敢与冒险、谨慎与胆怯、坚定与顽固、忍耐与屈服、信仰与迷信、敢于负责与独断专行、忠于职守与墨守成规、爱及同情心与互相包庇、尖锐批评与恶语伤人等等，只凭日常生活中的道德经验是无法明辨是非的。因而，道德认知能力的高低就成为道德实践中的一个十分重要的认知前提，尤其是置身于改革开放的今天，社会道德是非观念本身又发生了极大的变化，因此，在道德认知上如何引导我们走出道德相对主义和虚无主义的迷误，就显得尤为紧迫。

当然，我们并不因此而忽视道德践行本身，正如马克思指出的那样，"社会生活在本质上是实践的"[2]。因而，以正确的道德善恶观念为认识前提，我们更强调在道德实践活动中道德主体人格品性的具体修养和造就。显然，口头上能背诵娓娓动听的道德箴言，并能确立甚至是很崇高的道德修养志向，但如果不付诸实践，那只是一种华而不实，甚至是一种虚伪。唯有那些身体力行、拳拳服膺的人，才是真正在自我人格中达到道德人格境界的人。

---

① 周辅成:《西方伦理学名著选辑》上卷，商务印书馆 1964 年版，第 563 页。

② 《马克思恩格斯选集》第 1 卷，人民出版社 1972 年版，第 18 页。

第三编　审美人格之境界

审美人格是自我人格因对人之社会本性自觉和为维护这一社会本性而规范自我之自愿为基础,从而达到自由的人格境界,这一人格境界的表现形式是自我情感世界的充实,其表现范式是“审美我”的造就。

——研究札记

第七章　审美人格的认知前提

人格的审美追求必然地与对自然美、社会美的追求有本质的差异，这个差异就是，人格的审美是直指自我的。因此，对自我人格的审美意识，就成为审美人格追求的认知前提。

——题记

在探讨人格境界追求的认知前提时，如果说自觉人格主要是对于人的社会本性的了然和自觉，道德人格主要是对道德规范约束自我的必然性的认可和自愿，那么，作为人格最高境界的审美人格则无疑必须实现由外而内的转化。这个转化表现为：人格主体从对外在的社会本性（自觉人格的本质）、道德规范性（道德人格的本质）的认知而走向对自我人格存在本身的认知。因此，对自我人格的审美意向①便构成审美人格的认知前提。

一、自我人格的审美觉醒

每一个自我在被赋予自然生命的那一刻起，便具有无限多样的发展可能性。人是一种自觉的存在物，因此，许许多多个自我在使这一

① 我们在这里有意识地使用“审美意向”，而不使用“审美意识”是为了表明如下基本意思：作为审美人格的认知前提，主体人格必须对自我人格建构一个明确带有阶段指向的审美理想，否则，主体人格在实践中的审美追求与感受就带有盲目性。

可能性转化为现实性的过程中，首先要以自觉的自我意识作为行动的指导。从这个意义上讲，自我人格中的求真意识、求善意识和求美意识就构成了人生行动的三大自觉意识。人们对真、善、美的理想人格追求也是从中得以实现的。

（一）“自我”的诞生与自我人格的矛盾体验

“自我”当然首先是个生命体，或者称为生命的存在。从单纯的人类起源考察，“自我”从何而来的问题，当然早就由进化论所揭示：人来源于动物，是劳动使人成为人。然而，人们通常并不在这个意义上使用“自我”这一概念，因为这仅仅是一个人与生俱有的既定存在。当我们使用“认识自我”、“超越自我”、“道德自我”、“审美自我”等等概念时，则是从心理、社会文化的角度进行规范和理解的。倘若从这样的角度界定自我的存在，那么自我如何诞生的问题，往往便被合理地归结为自我意识如何产生的问题。

心理学、文化人类学等科学对“自我”是怎样产生的问题做了大量的研究。已有的研究表明，一个人自我意识产生的过程是一个非常复杂的过程。一个生命个体在有了成熟的自我意识之前，大都要经历两次大的生理和心理的跃迁和发展，心理学把它称之为“两次断乳期”。第一次是从生命体的营养摄入方面开始摆脱母亲，这是一次生理上的大嬗变；第二次是从心理的自我独立要求上摆脱父母。与第一次嬗变相比，后一次嬗变显得更为重要，也更有意义。因为这是伴随着第二性征萌发而从属于心理上的一种自觉意识。这时候的自我开始意识到自己在人类两性中的地位和作用，开始思考我之存在对生命的意义。“自我”正是从这个时候起有了强烈的独立意识，并有一种渴求自立、渴望得到成人待遇的尊重、渴望开始独立人生的愿望和冲动。可以说，从这时起，“自我”才开始确立和诞生。

因此，我们如果把婴儿的呱呱坠地看作是生物人的诞生，那么，可以说,从青年期开始的自主意识的萌发,便是一个开始具有独立人格意识的社会人的诞生(亦即“自我”的诞生)。每一个“自我”对第一次诞生或许早已忘却,但对第二次诞生以及由此而来的种种心理嬗变和冲动却总是记忆深刻的,因为这是“自我”走向人生的第一步。所以,法国哲学家卢梭在其《爱弥儿》中称,青年期自我意识的萌生是“人的第二次诞生”,同时他还进一步指出,因为是“第二次诞生”,所以“自我”在这里必然会伴随着极强烈的阵痛。①

这一时期,“自我”开始获得人生中除了欢乐之外的许多体验。这阶段是人生中情感体验最丰富、最多变,也最微妙的时期:莫名的焦躁、烦恼、厌恶、惆怅、苦涩,突然的惊喜、悲伤、迷惘、不安、懊丧,等等,总是挥之不去、却之又来地充塞于“自我”的内心世界。

由于“自我”的诞生在这里必然处于成人意识和欠缺的社会经验之间的冲突中,所以自我人格在青年期必然是矛盾的,心理发展必然极不平衡。稚气与成熟、依赖与独立、奋起与沉沦、振作与失望、激进与彷徨、努力与懈怠、冒险与怯懦、痛苦与欢乐等等交织在自我人格之中。成长心理学的研究表明,就一般而论,伴随着自我的诞生,在我们的人格心灵世界中往往充塞着如下一些矛盾体验:

其一是成人意识和稚气未脱的矛盾。“自我”的觉醒最初便是表现为,“自我”从家庭、学校、社会的依附和庇护下走出来,形成一种强烈的成人意识。希望能有成人的气魄和作风,并以一个成人的角色进入社会。但是,社会阅历和经验的欠缺又注定了“自我”在这期间依然是稚气未脱的。因此,“自我”在这个第二次诞生的过程中始终被一个问题困扰:我如何走向成熟?

其二是求理解和封闭性的矛盾。正如法国心理学家斯普兰格指

---

① 卢梭:《爱弥儿》(下卷),商务印书馆1978年版,第676页。

出的那样，青年期一个最显著的特征是封闭性。儿童时的袒露和天真消失了，取而代之的是封闭的内心世界。青年期的“自我”，希望被社会和他人所理解，但封闭性的行为特征又使社会和他人往往无法理解“自我”。这也给“自我”带来许多忧郁与沮丧的情绪体验。

其三是理想与现实的矛盾。青年期的“自我”好幻想，往往有一个崇高的理想。但由于阅历浅、经验少、情感不稳定，在现实中便表现为两种极端的价值取向：脱离实际的急躁的理想主义和因一时的挫折而来的狭隘的现实主义。因此，在现实中既会出现许多缺乏实干精神的浪漫主义的想入非非者，又会出现无数偏重实惠、目光短浅而胸无大志的沉沦者。

其四是性成熟与性道德的矛盾。性意识的觉醒本身正是青年期自我诞生的一个重要表征。而社会的道德文化传统又规定了，性的满足只有在“婚床”上才是道德的。但青年期的“自我”无论从物质，还是心理、意识和精神的准备方面都还无法涉及婚姻。于是，这里便有了一个在青年心理学中称为“性饥饿”时期，而这也总是给“自我”带来许多困顿和焦躁。然而这却是每一个“自我”在诞生中必然的心理经历和体验。正是在这些矛盾的困顿中，“自我”变得成熟起来。也正是在这个伴随着泪水、忧虑、痛苦的体验中，“自我”开始拥有独立的人格意识，蹒跚地走向人生。

自我人格诞生中的矛盾体验，与其说是一种困顿，还不如说是一种考验、一次机会。在这里，“自我”所面临的考验正是人生的一次绝好机会。人生的主要价值观和处世态度都是在这个青春期的社会化过程中形成的，它直接影响人的一生。我们没有任何理由诅咒和抱怨青春期的烦恼和忧虑，因为正是从这里，每一个人才开始走上自己的人生之路的。

（二）自我人格的审美觉醒

“人们自己创造自己的历史。”我们每个人的人生都是“自我”所创造的。这是一个从自我意识走向自我实践的漫长进程，显然，没有“自我”及其自我意识作为主体性条件，人生便没有可能性和由可能性展开的诸种现实存在，真、善、美的理想人格更无由得以造就。但是，并不是所有的人都自觉地意识到这一点。在现实生活中，我们总是可以发现，“自我”及自我人格意识对许多人来说是陌生的。他们可能有成年人的体魄，却没有成年人的独立自主的意识。人生对他们而言，正如柏拉图所鄙视的那样，变成“毫无目的地随波逐流”。显然，这不是一种真正的人生，这仅是一种生物学意义上的存在而已。而这种存在，甚至在动物那里也随处可见。因此，自我人格意识对自我的存在、展开与实现是至关重要的。正因为“人能够具有‘自我’的观念，这使人无限地提升到地球上一切其他有生命的存在物之上”。显然，就完整的自我人格意识而言，这其中的意识包括自我认知、自我价值和自我审美意识三个组成部分，因而，自我的审美意识作为自我意识的一个重要的组成部分，是自我生命自觉的一个重要表征。

在德国哲学家谢林看来，理性的最高方式是审美方式。因而，自我的最高存在方式是审美的自我，这种自我具有一种审美理想、审美意志和审美能力，是一种“美感直观”综合而成的。透过谢林不无晦涩的表述，我们可以看到其对自我审美意识的界定：自我的审美意识是一种对自我存在依照一定的审美理想做审美改造的一种主观活动。因此，谢林所谓审美的自我，就是对自我的存在有一种审美的自觉规定，或者说，对自我有一个真、善、美的审美理想建构。谢林的这一理解是给人以启迪的。这就是说，在自我人格的真、善、美的自我观照中，审美观照具有最高的意义。

因而，我们在人格境界追求中，对自我人格的审美建构具有最重要的意义。也许正是从这个意义上,我们认为,对自我人格的审美觉醒就变得非常的重要,因为,没有自我人格的审美觉醒,就没有自我人格的审美意识和审美意向的自觉建构,从而也就没有审美人格的造就。

二、自我人格的审美意向

随着自我人格对审美自我在意识上的觉醒,自我人格进而便形成关于自我人格的一般审美意识,而这个审美意识一旦与自我主体的个性相结合,便开始摆脱自己的抽象性而变得具体。这种关于自我人格的具体审美观念建构,便是自我人格的审美意向。

每个自我人格在实现自己的人生历程中,尽管其特殊性是千差万别的,但从理论抽象的一般意义上,我们还是可以把它归结为如下一个历程:认识自我—实现自我—超越自我。据此,我们也可以相应地把自我人格之审美意向的确立在理论上也做类似的划分。

(一)审美意向的初步:认识自我

古希腊哲人最早提出了这个著名的命题——“认识你自己”。柏拉图则对这一命题进一步发挥道:“我们知道许多外部世界的知识,但我们却很难认识自己。”因此,我们在圣·奥古斯丁的《忏悔录》里便读到他如下的喟叹:“我的天主,我究竟是什么? 我的本性究竟是怎样的? 真是一个变化多端、形形色色、浩无涯际的生命!”①

的确,认识自我,获得“我是谁”的答案是艰难的。曾有人问哲学家第奥根尼:“世界上什么事最难办到?”这位哲学家的回答是:“认识你自己。”认识自我的艰难来自两个方面:一方面,每一个自我都是一个复杂而多维的世界,“自我”既是生物的,又是社会的,既是内在的,

① 奥古斯丁:《忏悔录》,商务印书馆1981年版,201页。

又是外在的，既是恒定的，又是变化的；另一方面，对自我的认识又正如帕斯卡尔所声称的那样，“自我的判断又总是随情绪而变化”，所以，在我们的观念和意识里，现实的、可能的、偏见的、想象的、希望的、幻想的等等交织在一起，构成每一个独特而又复杂的自我。

佛教甚至因此认为，“我是谁”的问题是无常的，可以用“无常”这个概念来把握自我的真实存在。这个说法无疑有一定的合理性，因为认识自我的艰难正在于，自我常常是飘忽不定的。譬如，在自我的观念中，同一段路有时觉得很长，有时觉得很短；同一件事有时觉得很有趣，有时又觉得很乏味；同一个人有时我们可以对他很亲近，有时则又对他很厌烦；有时我们认为自己无所不能，有时我们又会认为自己将一事无成；如此等等。这使得自我时而欢快欣慰，踌躇满志，时而又愁肠百结，不能自已。而这一切的“无常”却又都是真实的。或许正是从这个意义上，狄德罗断言：“说人是一种力量与软弱、光明与盲目、渺小与伟大的复合物，这并不是责难人，而是为人下定义。”而每一个自我也正是这样一个矛盾的复合物。人的认识在这里几乎要陷于望“我”兴叹的艰难境地。

但自我是人格的承担者，而认识自我则构成人生对真、善、美理想人格追求的逻辑起点。因而，我们对审美人格的境界的追求，在这里首先就意味着，我们必须形成对自我人格有个人确切的审美意向。如果诉诸历史和逻辑的考察，认识自我、形成自我人格的审美意向对于审美人格追求的重要意义可做如下两方面的分析：

其一，人类总是在认识和洞察了自我之后，才可能按照美的规律去认识和改造外部世界。尽管我们在还没有形成自我意识时便已在开始行动了（如在童年），但这种生活却不是自觉的，一般表现为对别人的模仿。只有当我们对自我有一个明确的意识，并形成一系列关于自我的判断时，我们才真正开始独立地与外部世界进行交流和从事实践改造活动,从而开始创造真正美的人生。如果没有这样一种认识和反省来洞察自我,那么,自我内心的疑虑、不安和困惑便一直要纠缠和纷扰我们的人生,使我们根本无暇关注对外部世界的审美化改造。

其二,人类正是在自我认识中发现自我的潜能,从而实现真、善、美的理想人格的。给人类带来了数千种发明的爱迪生在发现自己的发明才能时就曾惊讶地感叹过:“我终于发现自己是多么了不起!”爱迪生的感叹给我们的启示就是,人的潜能是无限的。我们只要认真地审视一下自己,或许便可以发现,自己所蕴藏的才能是多方面的,只是因为惰性才使这些才能湮没了;或许还可以发现,自己本来是充满了同情和友爱的,只是由于对他人缺乏理解,才使自己有那么多的冷漠甚至敌视;甚至还可以发现,自己的理智和聪明本足可以成为一个伟人,只是由于太多的冲动和任性,才使自己做了许多的蠢事。诸如此类的现象经常而持续地存在着。对这一切,如果每一个自我都有一个明确的自我认识,那么,自我在人生中便会因为有一个非常明确的追求而造就一个最美的自我。

因此,尽管在日常生活中,许多人匆匆忙忙地生活着,从来没有时间和愿望想要认识自己,而且他们仿佛也可以生活得很知足和快乐。但审美人格境界的追求却总是要求每一个人认识自我。一旦我们最终真正地把握自己,我们就会觉得自己达到了一种与自我完全默契和同一的审美境界。因为我们可以完全预测自己的行为并控制自己的行为。与此同时,理性又使我们“能近取譬”(孔子语),使自我最大自由地理解并体验发生在周围的人身上的行为和感情,由自我走向他人,甚至走向整个人类。这时我们甚至会觉得,自己对整个人类的认识都会变得深刻起来。于是,我们便会因此而变得充实而自信。这无疑是一种极美的人格境界。

所以,只要我们的自我认识不是为认识而认识,我们对自我人格的审美意向不会只停留在意向上，那么，无论如何，我们可以不去认识别的什么东西，但却必须认识自己，从而形成对自我人格的自觉审美意向。否则，我们便没有真正自觉的人生，我们更不可能造就一个真、善、美的理想人格。

（二）“自我实现”的审美意向

自我认识使自我审美意向得以初步自觉地确立，那么，在人生的自我实现阶段，自我人格审美意向的确立就必然显得更为具体和丰富。当然，自我实现是一个实践的过程，但人的实践必须有实践理念的指导。自我实现阶段的实践理念从审美人格追求的角度而论就是自我人格在自我实现中的审美意向。

“自我实现”这个概念通常是指，人对自己的欲望、目的、理想的追求获得了客观性的存在。在马克思的历史唯物主义理论中又可表述为：人对人自身本质的真正占有。社会是属人的社会，因而，衡量社会进步的一个最根本标志就只能是人的自由发展，亦即自我真、善、美人格的一种完美实现。所以马克思在描绘共产主义的进步性时就这样认为：“需要有完整的人的生命表现的人，在这样的人的身上，他自己的实现表现为内在的必然性、表现为需要。”[①]况且，自我实现的需要还构成人类文明发展的动力和源泉。人创造历史，但这个创造历史的过程却是由每一个自我在一定的社会关系中完成的。所以，不论自我如何建构自己真、善、美的理想人格，并依据这一理想人格的要求去设计自己，总需要热忱，需要努力，需要孜孜不倦的现实追求。而在这个自觉的追求中，历史便在这样一个众多自我的合力中获得了发展的动力和源泉。而历史和社会所蕴含的美，正是在每个自我对美的现实追求中生成的。所以，历史唯物主义在自我实现的背后，科学地揭示了其

① 《马克思恩格斯全集》第42卷，人民出版社1979年版，第129页。

中一个真理性的东西:推动人和人类社会的不单纯是自我生存的需要,而是对永无终止的自我完美化之理想的追求。这个美的理想实现了,我们便有了一个美的自我存在,我们的人生也因此显得美好和有意义,而人类社会也就因此而走向了进步和完善。

在自我实现的实践活动中,如果从审美人格追求所要确立的审美意向的角度考察,那么,我们认为,在自我实现中,塑造出一个独特的、充满个性的自我无疑是自我人格最重要的审美意向。理论界对此持有不同的看法,更多的人似乎认为,衡量社会进步的标准是生产力。其实,生产力只能是一种手段性的标准,因为发展生产力的目的是为了让人依据真、善、美的要求自由全面地发展自我人格。德国哲学家莱布尼兹有一个著名的命题:“世界上找不到两片相同的树叶。”同样,人生中也不存在两个完全相同的自我。每一个自我都由于其独特的个性而在与他人的相互区别中存在,并以自己的个性影响他人和社会,从而体现自己优美和崇高的价值。从这个意义上讲,可以认为,个性是自我的生命,没有个性便没有自我,没有个性便没有人格的美。

当然,我们承认,人的个性是相对于共性而言的。显然,不存在着抽象的共性“人”,而只有具体的不同的个人。因而,任何一个人都有其个性,亦即俗语所说的“个性不同,各如其面”。然而,每一个自我都有个性这个事实并不意味着每个自我的个性都是独特的,都具有打动甚至震撼人心的美的魅力和崇高的力度。在日常生活交往中,为什么有的人令人终生难忘,而有的人却总是很快被人忘却?这无疑正是一个人是否有独特而强烈的个性决定的。因此,我们认为,作为审美人格的追求目标之一,塑造一个独特的自我,就是要塑造一个独特的个性。亦即在实现自我的过程中,我们必须使自己的个性是强烈而鲜明的。只有强烈而鲜明的个性,才能使自我显现出美的光彩和风范。在这里,自我人格之美意味着个性的独特。心理学的研究表明,个性是一个系统，它主要由气质、性格、兴趣、能力等心理特质所组成。因此，若我们想使自我的个性是强烈而鲜明的，就必须使我们的气质、性格、兴趣、能力是独特而不一般的。令人遗憾的是，在现实生活中却有许多自我并不致力于这方面的努力，他们似乎更相信“江山易改，禀性难移”这一古训，其实，我们即便是承认“难移”也并不等于不能移，更何况，断言个性品格的“难移”本身就是缺乏科学根据的。诚然，神经心理学的研究的确表明了，个性中诸如气质、性格之类的品格的生理基础是先天遗传的。但世界上不存在绝对不变的事物，生理基础在后天的自我锻炼中也是可以改善的。问题在于，我们必须要有自觉的、真诚的、持久的努力。年轻时期的苏格拉底在意识到自己性格的许多缺陷和不足时，便下决心改正和弥补它。他果然做到了这一点。苏格拉底的成功正好印证了法国哲学家缪塞所说的一句话：“当人们的心还年轻时，没有什么能够束缚它。”因此，在塑造独特而鲜明的自我个性时，我们应该而且也完全有理由自信：只要我们愿意，我们就能成功。

独特的个性对审美人格境界追求的重要意义可以体现在歌德如下的论断中：“一旦一个思想和一种性格相结合，就会发生使这个世界几千年来都惊诧不已的事情。”①歌德的论述是深刻的。独特的个性，正是一种美的个性。试想：如果贝多芬仅仅是一位作曲家，不曾发出过震撼大地的宣言——“我要扼住命运的咽喉”，那么“贝多芬”这个名字还会像今天那样引起我们钦羡的激情吗？如果罗曼·罗兰仅仅是位作家，在严峻的命运考验面前没有信奉自己的信念——“世界上只有一种真正的英雄主义，那就是在认识了生活的本来面目之后，仍然热爱生活”，那么，“罗曼·罗兰”这个名字还能被称颂至今吗？如果马克思仅仅只是位学者，面对着不合理的社会制度，他不曾以普罗米

---

① 郑扬眉：《再塑一个你——个性心理探幽》，山东人民出版社1987年版，小序。

修斯式的反叛精神勇敢地敲响资本主义制度的丧钟，那么“马克思”这个名字也就不再可能像今天这样属于整个世界。

我们甚至可以这样说，伟人之所以成为伟人，那是因为，在他们的自我中有着伟人的个性。显然，我们谁都希望自己也能成为伟人，能在社会历史的发展中留下自我追求和创造美的痕迹。而要做到这一点，我们就必须首先培养和造就自己独特的个性意识。因为，这是自我人格美的真正创造和实现的认知前提。正是从这个意义上，我们强调，在自我实现阶段，独特个性的造就是最重要的审美意向，自我人格在认知中倘若无法确立这一最重要的实践理念，那么，我们就无法真正实现审美人格的追求。

（三）不断超越自我的审美意向

正如辩证法所深刻揭示的那样，除了变化本身，这个世界的一切都是变化的。因而，歌德笔下的浮士德宣称，“我永远不能满足自己”。这是自我发展的一个真谛。从认识自我到实现自我，又从实现自我到超越自我，这正是一种不满足自己的发展变化，是人生历程中美的流动。超越自我是对自我的一种否定和不满足。如果说实现自我主要表现在不模仿他人的话，那么超越自我则主要体现在不重复自己。模仿他人而随波逐流固然是轻松的，但自我却只能跟在别人后面亦步亦趋，而无法在造就独特个性的过程中使自我获得成功。同样，重复自己也是容易的，但这会使自我陷于一种单调、枯燥、乏味和厌烦之中。美是流动和变化着的，因而美最忌讳重复。于是，一旦自我发现今天的我不过是昨天的我的重复，那么自我甚至会对明天失去信心。而这无一例外地会给人生带来不如意、厌倦和疲惫等与美相悖的情绪体验。为此，我们必须有超越自我的永恒冲动，并以此为最重要的审美意向，否则，审美人格境界的追求同样是无法实现的。因为，美在这里就意味着人格内涵的不断更新、拓展和跃迁。

在确立不断超越自我的审美意向时，必须对“超越自我”这一人格的发展形态有一个正确的认识，有一些哲学家却把超越自我宣布为一种很神秘的过程。譬如，叔本华在他的哲学中虽然正确地认为，感性的充满欲望的自我是必须被超越的，但他却又把这种超越过程描绘成一种达到不可思议的“寂天”和“勘破”的境界，而且断言，并不是所有的自我都能达到这种境界的。[①] 其实，叔本华在这里是故作玄虚，连他自己也仅仅是说说而已，因为他从来没有在自己的人生活动中去试图达到这个境界。

还有一些哲学家则把超越自我变成了一种不切实际的冲动。尼采在他所谓壮美的人格建构——“超人”理想中，就宣称“超人”必须具有鄙视一切、不可一世的品性。[②] 诚如他自己宣称的那样，“人是应该被超越的”，但这种超越如果仅仅只是一种狂妄、一种任性、一种不可能达到的追求，那么这种超越就没有任何意义了。所以，尽管尼采以救世主的口吻在《查拉图斯特拉如是说》中一再说，“我教你们成为超人”，可连他自己也无法做到这一点，最终悲壮地发疯了。

其实，超越自我并不神秘，我们甚至可以说，当自我以反省和不满足来取代对现实的信奉和谨识时，那么在自我中便开始了超越自己的历程。我们应该确立一个信念，只要我们追求，我们就能超越。超越自我也不是一种不切实际的追求。显然，每个人都无法抓着头发把自我拔高，但我们却可以依靠实实在在的努力，使自己变得比原来更坚强，更严谨，更自制，更有独立性，更富有同情心和责任感，更有个性魅力，如此等等。因此，只要我们不懈地努力，告诫自己“永远不满足自己”，那么，我们就能做到超越自己。这样，在自我人格的追求中，我们

① 叔本华：《爱与生的苦恼》，中国和平出版社 1986 年版，第 42～43 页。
② 尼采：《瞧！这个人——尼采自传》，中国和平出版社 1986 年版，第 6 页。

会不断惊喜地发现，我们有着一个比一个更美的“新的自我”。

那么，我们如何拥有这样一个比一个更美的自我呢？存在主义哲学家海德格尔的理论无疑给人一定的启迪。海德格尔在自己的哲学中，一方面推崇自我个体的存在，但另一方面又认为，这种存在必须被超越，从而达到一种普遍的存在。他把这种超越的途径具体地归结为如下三条：其一是自我对世界的超越；其二是自我对他人的超越；其三是自我对现实的超越。摈弃其中唯意志论的成分，我们应该承认，海德格尔的这三个超越是有意义的：

其一，每一个自我总是生活在客观世界的必然性之中，并受其制约和规范，但自我却可以在认识世界发展必然性的基础上，超越这种限制和规范，亦即如马克思指出的那样，能动地按照美的尺度来改造外部世界。正是在这个改造外部世界的过程中，人类同时改造着自己的主观世界，使自我人格中的才能、德行、智慧等得到发展和提升。

其二，每一个自我也总是处在与他人的一定关系之中，这种关系往往也要限制着自我的发展。因而，超越自我往往又意味着，自我总要在遵循一定的社会道德规范的前提下，从这种社会关系中脱颖而出，使自己更自由地发展自己的个性。

其三，每一个自我还总是生活于现实之中。无论是现实的环境，还是现实的自我，都肯定会有许多不尽如人意之处。因而，自我也总要依据一定的可能性建构一个真、善、美的人生理想，并依据这个理想来改变这种不尽如人意的现实，使自我摆脱过去而面向未来。

如果把从海德格尔的理论中引出的超越自我的这三种情形置于时间和空间中进行把握，那么，超越自我便有如下两种情形：一方面，超越自我意味着不拘泥于一定的生存空间。曾有人问苏格拉底：“你是哪里人？”这位哲学家意味深长地答道：“我是地球上的人。”这个简洁的回答表明，苏格拉底所拥有的自我空间是丰富而广阔的。如果我们只拥有自我脚下的那一块可怜的地方，那么我们的自我就注定只能是贫乏和狭隘的。因此，超越自我就要求我们超越自我那“井底之蛙”式的自大，而拥抱整个广阔的世界。另一方面，超越自我还意味着超越自我时间的存在。每一个自我不仅拥有过去、现在，而且拥有未来。现在的自我是对过去的自我的超越，而未来的自我又是对现在的自我的超越。这种对未来自我的追求便是一种更真、更善、更美的人生理想的追求，正是在这个追求中，自我不断实现超越的。如果我们只满足于现在的自我，或者沉浸于记忆中过去的自我，那么，我们就永远不能超越自我，永远不可能拥有更加完美的自我人格。

也许对如何超越自我做过多的理论上的分析是抽象而思辨的，但我们同样可以从现实生活中寻找到各种各样超越自我的具体表现形态。譬如：美好的气质的培养，优美德行的修养，健全理智的训练，坚强意志力的磨炼，高尚志趣的形成，非凡能力的造就……这一切都是对自我的超越，都使自我变得更美、更完善。更有一点必须进一步指出的是，超越自我是为了使自我更趋完善，形成新的自我，而绝不意味着自我的消失和摈弃。然而，在我们中国传统文化规范下的自我人格追求中，超越自我却常常被理解为达到一种“忘我”、“无我”的境界。于是，为达到这种所谓的理想境界，每一个自我不得不强行地剥夺自我及其欲望。在“存天理、灭人欲”的理学教条中，超越自我甚至走向了反面，变成了逃避自我、压抑自我和戕灭自我。这种传统的理想人格理论使得人类超越自我的一切激情、冲动、愤慨、幽怨，都在“灭人欲”的平静淡泊中消融了。自我再也没有心灵世界中凄厉崇高的抗争，也没有严峻悲壮的搏击。这或许正是中华民族被黑格尔称为“没有自我的民族”的一个传统文化根源。这无疑是我们传统文化中应该摈弃的一个糟粕。超越自我的真实含义永远只能是对自我的辩证否定：肯定和弘扬自我的优点和长处，否定和弥补自我的缺点和短处。

任何把超越自我理解为否定自我而达到“无我”的做法都是对审美人格追求的一种否定。

可以肯定地说,超越自我总带给人生一些痛苦的体验。但我们并不因痛苦的存在而却步不前,而是能自觉地意识到,正是这种痛苦的超越才使自我显得不平凡和伟大。而且,一旦我们在痛苦中实现这个超越,那么,我们便会在其中领略到另一种美的体验:欢乐、愉悦、欣慰。超越自我之痛苦的价值还体现在,只有这种痛苦的超越,才能造就伟大的品性。我们可以断言,历史上那些伟大的自我并不是天生的,他们起初也并不伟大,可是他们却有一个伟大的品性:不断地超越自我,超越自我的困顿和失败,超越自我的弱点和缺陷,超越自我人生中一切不尽如人意的现实存在。于是,他们终于使自我变得伟大,因为他们在自我生命的流动和发展中,使自己拥有一个永远积极向上的优美崇高的人生。

我们可以肯定地说,任何一个现实的自我人格并不是真正完美的。因而,谁不能在痛苦中超越现实的自我人格,谁就注定只能是平庸之辈,谁的人格也就必然和美无缘。这应该是我们在这里得出的一个最重要的审美观念和审美意向。如果我们每一个人在自我人格境界的追求中都能有这样的审美意向来指引,那么,我们对审美人格的追求也就能真正地实现了。

三、审美意向:个性与社会性的双向整合

如果从自觉人格、道德人格和审美人格的三层演进关系来看,相应自觉人格之自觉,道德人格之自愿,审美人格则是一种自由人格。席勒曾这样描述过:人的最高目标是自由,自我被无数胜于他并控制他的力量所包围,而他的天性又要求他不接受任何强制暴力。于是,

对一个审美的自我而言,面对自然力时能胜过它,面对社会力时则协调它。[①] 因而,审美之自我就其指向自我而言,审美人格在审美意向上必须确立个性,但就自我人格的社会本质而言,审美人格在审美意向上又必须处理好个人与社会的关系问题。因而,对自我的审美意向而言,自觉与社会协调发展构成其核心要求。

(一)成熟的自我审美意向

显然,人格有其客观的规定性和现实性,所以就一般而言,作为对审美人格的观念建构,我们对自我人格的审美意向就必须符合这些规定性和现实性。

从审美人格的认识观念上分析,我们认为,真正意义上的自我审美意向首先必须要求自我具有成熟的心理品性。古希腊哲人德谟克利特曾对成熟的自我做过深刻的论述。他说:"成熟才是美,因而具有成熟人格的人是那些不仅和环境抗争取得胜利,而且和自己抗争也获胜的人。"他在这里揭示了成熟的自我所应具有的两方面的质的规定性:其一,成熟的自我在与外部世界的抗争中能最大限度地发挥自己的主体能动性;其二,成熟的自我能把自己的内心世界,能有效地使自己的欲望、情感等冲动置于理性支配下。显然,这个成熟的自我就是美的自我的同义词。

这一个性心理学的研究表明,成熟的自我包括三种心理品性的成熟:

其一,自我智能的成熟。显然,我们可以从不同的角度来研究自我的成熟问题,而心理学的研究无疑是最给人以启迪的,就是指人的逻辑思维能力和理智判断力的成熟,这是自我成熟的最基本的前提条

① 弗里德里希·席勒:《审美教育书简》,北京大学出版社 1985 年版,第 155 页、第 157 页。

件。如果我们在自我的发展过程中未能形成与自己年龄相适应的逻辑思维能力和理智判断力,那么,我们不但不能走向成熟,甚至可能沦为低能儿。

其二,自我社会行为的成熟。作为社会的人,自我社会行为的成熟实质上指一个人的社会化程度达到一定的水平。自我必须能够参与社会生活,掌握一定的社会文化,履行某种社会义务,承担特定的社会责任,等等。此外,自我社会行为的成熟还意味着,自我根据社会准则要求不仅能适应社会的需要,而且能在与社会的互动过程中极大地丰富和发展自己的内心世界。

其三,自我情绪行为的成熟。这主要指个人情绪的稳定和自制:成熟的自我能使自己的情绪保持稳定,而不是忽喜忽忧、瞬息万变;也能使情绪在任何情况下处于理智的控制和支配下,不会因一时的感性冲动而干下蠢事;还能使情绪始终处于积极的状态,从而有利于自我的主动性和创造性的发挥。

我们的研究表明,在这三个成熟标准中,自我智能的成熟是自我成熟的前提和条件,社会行为的成熟和情绪行为的成熟则分别是自我成熟的外在社会尺度和内在自我尺度。自我人格中这一成熟的心理品性构成自我整个审美意向的初始内容。

构成完整的自我审美意向的另一个重要内涵是,在拥有成熟心理品性的基础上,形成正确的人性自由观,而且由于审美人格从本质上讲是一种自由人格,因此,从自我审美意向上形成正确的个性自由观无疑就显得更为重要。

对于人性自由问题,马克思和恩格斯在《德意志意识形态》中这样指出过:“只有在集体中,个人才能获得全面发展其才能的手段,也就是说,只有在集体中才可能有个人自由。”这是对自我与他人、自我与集体以及自我与社会的关系的真理性把握,其中“全面发展其才能”亦即是指一种审美自我的塑造。所以，审美人格的自由观必然是立足于社会集体之上才是正确的，因为人是社会的人，社会是人的社会。我们谁都无法否定，自我对社会的依赖是多方面的：自我的个体存在依赖社会，离开了社会和集体，自我也需要吃穿用住及卫生健康等问题的解决，而要与集体合成一体才能生存和证明不再与动物为伍，没有师长的“传道、授业、解惑”，自我就不可能有自知之明。所以，自我如果脱离社会，那么无论追求审美人格的信心和意志多么坚定，都会因为遭到社会的否决而无法实现。

所以，自我总是植根于集体的土壤之中。集体是自我人格塑造优良品格的熔炉，是发展个性的手段，是个人联系社会的纽带，只有在集体生活和社会实践的过程中，才能全面地认识自我，不断地去除“单个自我”的狭隘性，不断地发展和丰富自己，从而使自我走向真、善、美的理想人格彼岸。

因此，成熟的自我审美意向既强调自我拥有成熟的心理品性，更强调自我拥有正确的个性自由观。这是一种个性与社会性的双向整合过程，一旦我们拥有了这样的审美意向，审美人格的造就也就从可能变成了现实。只要审美人格因着这一审美意向的指引，我们对个人与社会关系的问题就能有正确的把握；对外部世界和自身就能有敏捷的智慧和判断力；我们对自己的情绪就能有强大的自我控制力；我们的性格就能不屈服于寂寞、孤独、挫折；我们对自己的长处和短处就能有自觉而恰当的认识；我们就能从审视自我和改变外部世界的活动中体验到痛苦和欢乐；我们就能有坚定的生活信仰和稳定的价值观念；我们就能有同情心和正义感；我们就能体验到爱和恨……这时，我们便可以自豪地说：我拥有成熟的审美意向。我们的审美人格的追求也就有了坚实的认知基础，从而对审美人格的追求也就将拥有十分的执着与自信。

（二）走出自我审美意向的误区

每个人都是自己人生的创造者，如果说成功的自我是他们选择了正确的自我人生之路的话，那么，那些失败了的自我则是因为陷入诸多的误区而导致的。因而在审美人格追求中，对错误的审美意向和观念建构进行理论批判，同样是审美人格追求的认知前提。我们不可能罗列在审美意向和观念中的所有认知误区，在这里仅就其中有代表性的观念分析如下。

自我审美意向的误区之一："自我绝对论"。这是一种夸大自我主观能动性方面的观点。从理论上分析，持这种观点的人总是过分强调人的个体性，把个人主观意志无限夸大，认为自我就是世界的本质，是创造世界的原动力，因而认为，人生的活动就是实现自我意志的过程，也就是"自我奋斗"的过程。

从自我生命的成长历程来看，随着青春期的到来，自我个体的抽象思维能力得到增强，情感更加丰富强烈，自我形象逐渐清晰地显露出来，自我意识便必然进一步强化。这时的个体，总是带着强烈的自尊心和自信心，竭力想表现自我。但在意识到每个"自我"都是"独一无二"的同时，一些人往往容易夸大"自我"的作用与地位，甚至把"自我"绝对化，不顾社会的客观条件，走上一条唯我主义的"自我设计"道路。一段时间内，社会上崇拜尼采的"超人"人格，津津乐道于萨特的"孤独人"的哲学者不乏其人。这些现代西方非理性主义思潮的代表人物公开抛弃社会规范和传统的价值观念，主张超越社会去寻找个人的自由乐土。在他们眼中，自我的人格意志可以随意左右社会，可以绝对自由地选择、创造和实现自我。显然这种典型的无视客观条件、摆脱社会存在的自我绝对论，其结果必然导致和现实社会格格不入的无政府主义和极端个人主义，对我们的自我人格追求真、善、美理想人格的实现危害甚大。

当然,我们并不是一味地反对“自我设计”,倘若能按照社会客观条件和时代发展的要求,从实际出发来精心设计自己的成才蓝图,并为此而努力奋斗,这恰是一种有理想、有抱负、有进取精神的体现,与自我绝对论者的“自我设计”不可相提并论。

所以,自我绝对论的审美意向,并不像尼采理解的那样是“超人”永远唯一的现实的美学原则。从根本上讲,这种离开社会、摈弃他人的所谓自我人格的审美追求恰恰是虚幻的,这种虚幻已在尼采的所谓审美人格“超人”那里被充分地表露出来,尼采一再地教导世人要成为“超人”,可最终他自己也没能成为“超人”。这一事实本身就证明了,自我人格的审美意向永远是个性和社会性的双向整合。

自我审美意向误区之二:“自我中心论”。这是一种把自我与社会相割裂从而凌驾于社会之上的观点。从理论上分析,持这种观点的人总是把自我置于世界的中心,一切都围绕我、为我而存在,自我的得失成为人生一切行动的基石。

现实社会生活中,一方面,自我中心论者一事当前,总是先为自己打算,国家和人民利益总是放在一边,有些人甚至不惜牺牲国家和人民的利益来满足自己的私欲。自我中心论者从不关心他人之疾苦,当别人处于困难之中的时候,不愿伸出援助之手;当国家利益受到侵害需要挺身而出时,这些人更是避之不及。他们缺乏博爱之心,也少有社会责任感。另一方面,自我中心论者只见自己的长处,不见自己的短处,夸大自己的优点,缩小自己的缺点,万事只觉得自己行,别人都不行。因此常常好高骛远,脚不着地,目中无人,不懂得尊重别人,不愿意服务社会。

不可否认,人们的思想观念总是要受到自我利益、自我经验、自我意识、自我感情的影响和限制,人们对自己的优点和长处总有自我看重和自我夸张的倾向,而对自己的弱点和缺点则有回避和缩小的倾向。这也许是一种正常的心理学上称之为“人的自我中心意识”。人们对自我的自尊心和自信心的肯定,正是对这种意识的合理性的肯定。

可是,这种自我中心意识若把握不当就会走向迷误,从而滑向“自我中心论”,陷入自我意识无限膨胀的境地。列宁说过:“在唯物主义者看来,人类实践的‘成功’证明着我们的表象和我们所感知的事物的客观本性的符合。在唯我论者看来,‘成功’是我在实践中所需要的一切。”[①]列宁在这里说的“唯我论者”就是“自我中心论者”,他们之所以掉进利己主义的泥坑,是由于他们只以自己的私利之获得作为人生的成功。这就必然不能摆正自我与社会的关系,必然采用不正当的手段来满足个人的利益。这其实是一种“一厢情愿”式的狂妄,在自我人格追求的实践中,这种做法必然在社会生活中到处碰壁。在自我人格追求中,把自我理解为人生审美的一切,认为在自我中可以体验人生一切感受的观念,曾是西方一些意志主义哲学家和美学家的基本观点。但是我们认为,这种审美意向却是错误的,因为它忘记了一个最基本的事实,自我的存在既是目的又是手段,这就是说,我们是自己存在的目的,同时又必须充当他人目的的手段,只有这样的人生存在才是真实可信的。否则,我们对审美人格的追求就丧失了真实的根据。这一点同样证明了,自我审美意向必然是个性与社会性的双向整合。

自我审美意向误区之三:“自我无为论”。从理论上分析,这是一种夸大自我活动的受动方面的观点,这种观点认为,人的一切活动不是必然的、由外部条件规定的,自我的主观能动性不能有效参与人的活动,自我没有意志自由和选择自由的权力。这种观点虽然看到了社会环境和客观条件对自我人生实践的制约性,但却过分夸大了环境和

① 《列宁选集》第2卷,人民出版社1960年版,第146页。

条件的制约作用,看不到自我的主体性、能动性和塑造性,从而缺乏人生的积极进取态度。而且,一旦“自我无为论”与对自然力的盲目崇拜相结合,就会衍生出种种宗教观念。佛教主张的“因果报应”、“生死轮回”说,就是要人们清心寡欲,超脱世俗,把希望寄托于来世。道家和儒家的学说虽然与纯粹的佛教理论有相异之处,但在自我无为的问题上有时却有着基本相同的观点。一方面,儒家当然在基本的人生态度上是积极有为的,孟子甚至推崇“富贵不能淫,贫贱不能移,威武不能屈”的大丈夫人格,但从另一方面说,儒家有时又讲“天命”,讲“清心寡欲”,这无疑又带有无为的色彩,而老庄的“无为”思想则更是源远流长,儒家则素有“生死由命,富贵在天”之说。这无疑都是宗教宿命论的翻版。

自我无为论尽管有种种不同的表现形式,但有一点是共同的,即在人格塑造的必然性与可能性的关系中走向了另一个极端。自我无为论不仅把必然性对人的限制加以夸大,抹杀了自我的主体能动性,而且抽去了必然性中包含的种种可能性,使必然性只作为一种限定了的可能性而强加于自我,这无异于在人格造就中剥夺自我。事实上,面对必然性,自我依然可以自由地选择。这不但由于必然性可以被认识和利用,而且还由于必然性提供的从来就不只是一种可能性。那些真正能在人生中有所创造的自我,从来都是在必然性的认识和积极抉择中获得人生的成功的,而美的自我人格正是从中造就的。

因此,在审美人格的观念建构中,必须走出“自我无为论”的认知迷误,尽管这种“自我无为”有时以洒脱、淡泊的形式出现,但从本质上讲,作为审美人格的审美意向,我们更需要的不是无为、淡泊,而是精进与执着。因为只有在自我人格的精进与执着中,我们的审美人格才能得以真正的造就。

四、简要的归纳与进一步探讨的问题

自觉人格、道德人格的认知前提都是指向自我之外的社会性存在的，因为，自觉人格的认知前提是关注和把握人的社会性，道德人格的认知前提是理解和认可因维护人的社会性而必需的道德规范。而审美人格的认知前提则是指向自我的，即形成正确的自我审美意向。但也正因为审美人格的认知前提是有关自我的，人类自我认识的艰难性在这里就表现为，要形成正确的自我审美意向在理解上常常是歧义纷生的。在这里我们就本章关于自我审美意向的内容做一个简要的概括。

（一）简要的归纳

每一个生命个体对自我人格美的创造注定是一个艰辛的过程，这其中既有认识自我的不易，更有实现自我和超越自我的艰辛。如果说认识自我的现实人格品性，从而为塑造自我人格美提供一个明确的价值指向构成我们人格审美理想及追求的初始的审美意向的话，那么，实现自我，即在审美观念上建构一个有着独特个性、充满性格魅力的自我，则使我们的审美人格追求有了具体的观念指向。这一观念指向只有先在自我人格的认知建构中存在，而后才可能在审美的人格追求实践中被实现，而超越自我的审美意向，则使我们在审美人格的追求中不断拥有一个更真、更善、更美的理想目标。因着这一审美意向，我们对审美人格的追求才具备主体认知以及情感、意志方面的条件，从而使审美人格的追求成为可能。

而且，我们充分首肯当代中国人执着于自我设计、自我实现的“平时爱挑动的感官和满足人的动物性的那种东西”①。因此，我们认为，是人格决定了外在的服饰美、仪表美，而不是相反。

---

① 转引自李翔德：《美的哲学》，山西人民出版社 1982 年版，第 48 页。

（二）进一步探讨的问题

在审美人格的观念建构问题中，有一种观点认为，既然美是感性悦人的，那么审美人格的审美意向建构也必须是摈弃理性、理论，而只需诉诸感性。因此，审美人格追求的认知前提就不再是理性的自觉，而只是感性或直觉。

就当代中国的现实而言，我们发现，有一个颇为时尚的生活情形似乎是对这种理论观点的践行，这就是，在市场经济的大潮中，越来越多的人在自我人生实践中信奉“感性人生”。这种人生摈弃理性的自觉，而只听凭感觉的任性和冲动。于是我们在这里要探讨的问题就是：摈弃理性的自觉，我们能否造就审美人格？

我们承认，任何自我都不是也不可能是懂得了人生后才开始人生，学会了生活后才开始生活的。相反，我们总是从不懂人生时开始人生，从不会生活时开始生活的。生活是丰富多彩的，也是错综复杂的。我们只有在生活中才能深入生活，在经历了人生的风风雨雨后才能真正懂得人生，并以坚定而踏实的步伐迈向人生。然而，要真正认识、学会生活，这其中还取决于我们对生活的理性自觉，而自我人格的审美自觉就是其中很重要的一种理性自觉。在现实中，确实有不少人虽然在这个世界上生活了几十年，却从来也没有仔细地用心灵去品尝生活的滋味，没有认真思考过自己的人生，凭着感性或凭着经验他们糊里糊涂地告别了青春，又糊里糊涂地送走了壮年，直至走完自己的人生道路。

显然，这样的人生是一种不由自主的人生，也是一种令人遗憾与美无缘的人生。为此，有位作家曾经说过一段意味深长的话：“如果一个人能从 80 岁向 0 岁生活的话，那么至少有 1/2 以上的人会成为伟大的人才。”这其中包含了多少人生的感叹！然而，时间的一维性决定了生命的一维性，自我人生是不可逆的。因此，生命的路程对每个人来说只能走一次，既不能停步，更不能倒行。这就正如罗曼·罗兰指出的那样："人生不是旅行，不出售来回票，一旦动身就很难返回。"因此无论是天真幼稚的童年，活泼可爱的少年，风华正茂的青年，还是忙于收获的中年，清静悠闲的老年，都只能是唯一的。古希腊哲学家赫拉克利特说："人不能两次踏进同一条河流。"我们同样可以说，人也无法两次度过生命。没有审美自我的理性自觉，就没有审美的人生，也就无法在这其中造就自我或优雅或崇高的审美人格。因此，对自我人格审美的理性自觉，即建构一个充满审美情趣的自我人格理想，对每一个人生而言都是充分必要的。正是在对自我人格的审美自觉中，我们懂得了生命的意义。我们知道，作为自我人格的承载体，生命是有限的，但生命更是美丽的。因此，生命之有限并没有使我们失去生存的勇气，相反，它使得我们更加热爱生命、珍惜生命。但正是因为我们的理性自觉才使我们意识到了，不应使生命成为一片空白或化为一片虚无的存在，才使我们的生命激流飞溅，才激发我们去领略生命的风采，去建造那人格之美的丰碑。

因此，我们的结论是，审美人格的认知前提绝不是感性，而必须是理性的自觉，这种理性的自觉以对自我人格的审美意向的自觉建构为其具体表现形式，在内容上强调自我人格的个性与社会性的双向整合，因此，作为一种审美理想，它是真、善、美的统一。正是这一理性的自觉的建构，自我人格的审美追求才具有了现实的可能性。当然，这种可能性要变成现实性，还有待于突破理性的自觉而实现理想实践中的自为阶段的飞跃。但没有了这种理性的自觉，则可以肯定地说，自我人格的审美追求就没有了任何的可能性。我们认为，没有审美追求的人格也真正地存在着，但我们却可以肯定地说，这种人性由于只诉诸感性人生，因而和美无缘。这也就是我们对这一问题探讨出的一个基本结论。

第八章　审美人格与“审美我”

审美人格的实现，亦即是“审美我”的有效确立，而这个“审美我”的确立过程最主要地就表现为，我们在人生实践中造就或优雅洒脱或悲壮崇高的人格品性的过程。

——题记

我们对审美人格的追求一旦走出审美意向的观念建构而进入了自我人生的实践领域，那么这个追求的可能性就展开为一种现实性。这个审美人格追求的现实性是以我们对“审美我”的不断造就为表征的，正是从这个意义上，我们认为，审美人格的最基本范式也就是“审美我”的造就。这个“审美我”的造就既表现为以艺术美熏陶自我人格品性的过程，也表现为对自我性格的审美改造，还表现为人格中或优雅或崇高审美品性的形成，最后，它还表现在两性的阳刚之美或阴柔之美之中。

一、艺术美的熏陶与审美人格的造就

我们知道，美是艺术的本质。因而，我们追求审美人格，必然要让艺术融进我们的自我人格，从而让艺术熏陶我们的德行。古希腊哲人德谟克利特说：人生最大的快乐是来自对美的作品的瞻仰。因而，若我们能使自己的人生时刻漫步在艺术世界的殿堂中，那么，我们就能领略和体验到人生那绵绵不绝的快乐。然而,辛劳的人生常常使我们忘记了这一点。这无疑是审美人格追求中一个极大的欠缺和遗憾。因着这个欠缺和遗憾,自我人格对美的追求便少了一个让美熏陶与感染的途径。

(一)艺术美对审美人格塑造的魅力

人生中无疑有许多缺陷和遗憾。黎巴嫩诗人纪伯伦就曾深有感慨地在诗中写道:“为什么美好时光总是一去不返,就如绚丽的花儿,被那季节所带走一般?”然而,就人生的审美体验而言,这种一去不返的遗憾和感慨是普遍的、必然的。我们时常怀念优美纯真的儿童时代,可谁也阻止不了自己要长大成人;我们称羡生机盎然的青春年华,可谁都终究会“韶华逝去叹白首”的。这种欠缺和遗憾具有客观必然性。因为我们的人生受一个最基本的东西限制:生命时间一去不复返性和空间的有限性。然而,艺术却可以使我们消除这种遗憾。在小说、诗歌、绘画、音乐、舞蹈、雕塑、戏剧、电影等诸种艺术形式中,美突破了时间和空间的限制。在一幅《江山如此多娇》的巨型国画中,艺术家们以极大的热情、极美的笔墨把祖国的壮丽河山汇集在一起:东方是一轮红日普照大地,连绵不断的群山浩瀚巍峨,其间有古老的长城、怒吼的黄河、奔腾的长江、高耸的珠穆朗玛峰。这一切仿佛让我们置身于江山娇美的怀抱里,领略和感受到祖国大地壮美迷人的风采。而达·芬奇的一幅《蒙娜丽莎》名画,又使多少人从中获得人生那温馨、安详之美的享受;罗丹的一尊《思想者》雕塑则更是启迪了许多人那理性和思想的深沉之美。于是我们发现如下一个基本的事实:尽管我们中的一些人在生活中很少甚至无法得到温馨的爱,或者我们也并不是一个善于思想,从而能在思想中变得深邃明智的人,但这并不妨碍我们仍旧可从《蒙娜丽莎》和《思想者》中获得这方面的美的享受,而这也正是艺术对审美人格所具有的独特的魅力。

高尔基说过:文学的任务、艺术的任务究竟是什么呢?就是把人们身上的最好的、优美的、诚实的也就是高贵的东西用颜色、字句、声音的形式表现出来。这其中文学艺术所表现的“最好的、优美的、最高贵的东西”显然不存在于所有的人生中,但唯其不普遍存在,才作为一种审美理想的追求,最能给予人类美的陶冶。亦因此,我们可以理解,为什么一部伟大的文学著作、一件伟大的艺术作品可以千百年地被不同种族、不同国度的人们所钟爱。因为,在这些作品中,我们通过类似于心理学中的“移情”作用,突破了时空的限制,体验和领略着相关的人生。不仅如此,艺术对人格美的追求的独特魅力还表现在,艺术所具有的崇高的、神圣的人道主义精神,使得艺术能造就我们美的德行和心灵。用歌德的话来表述这种魅力,那就是,艺术总使人越来越有“教养、德行、慈善和同情心”。歌德自己就承认,是他自己对“诗歌的天分”及对文学的挚爱帮助他经受了失恋的痛苦,而这种痛苦又使他孕育创作了《少年维特之烦恼》这样一部世界名著。在人类文明史的发展中,艺术的这种陶冶情趣、净化心灵的作用普遍存在着。我们几乎可以说,那些堪称不朽的艺术作品,都凝聚着崇高的人道主义精神,从而都会对人类自身人格的完美性的追求产生积极的影响。众所周知,贝多芬的《命运交响曲》、海伦·凯勒的自传以及奥斯特洛夫斯基的《钢铁是怎样炼成的》,都曾给不同年代、不同国度的人们以悲壮美的启迪,直接培育并造就了无数与命运、与不幸抗争的坚强人格。

我们还发现常常有这样的情形,一定社会所推崇的人生价值、道德理想和信仰,虽然显得很深刻,对人格品性的造就也显得非常必要,但如果仅仅停留在抽象的理论体系中,却总是显得苍白无力。而一旦这些规范、教诲、准则通过艺术的手法以美的方式感性地表现出来,往往能唤醒和打动千百人的心灵。因为“艺术就是情感”(罗丹语),故而艺术总能以情动人。尽管艺术在这里依然是为宣传一定的道德理论服务的,但艺术却凭借美的感染力,深深地影响着我们的人格和我们的德行。

此外,艺术对人格美追求的魅力就其较浅的层次而论,还因为艺术有被通常称之为“娱乐的职能”。也就是说,艺术具有激发人的美感享受的能力。在艺术那极富魅力的感性世界里,给予我们的是激动、愉快、欢畅的美的享受。这无疑也为人生增添着美的内涵,从而使我们的人格品性在美的感染中潜移默化地拥有美的品格。但必须紧接着指出的是,艺术的这种被我们极多的文章和艺术宣传者所渲染的“娱乐职能”极容易使一些人庸俗地理解艺术。事实上,艺术对人格造就的魅力绝不主要体现在这里。其实,艺术欣赏之所以构成人格美的重要方面,之所以对人格美的塑造具有重要的熏陶和感染力,是由于艺术能以崇高的人道主义精神使人类超越时空的诸种限制,感性地领略人格美的意蕴。相反,艺术的“娱乐职能”恰恰只有基于此才能是美的。按照黑格尔的说法,对艺术品的欣赏只有伴随着审美的理念而进行才可能是真正的,而不仅仅是形式的美。这亦即是说,艺术欣赏能否真正带给人格品性以审美的享受,取决于欣赏主体是否具有美的激情、美的意向和美的理念建构。如果丧失了这些被黑格尔称之为美的理念的存在,艺术的“娱乐”就毫无美感可言。这种“娱乐”甚至可能沦为庸俗无聊的感官享受,而这无疑是对美的亵渎。

丹麦的存在主义哲学家基尔凯郭尔曾经断言:在人生的审美过程中,追求的必然是感官的享受。譬如,音乐就是人摆脱理性和道德的手段,所以欣赏音乐是在品尝人生的一颗禁果,应该绝对摈弃。因为在他看来,音乐有一种内在的“魔力”,它刺激人的不可遏制的欲望,散布“诱惑的挑唆”。我们承认,基尔凯郭尔所说的“诱惑”几乎存在于任何艺术之中,但他恰恰忘记了,是否受“诱惑”完全取决于我们自己。只要我们有着真、善、美的审美意向和审美情趣,任何艺术作品非但不会使我们沦为感官的享受者,而且还必然从中体验到人生美的无穷意蕴。与基尔凯郭尔不同,亚里士多德则认为:音乐和人生不是偶然的相遇。在他看来,音乐追求美与和谐,人生也要追求美与和谐(“中道”),因而音乐和人生必然是彼此相关的。

既然音乐和人生不是偶然的相遇,那么我们同样可以说,艺术和自我人格也不是偶然地交织。艺术美对审美人格造就所显示的魅力是由于这两种美有一个共同的东西:人生。人类从诞生以来,世界上就诞生了艺术,这种审美理想体现在主体自身便有了审美人格的不息追求。所以,艺术美和人格美的共同本质是人所具有的独特的审美意向和审美追求。因此,只要人类存在,并对自我人格美的造就充满着自觉,那么,我们的人生对艺术美的追求就注定是乐此不疲的。

(二)艺术对审美人格熏陶的主要形式

综观不同门类的艺术,我们发现,凡艺术之为艺术一定是反映着人生的某种审美理想的。这种审美理想或者是优美,或者是崇高,或者是悲壮。也因此,艺术对审美人格的熏陶就主要通过这几种方式进行。

其一,艺术中的优美对审美人格的熏陶。无疑,我们在艺术美中最经常体验到的是优美,因为优美是艺术美中最普遍的表现形态。唐代诗论家司空图在《诗品》中把“优美”的意境表述为,“采采流水,蓬蓬远春。窈窕深谷,时见美人。碧桃满树,风日水滨。柳阴路曲,流莺比邻”。诗的优美是如此,一切其他艺术的优美意境也大致如此。在优美的文学作品、绘画、摄影、乐曲、戏剧、电影中,我们所能感受到的都是典雅、绮丽、清淡、婉约的美。从一般的审美意义上,可以把优美的最基本特征理解为和谐。

优美中的和谐正如我们通常所理解的那样,诚然也就是艺术品自身内容与形式的和谐。但从艺术(即人生审美理想之寄寓)的基本理解出发,我们觉得,优美所蕴含的和谐更主要的应是指艺术品与主体(即物我)之间的和谐。亦即是说,在艺术的优美中,我们的身心能以愉快、舒畅、满足、平和、宁静的心态沉浸其中,从而体会自我人格的优美、和谐,并在德行方面达到“宁静以致远”的崇高境界。譬如,这种优美的人格境界就使得我们在读杜牧的《江南春》绝句“千里莺啼绿映红,水村山郭酒旗风”时,人生仿佛也进入江南夜莺啼绿映红的清新秀丽之境中了;使得我们在欣赏舒伯特的《小夜曲》时,人生宛如也置身于甜美流畅、委婉缠绵的无限情爱中。人生谁不追求优美和谐?但我们又常常不能如愿,而艺术的优美和谐则能使我们在不如愿中实现如愿。

其二,艺术中的崇高对审美人格的熏陶。艺术美对自我人格熏陶的另一经常的形式是崇高。崇高正如康德所解说的那样,是生命的一种深沉和豪迈。从一般的审美感受中分析,崇高不如优美那样可以在和谐宁静中较直接地感受,崇高往往给人格心灵以强烈的震荡,在惊心动魄中使人获得一种雄浑、悲壮、粗犷、博大的美的感受。在苏轼的“大江东去,浪淘尽,千古风流人物”的气度中,在冼星海一曲《怒吼吧,黄河》的悲怆雄浑中,在米开朗琪罗的《被缚的奴隶》那粗犷和勇猛中,以及在贝多芬《命运交响曲》的悲壮奏鸣声中,我们都能体验到崇高的某种境界。可以说,崇高的基本美学特征是激荡。也许可以这样认为:由于我们的现实人格总是处于诸种矛盾和冲突的激荡之中,所以这种冲突的抗争——以激荡为其基本特征的审美体验——崇高,便自然构成人格审美的一个主要的美学追求。

而且,我们为此还特别强调如下一个思想:就当代中国人而言,我们的人格美的熏陶塑造当然需要优美,即在优美的艺术中体验优美的人生,但我们更需要的是崇高的激励,尤其是以悲壮表现出来的崇高。因为我们正处于一个急剧变革和振兴图强的时代,在这样一个时代中，一切和谐宁静的优美必然会较多地逝去，取而代之的将是激荡人心的崇高。怀疑、否定、变革、抗争、代价，甚至是悲壮的失落已经成为或正在成为我们这个时代的基本现实。然而，我们却不无遗憾地看到，当代中国文学艺术对这种崇高的把握却显得较为苍白无力。这种苍白无力使我们的国民丧失了许多体验崇高，从而在这种崇高的启迪和鞭策下造就崇高人格的机会。这无疑是我们人格美学追求的一种遗憾。（当然，人格崇高的造就还有其他的途径，我们这里只是仅就艺术的崇高对审美人格的感染而言。）因而，我们呼吁，当代中国的文学艺术家应创造出更多崇高的作品；而当代中国人则应该在艺术美中向往崇高，体验崇高，以激励自我，图强奋进。

其三，艺术的悲剧美对审美人格的熏陶。在艺术作品中，和崇高相关的还有悲剧美。悲剧美也总使我们从中体验自我人生。在小说《红楼梦》、《安娜·卡列尼娜》中，在柴可夫斯基的第六交响曲《悲怆》中，在希腊雕塑《拉奥孔》中，在苏联画家苏里科夫《近卫军临刑前的早晨》中，都透着强烈的、令人痛惜的、怅然的悲剧气氛。因而，悲剧美的基本审美特征是痛苦。

人类为什么不惜以痛苦为代价而喜爱悲剧？对这个问题的回答有各种不同的答案。但我们理解，悲剧之所以如此打动人心，并被称为美，那是因为，人生本来就透着一丝悲剧的色彩。人生无法摆脱挫折和失败，无法摆脱痛苦的体验，甚至不可避免地要走向死亡，等等，这一切都是悲剧的诸种表现。但悲剧不是悲观绝望，悲剧使我们获得震惊，心灵在痛苦的激荡中振奋起来，崇高的人格品性也就在这个磨砺中得以造就。

鲁迅在其杂文《论雷峰塔的倒掉》中曾经说过：“悲剧是将人生有价值的东西毁灭给人看。”而人生中有价值的东西被作为一种美而毁灭，则使我们感到痛心。特别重要的还在于，悲剧美不在于美的毁灭，而在于以美的毁灭的形式来肯定美与赞颂美。在古希腊著名的悲剧《被缚的普罗米修斯》里讲的就是一个美的灵魂——普罗米修斯,如何被天帝宙斯用铁链锁在高加索山上,受苦达万余年而不屈服的悲壮故事。这个悲剧已流传两千余年,普罗米修斯反抗暴力、造福人类的结局虽然是不幸的,但这种不幸却给予人类极多美的启迪。历史上许多人间的普罗米修斯正是从这个启迪中造就自我人格的壮美业绩的。无产阶级的革命导师马克思在自己的年轻时代就深受这种普罗米修斯精神的影响。他在 1835 年中学毕业的作文《选择职业时的考虑》一文中,就强烈地表达了自己愿为整个人类献身的普罗米修斯式的崇高理想。

我们这个民族在自己的审美文化传统中,没有西方民族在人性中所有的深深为之忧虑并抗争的悲剧意识。我们认为,这对于我们民族的生存和发展,对于每个中国人自我人生真、善、美人格品性的塑造来说,可能是一种欠缺。因为这种悲剧意识的缺乏,必然要形成一种根深蒂固的自我感觉良好的“乐感文化”,在这种文化的影响下,我们的传统人格中便常常缺乏一种凄厉崇高的抗争和严峻悲壮的搏击。一切的抗争和搏击都在“生死有命,富贵在天”的恬淡平静中消失了。这是中国传统文化在人格造就中的一个悲剧,而对这个悲剧的无知或不愿自省,则更是悲剧中的悲剧。当然,我们无意断言,只要能深深体验文学艺术中诸如普罗米修斯之类的悲剧美,便能使自己的自我人格充满真正严峻悲怆的悲剧美。但我们或许可以说,借助文学艺术的悲剧美的体验至少是我们体验人生悲剧美的一个重要途径。

此外,文学艺术作品中的丑、滑稽、幽默、荒诞等,也是对真实人生的典型化反映。因而,在这其中我们也都能体验到人生丰富多彩的审美意蕴,从而对自我的审美人格的造就产生积极的影响。

（三）如何让艺术熏陶自我人格

既然艺术对人格美的造就显示了那么多的美的意蕴，我们在这里的一个重要追求便无疑是，学会让艺术融进我们的自我人格之中。这或许可称为是追求和领略审美人格的一种艺术。在自我人格及情感品性中培养丰富的审美感受力，是让艺术融进人生的最重要基础。艺术形象所表现的是艺术家凝聚在其中的一种具有普遍的审美意义的艺术情感，我们只有在自己情感的相应激发中才能领略到这种美的情感，同悲欢，共休戚，感受或欢悦，或忧伤，或优美，或悲壮的人生。

因此，借助艺术品的欣赏以培养审美情趣，对审美人格的造就和追求来说是重要的。在这里，我们显然不是为艺术而艺术，也不是为情感而情感，这一切都是为了人生。因为在艰辛的人生中太需要以审美的情感去对待整个世界了。中国古代的山水画家所声称的“山性即我性，山情即我情”的审美旨趣，流露出来的正是这样的人生态度。这样，面对着人所置身的自然和社会，我们都能以艺术审美的情趣从中获得人生的乐趣。年轻的恩格斯曾非常有感慨地描绘过自己如何在对自然的审美情感体验中获得人生美妙的享受的：“你再望一望那遥远的绿色海面，那里，波涛汹涌，永不停息，那里，阳光从千千万万舞动着的小明镜中反射到你的眼里，那里，海水的碧绿同天空明镜般的蔚蓝以及阳光的金黄色交融成一片奇妙的色彩；——那时候，你的一切无谓的烦恼、对俗世的敌人和他们的阴谋诡计的一切回忆都会消失，并且你会融合在自由的无限精神的自豪意识之中！”[①]恩格斯之所以造就了自己不平凡的人格品性，无疑主要是他人格中不凡的认知、信仰、意志所使然，但也肯定和他具有如此不凡的审美情感相关。

---

① 马克思，恩格斯：《马克思恩格斯论艺术》第4卷，中国社会科学出版社1985年版，第333页。

在艺术审美的欣赏中,如果听凭情感的入迷、任性和冲动,又会使我们的审美过程走向偏颇,有时甚至导致某种悲剧性的结果。美国的一位著名演员在《奥赛罗》剧中把卑劣无耻、阴险狡诈的雅果表演得栩栩如生,竟然遭到一名愤怒的观众的枪杀,而这位“入迷”的观众清醒过来后也随之自杀了。诚如人们在他们的墓碑上刻写的那样:这是“最理想的演员和最理想的观众”,但无论如何,这却是一个不该发生的悲剧。所以在我们的人生中,学会在“走入”艺术的审美情感之后,还必须学会如何“走出”,而这只有借助于情感之外的理智。人格中的理智在这里是一种与情感相反的另一种美。这种美诉诸智慧,诉诸思考,诉诸冷静。许多人沉湎于艺术的情感世界中而不能自拔,或想入非非,或郁郁寡欢,这无疑已被艺术的审美情感所异化了,而这又是另一种不幸。这是在艺术中领略和体验人生美时所必须为之警戒的。

让艺术熏陶自我人格还要特别注意提高自我的审美格调和品位。因为人生和艺术的影响是双向的作用,我们选择什么样的艺术作品,事实上就在选择什么样的熏陶,就在选择什么样的人格审美追求。所以,歌德曾对友人说:“鉴赏力不是靠观赏中等作品而是要靠观赏最好作品才能培育成的。所以我只让你看最好的作品,等你在最好的作品中打下牢固的基础,你就有了用来衡量其他作品的标准。”①歌德这里所说的“最好作品”就是指那些情趣高尚,艺术魅力强,且渗透着崇高人道主义精神的艺术作品。这些作品是永恒的,能让一代一代的欣赏者含英咀华,反复品味,从中吸取人生的各种审美理想和审美情趣。

特别有意义的还在于,强调艺术欣赏的审美格调和品位,对当代中国人来说具有重要的现实意义。也许是中国传统艺术过于写意和抽象,而使一般人无法领略那些甚至是非常优美的传统作品;也许是

① 爱克曼:《歌德谈话录》,人民文学出版社1978年版,第32页。

长久的文化封闭使我们一直未能真正接触文学艺术宝库中的诸多杰作；也许是改革、商品经济使得我们当代文学艺术家无奈地抛弃了许多不该抛弃的东西。总之，在当代中国文化市场充斥着一些令人为之深深忧虑的低级、庸俗，甚至是下流、色情之作。更使人们愤懑的是，这种作品正在一只无形的“看不见的手”的推动下，愈来愈多地被炮制出来。而最使人困惑与焦虑的是，它竟拥有众多的欣赏者。仅就现有的事实材料看，在这些刺激感官作品的迷恋和诱惑中，曾酿就了极多人生的不幸，这是当代中国文化的悲剧，更是当代中国人在审美人格造就中的悲剧。我们难道不应该从中惊醒过来吗？我们说让艺术走进人生，让艺术来熏陶自我人格，但这必须是真正的艺术。我们必须记住，并不是所有的作品都可称之为艺术的。我们在自我人生的审美追求中，只能让歌德称为“最好的艺术”融进自己的人生中去。否则，我们必然无法领略和体验艺术对人格的审美意义，我们对人格品性的审美追求也会因此而误入歧途。

二、“审美我”的审美性格塑造

除了借助艺术美的熏陶之外，我们认为，“审美我”的造就更主要地还表现在性格的审美塑造上，因为性格作为人格在社会关系中的具体展露，与人格几乎是直接同一的。因而，审美人格的追求在这里也可归结为审美性格的塑造。

（一）性格的可塑造性

我们知道，古希腊哲人赫拉克利特有一句极负盛名的话：“人不能两次踏进同一条河流”[①]，因为一切皆变。人的性格也是这样。性格固然有稳定性的一面，并且由于这种稳定性而保证了人的行为的基本一

---

① 《古希腊罗马哲学》，商务印书馆 1982 年版，第 27 页。

致性。但是,我们认为,性格还有另一个特点,那就是它的可变性。而且从根本上说,稳定性是相对的,可变性却是绝对的。也正是因为这一点,性格的完善和审美塑造才有了实现的可能性。

但是,可能性不会凭空地、自然而然地变为现实,它还需要每个人做出顽强的努力。经验表明,生活中存在着一种皮格马利翁效应。这个效应表明:任何一个人,只要他真诚地希望,并真诚地为这希望而奋斗,那么总有一天,他的希望会变成现实。在性格美的塑造中,我们应该有这样的信心。亦即是说,只要我们真诚地希望具备健全的性格,只要我们真诚地为此做出不懈的努力,那么,总有一天,我们就会惊喜地发现,凭着自己的努力,我们已塑造出了一个美好的全新的“自我”。

因此,在性格的塑造上我们要做自己的主人,不向自己的弱点让步,不向自己的惰性屈服,而让自己的一切都服从真、善、美的呼唤。我们理解,这就是古希腊哲人苏格拉底说的“做自己的主人”的过程。我们运用自己的力量使自身趋于完善和完好,使自己“抛弃现实我,实现理想我”,这正是达到审美人格之境界的真实途径。

可以肯定地说,人的力量既然已在征服自然中得到了充分体现,那么,它当然也可以战胜自己,在做自己的主人的过程中得到体现。人要求主宰自己的表现是多方面的,它包括人对自己过去的反思,对自身形象的设想,对他人权威的怀疑。此时的我们即便是崇拜谁,也不再像少年时只限于模仿外表,而是力求在性格和气质上接近对方,从而实现对自己审美性格塑造的期待。在我们的人生中,就是这种自我期待为我们的性格的审美修养提供了主观上的可能性。特别重要的是,生活经验表明,人战胜自己、完善自己的能力是与他的自我期待和努力程度成正比的。而我们正是在这个自我期待和努力中塑造自我的审美性格的。

所以,对于一个真正想完善自身性格的人来说,不论他从前所受的教育与所处的环境有多么不完善，也不论他在那不完善的教育和环境中留下了多么严重的性格缺陷，只要他坚持做自己的主人，他就一定能克服自己原有的性格弱点，而造就一个美的性格。

（二）性格之美塑造的具体途径之一：热情

心理学的研究表明，性格中的态度特征主要表现在热情的品性上。诗人曾情不自禁地赞美人类的热情：“热爱之情，是人类情感中最炽热的感情，它就像一个神奇的魔镜，因为有了它，再平淡的生活，再单调的生活，也会变得五彩缤纷、光辉灿烂。”而个性心理学的研究表明，一个人对世界、对人生、对工作和学习的态度是热情还是冷淡，是敏感、关心还是麻木不仁，对于人格造就的意义十分重大。对这一意义我们或许可做如下两方面的分析。

其一，“唯大仁者有大勇，唯大勇者出奇迹”。因而，在我们的人生中，是仁爱之热情造就了生命的勇敢和人生的奇迹。生活经验也证明了这一点，凡是有热情的地方，就一定会有奇迹：做人的奇迹，做事的奇迹。像中国工农红军所创造的二万五千里长征的奇迹，像喀喇昆仑山上的筑路工人所创造的奇迹，像世界上所发生的一切奇迹，都是由于一种强烈的热情所驱使。对世界和人生的热爱之情，这首先是一种德行，它促使人产生善的冲动，正是这种冲动，才使很多渺小的个人创造出超越生命的伟大奇迹，譬如贝多芬、罗曼·罗兰、托尔斯泰等。离开了对世界、人生、工作和学习的热爱之情，就绝不可能有真、善、美的人格之造就，因为，正是热情使人生五彩缤纷，是热情创造了人生中层出不穷的奇迹，更重要的是，是热情创造出了那许许多多“惊天地，泣鬼神”的丰功伟业，最终也还是热情使得这个世界变得一天比一天更美好。因此，在我们的审美人格塑造中不能没有热情的品性。

所以，一个人若真想有所作为，就需要先培养自己的热情，培养自己对世界、对人生和对事业的热爱之情。没有热情就不可能产生伟业和杰作。这正如音乐家舒曼所说,“没有热情,就不可能创作出任何真正的艺术作品”。艺术是如此,世间的一切成就都是如此。因此,任何一个时代都离不开热情,任何一个希望有所作为的人也都离不开热情这一心灵的动力。因为,热情使人的心灵伟大,是人成就事业的过程中取之不尽的原动力。

其二,热情的品性造就我们对生活的爱。我们认为,作为性格美塑造的一个方面,热情的品性更多的时候表现为,我们要热爱生活本身。或者说,对生活永远充满一种热爱之情。罗曼·罗兰甚至以此来界说什么是英雄主义:“所谓英雄主义就是在认识了生活的本来面目之后依然热爱生活。”因此,热爱生活又意味着,我们在自己的性格中要形成一种正确对待生活中不可避免之挫折的坚韧品性。

在我们的现实生活中,一些人在工作或生活中受了挫折后,就一蹶不振,用悲观、暗淡的眼光去看社会和人生;而另一些人受挫折后却仍能以一种积极向上的热情看待社会和人生,不仅如此,还仍然能一如既往地奋发图强。我们如果称赞一个人“坚强”,那么,这一定意味着,他不仅没有向某个挫折低头,反而无比勇敢地战胜了这个挫折。俗语称,“人生不如意常八九”,因而我们的人生是绕不开挫折的。挫折在任何人的生活中都有可能发生,这就是挫折的必然性,这就是生活的必然性。而且这种必然性可以从挫折产生的根源上找到。从客观上看,天灾、人祸、疾病等等都会导致挫折。此外,主客观之间的矛盾、社会利益与个人利益的冲突、人在成就事业中所遇到的困难或障碍等等都有可能导致挫折。从主观上看,也存在着挫折的必然性:生命的脆弱、人的才智的局限以及改造外部世界之物质手段的局限等等,都是我们的人生必然要遭受挫折的主观方面的原因。因此,就主观方面而言,所谓挫折就是人生面临一时难以克服的障碍。

这种生命的挫折感随年龄的增长、阅历的增长会越来越少,越来越弱。但是,即使再坚强、再成熟的人也难免在生命中的某个时刻面对某个困难产生出强烈的挫折感,只是由于思想上的成熟,人们能够较好地控制自己的情绪,并以一种从容的态度泰然处之而已。

因此,不论从客观上还是从主观上看,挫折在一个人的生活中都是正常的、必然的、不可避免的。故而,我们不能对每一次挫折都那么敏感,更不能因为几次挫折就失去对生命的热情,进而绝望地否定整个世界和人生。而要学会坦然地、正常地对待挫折,并竭尽全力为克服挫折而努力奋斗。这就是对待生活永远充满热爱之情的缘由:承认挫折的必然性,并坦然地接受它。

经历了挫折之后,我们的性格中对人生的热情依然如故,那是因为,挫折还有它的另一面,即它能帮助意志坚强的人更坚强,能使人发现自己的智慧、才干和潜力。这是因为,挫折往往把人逼上绝路,使人除了背水一战之外就别无选择。此时的人情绪亢奋,神经高度集中在考虑对策上,这时,人所有潜在的智慧和力量都会被激发出来。那些使人绝处逢生、使人超越自身的奇迹往往就出现在这样的时刻。因此,挫折就是这样一把双刃剑:它既能置人于“死”地,又能使人获得更有意义的新“生”;它既能使软弱胆怯的人迅速沉沦,又能使勇敢无畏的人升华到一个新的高度。对此,罗曼·罗兰有这么一段精彩的论述:“失败可以锻炼一般优秀的人物;它挑出一批心灵,把纯洁的和强壮的放在一边,使它们变得更纯洁更强壮;但它把其余的心灵加速它们的堕落,或是斩断它们飞跃的力量。”显然,我们正是在战胜挫折中成长与成熟,并造就自我美的性格的。

热情的品性一旦指向自身,那么,性格之美的塑造在这里又意味着悦纳自己。国外的心理学家曾做过这样一个实验:在一个班级找一个因长相平平而自卑抑郁的女学生,然后告诉这班上所有其他学生,让他们一改往日对她的忽视,而把她当作一个真正美丽姣好的女孩子,以一种赞美她、亲近她、鼓励她的方式与她相处。一段时间过去后,这个原先自卑程度很深的女学生变成另外一个人:自信、开朗而又落落大方。因此,我们要学会悦纳自己。这就是说,不仅要自己接受自己,自己相信自己,而且还要怀着一种热情和喜悦、一种欢乐的心情接受并相信现实中的自己。亦即是说,不论自己是丑小鸭还是白天鹅,都要满怀喜悦地原原本本接受这一现实。要相信自己来到这世界是有其必然性的,在这个世界上造就某种业绩也是有可能性的。这正如诗人李白所吟唱的那样:“天生我材必有用。”

在我们的人生实践中,悦纳自己有时往往是和克服自卑的心理情绪联系在一起的。从主观上看,一个人自卑的原因很多,有的因为外表自卑,有的因为自己不善于与人相处自卑,但也有的是因为自己的学习或工作能力不如别人而自卑。但是不论为了什么自卑,也不论这自卑是怎样形成的,大都是在拿自己的短处去比别人的长处,这正是自卑产生的心理根源。因此,自卑者尤其要学会悦纳自己,应勇敢地接受现实中的自己,不仅要看到自己的短处,更要看到自己的长处。要有这样的自信:地球虽不会因为我的不存在而停止转动,但是却会因为有了我而转动得更好!特别重要的是,对自己的短处也应该能看到,只要经过努力,短处是能够加以克服甚至转化为长处的。可以肯定地说,要彻底克服自卑,悦纳自己,还必须有更积极的行动,这就是要有热情的自我期待。因为,积极的自我期待,可以产生很高的“期望效应”。因为它能激发人做坚持不懈的努力,直到实现自己的目标。俗话说:“人皆立于所欲立之地,欲为英雄则为英雄,欲为豪杰则为豪杰。”这里的“欲为……则为……”不是说想什么就能是什么,而是说,这种“欲为”的强烈愿望可以激励人去做持久的奋斗。因为,强烈的愿望产生积极的行动,积极的行动使可能变为现实。诺贝尔奖的获得者居里夫人在自己的一生中取得那样卓越的成功,并获得爱因斯坦满怀崇敬的赞扬:“在像居里夫人这样一位崇高人物结束她一生的时候,我们不要仅仅满足于回忆她的工作成果对人类已经做出的贡献。第一流人物对于时代和历史进程的意义,在其道德品质方面,也许比单纯的才智成就方面还要大。”我们认为,正是因为居里夫人的一生都在努力实现自己的自我期待——“追求完善”,正是这种热情而强烈的自我期待,使她有一种铁石一般的意志,一种追求完美的热忱,一种令人难以置信的坚韧,使她“有系统地、忍耐地达到自己树立的每一个目标”(爱因斯坦语)。

(三)性格之美塑造的具体途径之二:理智

理智特征作为性格的一个要素,主要是指人心智中一种理性的力量。正如我们在人类已有的历史发展中看到的那样,由理智引导的热情是社会前进的动力;而没有理智作为指导的热情则是疯狂,是必然造成倒退的一种社会心理根源。

因而,热情与理智是健全的人类精神的两大支柱,不论缺了谁,都会造成人类精神的畸形发展,导致社会正常秩序的失控。这是人类在几千年的社会实践中总结出来的真理。尽管对这一点的全面而系统的阐述是在近现代,但是早在古埃及时代,在人类的童年时代,就有了关于这种思想的不自觉的象征性表述:古埃及金字塔中有一尊狮身人面像,这种用石刻成的雕像,其兽身(即狮身)的部分躺卧在地上,而项端人首(即人面)的部分却昂然立起。这类雕像曾引起后人无数的猜测,人们始终搞不懂这尊雕像的寓意。以往关于这尊雕像的诸多解释中,德国哲学家黑格尔的话应该说是一语中的的。他指出:狮身人面像是人类精神的象征,它表明,人虽然脱胎于兽性,却渴望着人性,渴望着挣脱物质的肉身而获得理性的精神。因此,我们推崇热情,但我们推崇的是理性指引的热情,因为只有这样的热情,才能结出丰硕的果实。正是因此,我们认为,理智才成为性格美塑造的另一个重要层面。

性格中的理智品性包括感知、记忆和思维这几个方面的内容。人与人在个性上的差异也同样反映在性格的理智特征上。大致地说,人在感知、记忆和思维上的个性差异基本上表现为这样几类:主观或客观、被动或主动、精细或粗略、严谨或草率等。人在理智特征方面的这些差异对人生的活动影响极大。以感知为例,有的人主动而精细,有的人则被动而粗略。前者观察时目标明确而专一,很少受与目标无关的刺激物的影响,感知时全神贯注,细致入微。后者则很容易受与目标无关的刺激物的干扰,感知时心猿意马,粗枝大叶。人感知时的特征与感知的结果是成正比的:感知主动而精细,则对被感知对象的认识就全面而深刻;感知被动而粗略,则对被感知对象的认识就难免片面而肤浅。再以记忆为例,有主动性和缺乏主动性的人,记忆效果总是大相径庭的。前者目标明确,愿望强烈,记忆过程中能调动起一切积极因素,这就充分保证了记忆的质量。这不仅使学习省时省力,而且还利于扩大知识面和提高工作效率。后者缺乏目标和动机,因此,既无从保证记忆的量,更谈不上记忆的质。思维也是一样,有主动而严谨的思维习惯的人和盲从而草率的人,不仅在思想的深度和广度上会存在很大差别,而且其实践结果也往往迥然不同。在处理问题时,前者总是深思熟虑每一个步骤,把可能有的结果都考虑到,在实施计划前就进行一些超前性研究,从而保证了决策的质量。而后者往往盲目冲动,草率从事,往往在碰了钉子后才能有所醒悟,结果常常造成一些不必要的损失。

由此可见,人的理智特征与人的感知、记忆和思维之结果的优劣总是成正比的。但是,世界上并不存在什么天生的健全的理智特征。任何人的理智,没有经过严格的自我锻炼,都有可能存在这样或那样的不健全之处。因此,这就产生了克服理智特征中的不健全因素,培

养健全理智的问题。一般而言,健全理智的指标包括如下几个方面的内容:

其一是客观性。这是指感知、记忆和思维能尊重客观事实。譬如,成语中的“实事求是”、“客观唯上”指的就是这种情形,只有这样才能保证人类认知结果的准确性。其二是主动性,这是指能主动地观察、记忆和思维,这样才能扩大信息源,避免盲目性,增强认识的深度和广度。不仅如此,它还有利于人及时把握瞬息万变的人生时机。其三是精确性。譬如成语中所说的“毫厘不爽”。理智特征中的精确性往往是重大发明和创造的前提。离开了精确性,凭借模糊的概念和印象,是绝难做出正确的判断和决策的。其四是严谨性。譬如成语中所说的“天衣无缝”、“无懈可击”,这主要是指感知、记忆和思维时要严密、周到、全面,只有这样才能保证感知、记忆和观察时的深入和深刻。

所谓性格的理智修养,就是指按照健全理智指标调节自身理智特征,使其符合指标的过程。而健全理智的目标则是形成健全的思想。因此,作为性格美塑造的一个具体途径,健全理智的修养主要包括以下几个步骤:首先,要从思想上充分了解培养健全理智的意义。人的行为取决于人的观念,如果不是真正认识理性对于人的意义,如果理智修养不是我们发自内心的需要,那么,就不可能有健全理智修养的行为发生。其次,应对自己的理智特征进行一番严格的全面分析。通过内省使自己达到自知之明。自知之明既包括对自身弱点的认识,也包括对自身长处的了解。人在理智特征方面的自知之明也是这样,既应知自己理智特征方面之短,也要知自己这方面之长。只有基于这样的自知之明,理智的修养才能有的放矢。最后,就是要培养自己具备良好的理智习惯。因为健全理智的指标包括:客观、主动、精确、严谨。而客观性则为健全理智的基本要求。

特别重要的是,经验证明,要培养自己在理智方面具备一定的客观性,这首先要求我们能克服自我中心主义倾向。认知心理学的研究表明,每个人都存在着程度不同的"自我中心主义"倾向,它使我们于不自觉中戴上了有色眼镜,以自己的喜好和愿望去感知和评价事物。"人只看见他愿意看见的东西",这条由经验而得到的格言所说明的也正是这个问题。这种以主观代替客观的理智特征难免会影响到我们对世界的感知、记忆和认识。因此,培养客观性必须以克服"自我中心主义"倾向为前提条件。法国文学史上有这样一个为人熟知的小故事,说的是莫泊桑向福楼拜求教,福楼拜只随便翻了下莫泊桑带去的作品,就不客气地塞还给了他。他对莫泊桑说:"你先不要急着写东西,当你走过一个坐在自己店里的杂货商人面前,走过一个吸着烟叶的守门人面前,走过一个马车站时,请你给我描绘一下这个杂货商人和这个守门人,他们的姿态,他们整个的身体外貌,要用画家那样的手腕传达出他们全部的精神本质,使我不至于把他们和任何别的杂货商人,任何别的守门人混同起来。还请你只用一句话就让我知道,马车站有一匹马和它前前后后五十来匹是不一样的。"福楼拜在这里正是在用健全理智的指标来要求莫泊桑。莫泊桑回去后严格按照福楼拜所说的去实践,经过一段时间的自我训练后,他终于养成了极好的理智习惯。后来,正如我们大家所知的,他成为法国著名的文学家。

因此,任何习惯的培养都不是一蹴而就的,理智习惯的培养也是如此,它需要多次重复和练习才能产生。而我们性格的美正是这样被塑造的。

(四)性格之美塑造的具体途径之三:意志力

性格中的意志力是指,一个人自觉确立目的,并根据目的来支配、调节自己的行动,克服困难,从而实现目的的心理过程。意志力的外部表现是毅力和行动。意志力的品质包括:目的性与坚持性以及由此而生的自制、沉着冷静、纪律性和勇敢无畏的品性。

意志力对于每一个自我美之性格的铸就都有着重大的意义。意志行为是理智的、自觉的、能动的行为。因此，一个人不论是确立信念还是维护信念，不论是追求某个目标或是努力成才，也不论是正视困难还是面对生活中的挫折，最终都离不开意志力的作用。任何个人，不论他有多少天赋之能，也不论有多么崇高的理想或抱负，离开了意志力的作用，他就注定会一事无成。这是人生的一个客观规律。

成长心理学的研究表明，人的成长离不开特殊或典型环境的作用。但是，典型环境并不总是现成的，它往往与人的意志力有极密切的关系。以爱因斯坦和居里夫人为例，如果他们未曾选择那极不普通而又极不平常的人生目标，如果他们虽然选择了崇高的目标，但却中途而止，那么，他们又哪来什么特殊或典型的环境呢？他们与我们现实生活中的一般人又有什么本质上的差异呢？他们选择了，他们就拥有了。不仅如此，更重要的是，他们还坚持下去。因此，即使他们不曾成功，即使他们毫无发现，他们也将是与众不同的人，也会是英雄，只不过是没有成功的英雄。再以我们熟悉的《钢铁是怎样炼成的》一书中的主人公保尔为例，他的情况的确特殊而典型，但是，如果他在自己的特殊环境中不曾为自己确定那样高的奋斗目标，如果他不曾为了自己的目标而拼力奋进，那么，他也将和每一个普通人一样。

因此，伟大与渺小之间从来不存在万里长城；崇高与平凡之间更没有万丈深渊；真正的伟大也从来与平凡息息相关。平凡甚至渺小的人，如果选择了伟大而崇高的目标，如果为实现目标而竭尽全力，死而后已，那么，不管他是否能够成功，他都将是伟大而崇高的人。所以，真正有利于奇迹之造就的环境从来都是靠人自设的。在我们的人格塑造中主动自设压力环境，这是一种意志自由的表现，它代表着一种主动进取的开拓精神。正是这种精神，使渺小超越了渺小，使平凡超越了平凡，从而将崇高与渺小、伟大与平凡合二为一。

如果我们真心希望在世界上做成一两件有利于人类的事,如果我们真心希望自己能有一个不曾虚度的人生,如果我们真心希望拥有审美感染力的性格品行,那么,我们就必须自设典型环境。为此,毫无疑问,这首先就需要拥有一种非凡的行动意志力。

可以肯定地说,作为性格美塑造的一种途径,健全意志力的塑造同时就意味着造就自我性格中的坚持性。这里的坚持性是指,一个人在自己的行动中坚持已做的正确决定,并且百折不回地克服困难去达到既定目的的能力。因而,坚持性表现在两个方面:一是善于抵制不符合目的的主客观因素的干扰;二是善于长期坚持已经开始了的符合目的的行为。在性格塑造的坚持性方面,居里夫人同样是我们最应效法的楷模。简陋的棚屋,漫长的四年,整整两千斤矿渣,没有过人的坚持力,是绝对不可能提炼出镭的。但是,鲜为人知的是,早在这之前,即在居里夫人还年轻时,她就为自己提出了这样一条最重要的原则:"我最重要的原则是:不要叫人打倒你,也不要叫事情打倒你。"这就是说,不管自己正处于多么残酷的时期,都要激励自己,坚持到底,咬紧牙关,决不动摇!这正是居里夫人的成功之道,显然,如果没有年轻时代的这种严格的自我要求,居里夫人就难以取得后来的光辉业绩。

而且,从生活实践中看,培养坚持的品性,很重要的一条就是要遵守不破例原则。所谓不破例原则就是说,只要应该坚持的就必须坚持下去,不能有例外。一个人只要为自己寻找过一次破例的理由,那么,以前的一切努力就很可能前功尽弃。更何况什么不好的事,只要开了头就很难收住。既然能找一个破例的理由,那么自然也能找两次、三次、五次、十次。久而久之,性格中的"坚持性"不但没养成,反倒又多了个总为自己开脱的坏习惯。

因此,不要为自己的过失寻找借口,不仅在培养坚持性上应如此,在做一切事情上都应如此。因为我们会在借口中自我原谅,放松对自己的要求。生活实践证明，凡是喜欢为自己的过失寻找借口的人，往往都是会再犯同样过失的人。此外，这种破例也是不利于身心健康的。国外有位心理学家曾谈到：“有些人遇到困难的工作就不愉快，把工作拖延下来，像这样的人我要劝他‘立即执行’，因为逃避困难并不能解决问题，心中反而会时常牵挂着，牵挂所花费的时间和精神绝不会少于解决困难的时间和精神（因为会伴随对自己的不满与失望、内心不安、自责等等）。”所以，无论多么困难的工作，都要尽早完成，才能保持身心愉快。这也可以说，在性格美塑造中，坚持性给予我们人生的是一种审美愉悦和享受。

“性格即命运。”我们认为，性格美塑造对于审美人格追求的意义集中体现在这一命题之中。因此，我们如果拥有一种美的性格，那么，我们就拥有了美的人格、美的人生。这也就是为什么我们把“审美我”的造就首先理解为自我审美性格塑造的全部理论和实践依据。

三、“审美我”的具体形态

康德曾把美区分为优美和崇高，我们认为，这一区分对于审美人格之基本类型的划分也是有启迪意义的。而且，我们只要认真地对人生的实践做一反思，就可以发现，在审美人格的追求中，大致上也可做优美（或称优雅）和崇高（或称壮美）的划分。因此，我们或许可以在理论上把“审美我”的具体形态做优美和崇高的区分。

（一）“审美我”的优雅情趣

自我人格对优美情趣的追求与体验，正如诗人纪伯伦所描绘的那样，是“寻觅心灵世界的芳草地”。这种寻觅最能体现人生美学刻意追求的智慧。但是由于工业化的发展，现代人正逐渐丧失许多优美的情趣，这种丧失使我们日益感到人与自然的和谐、人与社会的和谐以及人心灵世界和谐的可贵。于是,人们在人格品性的诸如幽默和沉默中开始了对这种和谐的追求。

“审美我”对幽默品性的自我造就是一种对优雅追求情趣的体验。人的智慧、光彩和美在于“灵性”。但是,被整齐、统一、严肃的规范压抑的人,却没有了潇洒的灵性。但人类之为人类,却总不可避免地要制定许多规范来限制自己,这是人类理性的理智活动的一个最重要的内涵。因此,我们的人格仿佛置身于一个二律背反的窘境:一方面,理性制定的规范是必要的也是合理的;但另一方面,规范在带给人类必要的限制之外,又常常带给人类自身程度不同的压抑。也许正是为了反抗这种压抑,我们的人生便有了幽默,用幽默解脱一切艰辛繁杂对自我人格的困扰和煎逼。因此,无论在什么地方,什么时候,只要我们具有幽默的心情和情趣,我们便能从容不迫地反观人生,在恬适淡泊的欣赏中领悟人生的乐趣。

林语堂先生在中国最早使用“幽默”这个词来翻译西语中的“humor”,以表达其含义。他认为:“仁义道德讲的太庄严,太寒气迫人,理性哲学的交椅坐的太不舒服,有时候就不免得脱下假面具来使受折制的‘自然人’出来消遣消遣,以免神经登时枯馁或是变态。”①而这就是幽默存在的内在根据。从人格美学的意义而言,正如培根所说,幽默是人格不可缺少的内容。幽默就其最一般的意义而言,它是人格中一种从容不迫的达观态度。幽默在实际的人生场合,会无数次地为我们排忧解难,让枯燥的时刻充满乐趣。虽然幽默是一个外来词,但在我们的传统文化中,也随处可以寻觅到这种精神。譬如,庄子那充满人生哲理的幽默,陶渊明那飘逸自然的幽默。他们这种崇尚自然、潇洒豪放的幽默,至今仍深深影响着中国知识分子的人格和心态。因此,

① 林语堂:《征译散文并提倡“幽默”》,《晨报》副镌,1924 年 5 月 23 日。

林语堂先生曾这样说过:“中国若没有道家文学,中国若果真只有不幽默的儒家道统,中国诗文不知要枯燥到如何,中国人之心灵,不知要苦闷到如何。”[①]因为缺乏幽默会使人格少了一种情趣,一种解除窘迫的情趣。少了这种情趣,我们自然无法以豁达的心胸来欣赏人生,从而体验人生中的美学意境。

不过,我们也不得不承认,中国两千多年的文化传统所形成的正统规范,的确使中国人的幽默心性受到极多的压抑。1932 年,日本学者增田涉为了编撰《世界幽默全集》要求鲁迅先生推荐有关中国的幽默作品时,鲁迅先生曾回信说,“目前在中国,笑是失掉了的”,“我想是因在不景气时期,人们已无暇读‘幽默’的东西了”。[②] 其实,中国人缺乏幽默与自由的心情,何止是在这一时期!在长期的封建道统的专制文化氛围中,幽默作为一种非道统文化必然受压抑。这不能不说是中国传统文化的一个悲剧,而这个悲剧的根源在于封建的专制制度。因此,人格美的追求在这里意味着我们与传统进行决裂。幽默是一种人生艺术,笑自己的观念、遭遇、缺点乃至失误,以此来达到个人与他人、个人与社会环境的完满沟通,这正是人生美学追求的高超艺术。幽默是个人与他人、个人与社会环境的一种润滑剂,幽默使人与社会环境的冲突解除,幽默也能把人与人之间的紧张关系解除。因此,幽默的精神也是优美人性品格之一部分。因为我们每个人的一生中,都会有很多尴尬、窘迫,甚至是痛苦、忧伤的时候,如果没有幽默的精神,我们往往不能获得解脱。幽默教我们从人生难堪的场景中抽身而出,反观人生。因此,我们自身甚至人格的从容不迫、豁达开朗,都来自于这一幽默的艺术。而且,幽默里有半嬉皮的精神,它往往使我们不至于把

① 邵洵美:《幽默解》,时代图书公司 1936 年版,第 26 页。

② 《鲁迅书信集》下卷,人民文学出版社 1976 年版,第 1109 页、第 1120 页。

人生整个输掉，而可以永远保住属于自己的那一部分。这就是人的优美灵性，它使我们的人生聪敏禅悟，深远超脱，情趣盎然，意义隽永。

幽默有着不同的滋味和色彩。从其对人格的影响看，大致可分为以下三种：其一是甜怡的幽默。它是妙趣横生、怡然自乐的人生情趣。它没有哀伤悯情，在嘲讽和讥笑的“幽默氛围”中使人欢乐与振奋。人生在这个审美过程中，受到美感的熏陶，获得有益的启迪。其二是苦涩的幽默，那是“含泪的笑”。譬如卓别林所扮演的一系列角色，善良、无辜、憨态可掬而屡遭不幸。这种带有普遍性意义的普通人的经历，让人“既笑得浑身颤抖，而又止不住眼泪直往上涌”，在蒙着淡淡愁雾的深刻思索中欣赏自我的人生。于是，这些不幸被情感加工了，具有了达观、醒世的美学效果。其三是辛辣的幽默。它在蕴藏着尖锐、深刻的讽刺意义中令人发笑，让人从扭曲和不正常的气氛或经历中或自我嘲讽或讥讽社会，从而使我们在人格上保持一颗纯净的童心，保持一种正义的批判力。

当然，我们必须坚持强调的是，用幽默来塑造人格是一种审美艺术，尽管它常常带着半嬉皮的色彩，但幽默绝不是游戏人生。倘若如此，则幽默就失去了其“优美和健康的品质”这一善与美的内在规定。因此，我们的人格需要的是一种“优美和健康”的幽默。因为只有这种幽默的品性才能对人格美的塑造有所熏陶、有所造化和有所提高。

和幽默一样，沉默也是常伴随着生活的一种情趣。我们的生活经验表明，生活中总有一种不需要用语言说出，而只需一个人独处时慢慢咀嚼回味的境界。而沉默正是这种境界的最通常的表现方式。显然，从人格塑造的角度考察，沉默对人生来说是另一种补偿性的审美境界。在我们人格的沉默中，有时是不得已的沉默，有时却又是刻意追求的沉默；有时是傲然的沉默，有时却是柔弱的沉默。多种不同含义的沉默，构成人格美之塑造中多种情趣的体验。

自然界在人面前总是沉默的,可沉默中自有其深奥和博大。于是,面对空旷的原野和沉沉的森林,我们常常也只有以沉默来表示这种对自然的折服和心中的感叹。登上高山之顶看云海翻滚,气象万千,除了涌出“一览众山小”的感慨之外,诗人常常只得沉默。而且,面对着大自然的壮观景象,诗人陷入沉默无语的状态恰恰有时是明智的。在沉默的自然中沉默,常常是因为我们在沉默中冥思默想,从而寄寓着对生命的真、善、美的思考。

《庄子·秋水》篇曾记载,庄子与惠子游于濠梁之上,庄子曰:“鲦鱼出游从容,是鱼之乐也。”惠子曰:“子非鱼,安知鱼之乐?”庄子曰:“子非我,安知我不知鱼之乐?”[①]这里通过庄子与惠子的对话,描述了在清净澄怀、尘事皆忘中,体验到沉默的鱼于无声处的悠然自得、闲游嬉耍的一种审美情趣。许多人在观鱼时的沉默,大概也是这种人格精神上的同化。显然,这样的沉默已是一种人格美的寄托。面对美的艺术品,我们往往什么也说不出,而且也不需说这是另一种沉默。譬如,面对着米洛的《维纳斯》,总有一批批在此驻足的人们,沉默良久,从而对人自身的精美和青春的风采意蕴涌出极多的审美遐想和情趣。而这不是靠言语所能道破的,于是,我们唯有沉默。而在社会这个大舞台上,人格在沉默中所内蕴的潜台词有时远远超过讲出的话。所以,休谟说过:“每个人都有权利,甚至有责任来使用沉默。”当然,人生中的一切沉默都应具有一种审美追求。譬如,在一个倒行逆施的环境下,人的天性会教我们沉默,以无声来抗议专制的环境,这是一种道德和正义的力量。沉默在这里就是拒绝,就是崇高,就是美。故古人云:寂寞无音乃大音也。正是在这个沉默中,我们获得自我人生的审美价值,体现着人的尊严。

---

① 《庄子引得》,上海古籍出版社 1986 年版,第 45 页。

真正的沉默永远是一种美的情趣。当一对恋人默默无语地坐在一起,为一种共同一致的感觉而沉默,这时候,任何语言都是多余之物。在一个朋友聚会的场合,对一句只有两人知晓内情的掌故或事件,双方默默地传出会心的微笑,这时的情景必是生动有趣的;或者在课堂上,当老师所讲述的知识我们已先于他人而清楚了解时;或者在阅读中,对作家所设置的情境有切身的经历时。总之,这时我们都会有心领神会的沉默,而这无疑也是人生颇有情趣的沉默。

还有一种沉默,我们可以称其为宽容的沉默。宽容的沉默,是那种属于生活情趣中的自由自在。在这种情趣中,不论宽容他人的沉默者,还是被宽容者,都会感到愉快。所以作家林语堂说:当充满生活阅历和经验的老人面带某种理解的微笑,沉默着站在一旁观望年轻人的异想天开和缺乏经验时,在这种沉默中体现的是理解、友好和善良。如果在我们的人生历程中,能在宽容的沉默中度过,那是有幸的;而有这样的宽容的沉默的人,其人格则更是应该受到敬重的。

(二)"审美我"的壮美情怀

人的一生中,美的东西也许太多了,但没有一样可以比崇高的献身更美,更激动人心。人生正因为有了这样一种精神,生命之花才能开得那样绚丽,那样灿烂。因此,如果说幽默、沉默、孤独使人格拥有一种优雅淡泊的美,那么,献身则使人格迸发出崇高壮丽的美。因为在献身的过程中,萦绕在我们周围的将始终是最高尚的情调、壮烈的气氛和激越的情怀。这就正如《钢铁是怎样炼成的》的作者奥斯特洛夫斯基所说,这是一种"人生壮丽美好的情怀"。

我们在思考人生时,常常要扪心自问:人生什么最美好?也许有人会说:金钱!金钱确实是好的,在商业社会,它几乎能给人带来所要的一切。但是,正因为它能带来一切,所以,它在带来幸福的同时,也能带来苦难和不幸。在我们的现实生活中,一些腰缠万贯的商人,钱多得令人咋舌,但钱给他们带来的并不一定是幸福,却往往是苦闷和无聊,而为了摆脱这种苦闷和无聊感,他们中的一些人不得不去寻求诸多丧失人格的千奇百怪的刺激。他们为此曾自嘲道:自己是除了钱以外一无所有的穷人。也许,爱情是最美好的。确实,爱情是激动人心的。古今中外使人流泪、使人震撼的文学作品,几乎没有一部不是爱情的颂歌!爱情对于人生的影响确实太大了。但爱情离不开社会,社会也制约着爱情。我们总可以发现,支持我们生命的,还有比爱情更高的东西,那就是人对社会的责任以及对整个人类命运的关注。它们并不与爱情相矛盾,而是包含在爱情之中,又超越于爱情之上。也许,生命是美好的。生命给了我们一次机会,让我们去爱,去工作,去生活,去仰望天上的星星,去俯视江海中的游鱼,去窥视林中的飞鸟。但是,一个人的生命,只有与社会的、他人的命运联系起来才有意义。所以,爱因斯坦甚至断言:“人是为别人而生存的。”一个人的价值和他的美之人格表现,并不是一种轻松的自我感觉,而是一种社会责任的负担。我们为社会、为他人承受得越多,付出得越多,我们的价值也就越大。一个没有社会责任感的人是不会有真正的人的价值的。

所以,人生最美好的东西是献身精神。屠格涅夫说:“如果一个人能够从周围的人眼中看到自己的价值,这就是幸福。”在这种幸福观中所体现的正是人格之美中的一种献身之美。原野的《人生》一诗曾以优美的文字赞美了人生的这种献身精神:人生,从自己的哭声中开始,/在别人的眼泪里结束。/这中间的时光,就叫做幸福;/人活着,当哭则哭,/声音不悲不苦,为国为民啼出血路。/人死了,让别人洒下诚实的泪,/数一数,那是人生价值的珍珠。

显然,一个自私自利的人绝对得不到他人真正的眼泪。希腊神话中的普罗米修斯、中国古代传说中的女娲和大禹、基督教中的耶稣、犹太教中的摩西等等,他们之所以感动了一代又一代人,正由于他们的献身精神。人类的进步,就是这样一代接着一代献身的结果。我们甚至可以说,没有献身的历史不是真正的历史,因为真正的人类的历史是由献身者创造的。所以,在陆游那里有“一生报国有万死”的希望;在文天祥那里,有“人生自古谁无死,留取丹心照汗青”的高歌;鲁迅年轻时赴日东渡,曾写下“我以我血荐轩辕”的壮烈诗篇。因此,我们民族的历史永远铭记这些献身者。印度诗人泰戈尔年轻时就曾深受献身精神的感染,并认为,献身是一种人生追求完美的崇高力量:“人性的一方面有追求愉乐的欲望——另一方面是想望自我牺牲。当前者遇到失望的时候,后者就得到力量,这样,它们发现了更完美的范围,一种崇高的热情把灵魂充满了。因此当我们在微小困难面前是个懦夫的时候,巨大的忧伤激起了我们更真实的丈夫气概,使我们勇敢起来。”①人生不能没有追求,为国为民的献身无疑就是一种崇高的追求。而人一旦有了这种崇高的追求,就会终身生活在幸福之中。所以,我们看到,马克思在17岁中学毕业时所写的那篇著名的论文中就这样说过:“如果我们选择了最能为人类福利而劳动的职业,那么,重担就不能把我们压倒,因为这是为大家而献身;那时我们所感到的就不是可怜的、有限的、自私的乐趣,我们的幸福将属于千百万人,我们的事业将默默地、但是永恒发挥作用地存在下去,而面对我们的骨灰,高尚的人们将洒下热泪。”②所以,幸福之所以幸福,就因为这是一种献身。爱情是幸福的,但真正的爱情,应是一种无私的奉献;自由也是幸福的,但真正的自由,只有在无私的奉献中才能体会得到。

经过进一步的思考和探究可以发现,献身是多种多样的,但并不是任何献身都具有崇高和壮美的华彩。在现实生活中,最常见的献身

---

① 《外国优秀散文选》,百花文艺出版社1984年版,第20页。

② 《马克思恩格斯全集》第40卷,人民出版社1982年版,第7页。

是为自己，我们称之为个人奋斗。应当说，这样一种献身，比之于那些不劳而获的吸血者和懒惰者而言，要合理得多。但作为社会进步的崇高要求，这样一种献身未免显得苍白无力。倘若我们通宵达旦地工作，夜以继日地发奋，无非是为了满足自己个人的私欲，那么，这种献身必然是非常可怜的。马克思在青年时代就说过：一个人如果“只为自己劳动，他也许能够成为著名学者、大哲人、卓越诗人，然而他永远不能成为完美无疵的伟大人物”①。马克思的这一说法在美国著名作家杰克·伦敦身上得到了印证。他曾在文学史上留下了许多不朽的作品。但是当他公开声称自己写作的目的是为了钱时，他也就开始走上了不幸的歧途。他成名后，钱太多了，他为此过着豪华奢侈的生活。而为了维护这种生活，他又需要更多的钱。于是他粗制滥造，写了一些完全背离自己信念的拙劣之作。于是，1916 年 11 月 22 日，他终于以自杀的方式结束了他年仅 40 岁的生命。因此，为利己的利益而献身，不管多么令人同情，也总是很难赢得人们的景仰和钦佩的。还有一种献身是为情感。我们在历史上看得最多的是为了爱的情感。诚然，为爱而献身是令人感动的。罗密欧和朱丽叶、梁山伯和祝英台的爱已为我们所熟悉。然而我们不得不说，在许多场合下，为爱献身恰恰是与自私相联结的，所以在现实生活中，为了满足自己私情的欲望，不惜偷掠抢劫的事情常有所闻。人格在这里哪还有一点美感呢？在现实的人生中，还有许多人是为钱，为哥们义气，甚至是为一时的任性和冲动而献身的。这种献身正如我们已见到的那样，只是一些自私狭隘者的可怜的自我毁灭。

真正的献身是为社会而做出的。只有为社会而做出的献身，才具有美学的意义，才能具有震撼灵魂的审美感染力。当代思想家罗素深

① 《马克思恩格斯全集》第 40 卷，人民出版社 1982 年版，第 7 页。

受人类献身精神的感染,他在其自传的前言中真挚地记下了这动人的一页:"三种单纯而极其强烈的激情支配我的一生,那就是对于爱情的渴望,对于知识的追求,以及对于人类苦难不可遏制的同情心……爱情和知识只要存在,定是向上导往天堂。但是,同情心又总是把我带回人间。痛苦的呼唤在我心中反响,回荡。孩子们受饥荒煎熬,无辜者被压迫者折磨,孤独无助的老人在自己儿子的眼中变成可恶的累赘,以及世界触目皆是的孤独,贫困,痛苦——这些都是对人类应该过的生活的嘲弄。我渴望能减少罪恶,可我做不到,于是我也感到痛苦。"我们认为,正是这种对人类的深切的爱,才产生了人类历史上许许多多壮美的献身者和殉道者。

于是,为社会而献身就成了人类社会真正赖以存在的基石。中国古代神话传说中的女娲补天、大禹治水,是人类最早的献身颂歌。中国历史上的那些英雄志士们,几乎都以自己的人生为后人留下了热情赞颂献身精神的壮美诗篇。文天祥被捕后,写下了"人生自古谁无死,留取丹心照汗青"的壮美诗篇。清末革命志士秋瑾,在赴日留学返国途中,以这样的诗情表达了忧国忧民的献身精神:"拼将十万头颅血,须把乾坤力挽回。"还有岳飞的精忠报国,苏武的牧羊守节,瞿秋白的视死如归,等等,都激励着华夏子孙一代又一代的审美人格追求。

西方文明也崇尚献身精神。历来歌颂的除了希腊神话中最悲壮的殉道者普罗米修斯以外,还有耶稣、摩西等等。他们也都是人类幸福的殉道者,是人类献身精神的榜样。千百年来,他们几乎为一切人类文化所赞美。在个人与社会的关系上,西方既有强调献身的一面,又有重视个人的一面。譬如,马布利就强调,古代献身的原则是,号召公民为总的利益暂时忘掉自己。而暂时忘掉自己,并不是不要自己,因为个体是无法泯灭的。一方面,这种自我个体意识的强调,当然也会引发某种自私自利和极端个人主义的追求。譬如,法国哲学家施蒂那的“唯一者”，尼采的“超人”，就都是那种天马行空、独来独往的极端的个人主义者。但另一方面，西方文化积极地推崇和强调个人价值，却能使我们不至于在宗教、独裁、专制横行时成为殉道者和牺牲品。正是这种推崇献身但又强调个体的传统使西方社会中关于人的全面发展，个性的独立，人的自由思想，民主的传播和发扬，有了坚实的基础。马克思直接继承了这一优秀的文化传统，所以马克思的共产主义理想人格，就是以“每个人的自由发展”为前提条件的。

因此，真正的献身并不是压抑个性。只有在特定条件下，为社会献身才会成为个性的对立物，即当这种所谓的为社会牺牲是为某些个人——君主和精神上帝——时我们才认为这种献身是压抑个性的，因而是不合理的。真正的社会牺牲，恰恰是弘扬着个性的。没有个性的弘扬，我们甚至不知道该如何为社会献身。而一旦我们以自己独特的个性为社会而献身，我们不正从中体验到了人生壮美的极致吗？从这样一个文化传统的比较中可以发现，中国传统推崇的献身精神便有了极大的局限性。在中国，许多献身都是围绕着君主并仅仅是为着君主而进行的。岳飞精忠报国，不过是为大宋皇帝献身；文天祥“留取丹心照汗青”，历史记录下来的献身对象，也不过是大宋王朝。中国儒家历来就强调的是“忠、孝、礼、义”，归根到底，就是忠于皇上，效忠天子。皇上就是民族，天子就是国家。因此，在中国历史上，为国为民献身和为皇上献身竟奇特地变成是同一的。只有在中国共产党成立后，这一历史现状才得以改观，广大的革命志士，为了革命的胜利，为了民族的解放而英勇献身，这才是真正的献身精神。另外，西方的个性独立、自由思想等等与个人价值密切相关的文化价值心态也潮水般涌来，这种承认个人、弘扬个性的观念，对中国的传统文化不能不具有强大的震撼力。因此，我们有足够的理由认为，我们一生为之景仰的献身精神有可能在中西文化的相互弥补中进入新的道德审美境界。

但是,如果因为对个人的重视而否定献身精神,则又走向了极端。其实,西方文化中,至今仍极为重视献身的人道主义精神。我们熟知的美国影片《冰峰抢险队》、《圣雄甘地》以及英国电影《无畏的人》都热情颂扬了人类的献身精神。因为,失去了献身精神的个人必然成为自私自利的顾影自怜者。这样的人,绝不可能有真正的幸福。所以,没有献身的人生,是不可能有真正的价值的;而没有献身的社会,也不是真正意义上的社会。我们知道,动物是没有献身精神的,动物生存的基本原则是弱肉强食,适者生存。人之所以为人,就因为人类社会摆脱了动物弱肉强食的特性,能够以个人的自我牺牲来推动社会的发展。佛祖曾大义凛然地说过:“我不入地狱,谁入地狱?”这种“先天下之忧而忧”的献身精神,正是人类社会日益憎爱分明、壮大和进步的原因之一。

所以,真正的献身,永远是一种崇高的社会责任,一种忧国忧民的高尚情怀。我们既已把自己的一生献给了社会,就毋求什么回报,而这正是献身的精魂。这正如一位诗人所吟唱的:“我不去想是否能够成功,既然选择了远方,便只顾风雨兼程;我不去想能否赢得爱情,既然钟情于玫瑰,就勇敢地吐露真诚;我不去想身后会不会袭来寒风冷雨,既然目标是地平线,留给世界的只能是背影……”献身精神赋予人格的壮美正是从中派生的。

四、“审美我”在两性中的不同显现

进一步的思考使我们意识到,审美主体和客体合一的“审美我”无疑还有性别上的差异,而且这种差异所导致的在自我人格的审美观照中的差异是显而易见的。因此,审美人格追求在这里便要求我们对两性在自我人生实践中展露出来的不同的美做一分别的探讨。

（一）两性美的外在表征

人格的自然承载体是我们的生理体态，因此，在讨论审美人格时，我们似乎没有理由忽视人类生理体态的美。当然，这个问题是有争议的，一种观点认为，人格美的探讨不必顾及生理体态的美；另一种观点则认为，完整意义上的人格美探讨应包括人的生理体态之美，只不过这种美不构成人格美的重要和本质部分。我们持后一种观点。因为，达尔文生物进化论的大量的观察材料早已明了：动物和人的个体的生理恰当性是最直接的审美刺激因素。这种被称之为生物种属的美的尺度在人的审美感受中普遍地存在着。

在古希腊那些杰出的艺术家手里，都曾创造过完美的人体范式。波利克莱特在其雕塑作品《执矛者》中反映了完美人体的比例：身高等于十个脸长或八个头长。之后的罗马建筑师维特鲁威创立了另外一个完美比例：人体从脚掌到头顶的高度应相等于两臂平举的长度。而在这其中，男子和女子的比例略有不同，女子相对短一些，头比男子小一些。从整体上说，男子追求健壮和厚实，女子追求优雅和谐。这种美的范式，就男子而言体现在诸如《掷铁饼者》《大卫》等著名雕塑中，就女子而言则在米洛的《维纳斯》身上获得了无与伦比的完美体现。19 世纪初在米洛岛上发现的这尊维纳斯大理石雕像，堪称是女性美的最佳杰作，她体现着女性人体最完美和谐的标准：维纳斯的乳房似乎在微微颤动，而面孔则凝结着内在的温柔和贞洁晶莹的光彩。面对这一人体美的杰作，正如丹纳所说的那样，“如此美妙绝伦，再冷漠的朝拜者也无不感受到生命的美好的冲动”。

因而，我们或许可以从美的外在尺度对男性美和女性美的一般的典型表征做如下的概括：男性美往往是面孔轮廓清晰分明，体格和谐匀称，肌肉结实健壮，胸廓宽阔厚实，步伐矫健坚定。而女性美则是肌肤圆润光滑、柔软白皙，面孔清秀端丽，乳房富有弹性，身体轻盈灵活，线条和谐,以及作为生命之母的形体的健康匀称。男性和女性这一生理体态的美的特征几乎是永恒的。

但是,我们美学理论界对这种观点似乎是持否定态度的。因为,现行的观点强调审美的阶级性。这源于车尔尼雪夫斯基的一个基本的看法。在他看来,审美是带有阶级偏爱的,贵族阶级把典雅俏丽、轻盈如风的女性视为最美的,而下层人民理想中的女子则是强壮、结实、面色红润的,以便能从事繁重劳动和抵御生活中的种种严峻考验。车尔尼雪夫斯基的说法是有道理的。“美是生活”,在不同的生活中,审美当然带有极大程度的相对性和不确定性。但我们认为,车尔尼雪夫斯基却似乎不自觉地把这种相对性和不确定性绝对化了。无论如何,像他说的,把苍白、倦怠、病态、憔悴、弱不禁风视为美的贵族并不多,而下层人民对肤色白皙柔软、体态苗条匀称的女子通常也认为是美的。中国古代的《诗经》中“窈窕淑女,君子好逑”的诗句不正是来自下层劳动人民的由衷赞美吗?所以,我们想特别强调指出,在承认审美活动中不可避免地带有阶级性的同时,决不能把阶级性抽象成唯一的和决定性的因素。在对两性美的观照中,决不应该夸大阶级的偏爱对人体美评价的影响。其实,从古希腊、罗马开始,人类对人体美认识的千百年的历史沉淀,已存在着一些最基本的,可以称之为永恒的标准。通常所说的“刚强的男性”和“柔美的女性”,首先就是生物尺度的审美范式和标准。所以,无论是男性还是女性,我们都必须从仅仅只强调“心灵美”的片面性中走出来。在对美的追求中,我们也应注重自身生理体态(即外在尺度的美)的塑造。风靡世界并在我国也逐渐成为时尚的健美运动,正是在这个意义上具有审美价值的。

诚然,由于生理体态是物种的尺度,所以在很大程度上依赖于优生和遗传。我们更多的时候除了接受自己的既定的容貌体态外别无选择,但这种无可奈何的“别无选择”仅仅是表象的。事实上,我们后天的审美创造依然起着决定性的因素。因为除了健美的锻炼外，人类还可借助于美容和服饰等以创造美的外在形象。

然而，无论是过去还是现在，人类对美容在人体审美中作用的认识却是歧义纷生、莫衷一是的。一些人认为，美容是对人体自然美的破坏，他们重复着中世纪的说法：修饰肉体是魔鬼才喜欢的勾当。而另一些人则对美容崇拜得五体投地，认为美容，尤其是建立在现代科学技术基础上的美容手术能使人随心所欲地从丑变成美，从一种美变成另一种美。我们认为，这二者都未免失之偏颇。美容及美容手术对于校正自然赋予的容貌和体态中的许多缺陷来说是大有裨益的。淡妆浓抹以及施行一些诸如割双眼皮的美容手术，只要相宜，都是美。但如果美容及美容手术把自然容貌和体态改变得面目全非，因此而造就一副精致的面具，显示根本不存在的外表美，除了极特殊的需要外，毫无例外都是对纯真的自然美的破坏。美国红歌星杰克逊之所以颇受人们的非议，很重要的一个原因是，他的虚荣心促使他不惜代价地改变黑人的出身，而终究漂白了自己的皮肤，给自己罩上了一个矫揉造作的面具。所以，尽管杰克逊的歌声依然充满魅力，但他那漂白的皮肤却总使人感到别扭。

我们认为，对于美容的追求，应该遵循“中道”（亚里士多德语）的审美标准，这就是，无论是男性还是女性，美容绝不应掩盖其本来的面目，而是突出他（她）天然的纯真之美，并在淡妆浓抹中显示个性的审美追求。美容仅仅是弥补自己的缺陷，而绝不是为了掩盖自然的面目。

服饰美也是两性外在美的重要表征之一。可以肯定地认为，就审美的直观感受而言，服饰的更新会让一个人在自己或他人的感觉中为之面貌一新，这正是一种流动和变化了的审美刺激。从这一理解出发，我们认为，任何被常识斥之为“奇装异服”的服饰，只要有助于审美感的加强,都是合理的和应该提倡的。而且我们还发现,服饰在男性和女性的审美感受中具有不同的意义。一个喜欢以时髦的服饰、发型打扮自己的女性,不仅在她心目中,也能在大多数男性心目中增加美感;而一个刻意装扮自己的男性,却往往不太能讨取异性的欢心。反之,一个对自己服饰从不关心的女性,则会被贬为没有女性味;而一个男人如邋里邋遢、不修边幅,有时则会被称为有魏晋风度,或赞之曰"事业心强"。这何异天壤之别! 应该承认,这是人类特定的文化传统所决定了的一种审美旨趣,我们通常只会顺从这一审美旨趣。在有关服饰美的问题上,还有一点需要特别指出来探讨的,这就是,服饰如何恰当地显示两性人体的美。显然,服饰作为两性自然人体美的延伸和补充,必然要为表现两性人体美而服务。借助于服饰"显示"或"突出"男性或女性的性魅力应是天经地义的。然而,在我们的传统观念中,这却常常被视之为"色情和淫乱的刺激"。这无疑是要摈弃的陈腐观念,中国女性在很长的岁月里曾有过西方记者所声称的"没有乳房"的年代,幸运的是,这个年代已一去不复返了。但作为一种审美追求,当代中国人在服饰上如何不是模仿而是恰到好处地体现各自独特的性魅力,仍然是一个亟待探讨的问题。这其中必须遵循的一个最基本的原则无疑就是:美。

(二)两性美的内在尺度

但丁在《神曲》中曾把人类躯体、容貌之姣好匀称称为"第一美",他认为,人的"第一美"造化得自天然,又是天然之杰作。但并非所有的人都能得此造化。于是,无可否认,就物种的外在尺度而言,许多人非但是"不美"的,而且可以说是"丑"的。尽管人类可以通过某些后天的途径改变它,但有些缺陷是无论如何也改变不了的。这样,美对这些人来说,就必须从后天的内在尺度方面去培育。这就是但丁所指的"第二美"——灵魂美的培养和塑造。这不是对外貌不美甚至有些丑陋者的空洞贫乏的安慰,而是人格审美追求的真谛。

人类审美活动的实践早已证明,所有的人,无论他是相貌姣好,还是容貌平庸,抑或容颜不佳者,其内在的灵魂美的塑造总是更能引起别人的关注。为什么在人类的审美活动中,灵魂(或精神)美的塑造要比单纯的物种的(生物的)美重要呢?从最终意义上探究,那是因为,人从脱离动物界那天起,就作为一种精神的存在超越了自然生物的存在。因而,人正如古希腊哲人伊壁鸠鲁所声称的那样,是以“秉性和灵魂而自豪”的存在。也因此,美与丑在灵魂和精神这一人的特质中,获得了内在的尺度。因此,就自然、生物这一外在的尺度而言,我们或许是不美的,甚至可能是“丑”的,但这种“丑”并不注定我们就和美无缘。因为我们可以培养和造就自己的灵魂美,这种美比容貌和体魄的美具有更多属人的特性。

就最一般的审美规律而言,丑和美本身就是可以互相转化的。美常常出于丑之中。娇美的荷花出于污泥,晶莹的珍珠孕育于恶腥的蚌肉之中,而报春的梅开放在枯枝病木上才美。这正是美与丑相依而存的客观辩证法。人类对自身的审美也同样可作如是观。所以罗丹说:“平常的人总以为凡是在现实中认为丑的,就不是艺术的材料——他们想禁止我们表现自然中使他们感到不愉快的和触犯他们的东西。这是他们的大错误。在自然中一般人所谓‘丑’,在艺术中能变成非常的美。”①罗丹指的自然,不但是指自然物,也是指社会物,还是指人体和人类自身的存在。美的艺术能使人类改变自己丑的自然形态,而使其变成非常的美。

人们常习惯于把“丑恶”连为一个词语来运用,实际上,丑和恶是有严格区别的。恶必然是坏的,而丑则未必是坏;恶必然与善水火不

① 罗丹:《罗丹艺术论》,人民美术出版社 1978 年版,第 23 页。

相容,而丑则可与善相依而生。这就是为什么在人生的历史与现实中,我们常可以发现,在许多人那里,丑陋的外貌下却隐藏着一颗至善至美的心。《巴黎圣母院》中那丑陋的敲钟人卡西莫多和仪表堂堂的卫队长菲比斯就是最形象生动的印证。它告诉我们,灵魂的美可以使外表丑陋者变得楚楚动人,而丧失了灵魂美,再英俊的外表也是丑的。所以《巴黎圣母院》的作者雨果这样说过:“丑就在美的旁边,畸形依靠着优美。而若美只徒有外表,则是令人愤然的事。”所以,我们对丑陋外貌的自卑与苦恼,与其说是自然的灾难,还不如说是人为的灾难。我们可以发现,丑本身带给人的痛苦远没有那庸俗的歧视目光所给予的痛苦那么深。在那些庸俗的歧视目光的漠视中,容貌体态的残缺者们仿佛成了生活中多余的人,这无疑是极为不幸的。还有更为不幸的就是那些因外表丑陋而自卑的人,他们往往会把自己贬得一无是处。这时,想象中的外貌体态的丑带给人的烦恼和痛苦,要比实际存在的烦恼和痛苦更为残酷得多。

因此,我们倘若要走出丑的自卑,唯有塑造自己的“第二美”——灵魂,即在思想、品行、学识、才华等品性的塑造中实现人格美的升华。我们知道,安徒生和贝多芬都是长相难看而且具有生理缺陷的人。但是,安徒生用痛苦孕育了童话中最深沉和最崇高的美;而贝多芬则在与命运的抗争中创造出充分显示力量之美的不朽交响乐。他们所具有的如此壮美绚丽的人生,正是对丑的最成功的升华。从这两位伟人身上,我们至少应该坚信一点,这就是,我们自己可以创造美。因而,那些相貌丑陋或身体有缺陷的人,应该且必须避免自我折磨,并对那些世俗的歧视不以为然地一笑了之。只要抗争,只要创造,我们就能有美的自我实现,因为美更重要的是灵魂和精神的美。所以,泰戈尔老人才这样意味深长地说:到心灵中去找美吧,而不要在镜中去寻找。

所以,美与丑的内在尺度是心灵。无论是男性,还是女性,要追求自身的完美，就必须首先使自己的心灵是美的。而这种美的最丰富普遍的表现形式就是人格、气质和风度的美。

美学家莱辛认为，风度是人生美在运动中的形式，而这种运动是灵魂的和谐。所以，风度较之外表的美更含蓄，更深刻，更能显出一个人的精神世界。因为风度是人的精神状态、个性气质、品性情趣、文化素养、生活习惯的自然流露。在风度的自我塑造和以感性美的形式展现出来的过程中，一个人外表的美与丑已没有决定性的意义了。这就正如罗丹所说的那样：我们在人体中崇仰的不是如此美丽的外表的形，而是那好像使人体透明发亮的内在的光芒。这一“内在的光芒”正是灵魂深处流露出来的美的风姿、美的风采、美的风范和美的风韵。

而且，我们认为，美的风度的培养，对于男性而言显得特别的重要。在我们传统的文化观念中，女性凭其姣好的容貌往往便能轻易地获得美的赞颂。而男性则必须更多地依靠自己刚强雄健的男子汉风度以获得美的赞赏。这或许是人生审美活动中一个不合理的现实存在，但既然是现实的，总具有某种合理性。正是从这个意义上讲，风度美的塑造和显示对男性而言显得至关重要。

毋庸置疑，美的风度不但来自良好的生活习性和态度，更重要的还来自长期的、卓有成效的知识、道德、思想文化的修养。因此，有美玉般的情操，才有光辉照人的风采。毛泽东“指点江山激扬文字”的风度，来自他伟人的情怀；周恩来、陈毅从容自若的风度，来自他们虚怀若谷的博大心怀；朱德、彭德怀威武果敢的气度，来自他们“铁肩担道义”的壮志；瞿秋白、方志敏乐观旷达、视死如归的风度，来自其坚定的信仰；鲁迅“横眉冷对千夫指”的铮铮铁骨，来自他不屈的灵魂；如此等等。这些当代中国的伟丈夫们的一生无不启示着我们对风度美的不懈追求。

风度美的追求对人类两性美的重要意义，或许可以借用别林斯基的一段话作为总结:“讲究风度,这种必要性不是来自社会身份或等级地位的虚假观念,而是来自崇高的人类称号;不是来自礼仪体面的虚假观念,而是来自人类尊严的永恒观念。”正是因为这个缘由,风度美的追求才构成我们人格审美追求的一个重要指向。

(三)刚强的美和柔弱的美

几千年来,女子喜爱强壮勇敢的男子,男子偏爱美丽温柔的女子,这几乎是亘古及今的两种最理想的审美标准。马克思在回答女儿向他列表提出的一系列问题中,也曾谈及这一点。他认为,男子最珍重的品德是“刚强”,而女子则是“柔弱”。这一言简意赅的评价无疑涉及到某种审美普遍性和共同性。在中国的传统哲学中,这两种美通常被称之为阳刚之美和阴柔之美。

人类两性的这一刚强和柔弱之美出色而优美地体现在古希腊的大理石雕塑中。正如前面已论及的那样,最典型的无疑体现在孔武有力的《掷铁饼者》和优雅妩媚的女神维纳斯的身上。文艺复兴时代的艺术家们同样杰出地表现了男女这种不同的两性之美。如米开朗琪罗的《大卫》和达·芬奇的《蒙娜丽莎》。前者充满坚毅、自信、刚强,后者神态安详、温柔迷人,含情脉脉的神秘微笑令人为之迷醉。人类学家和心理学家曾从两性的不同特征中揭示了这种阳刚之美与阴柔之美的必然性。从统计资料看,男子的气质往往主要表现为反应强烈、有意志力、刚毅、顽强、精力充沛,性格上显现出抗争的品性。女性的生理气质则相反,更多的是表现为优雅、含蓄、举止委婉、感情细腻,在性格上表现为柔弱。西蒙·波娃在其《第二性——女人》这部著名论著中曾提及如下一个事实:在发掘被火山熔岩和灰烬所掩埋的庞贝城遗址时,人们发现被烧焦了的男尸都处于反抗状态,呈与大自然抗争或力图逃避状;而妇女们则畏缩着,匍匐在地上。这一事实无疑是意味深长的。可见,刚强作为男性美,柔弱作为女性美是具有生理、心理学的科学依据的。性别的本质不同,就决定了两性美的这两种不同的追求:男子身上最受推崇的就是刚强的男子汉气概;女子身上最美的则是女性独特的温柔。但是,在我们的现实生活中,许多女性却自觉或不自觉地摈弃温柔而企求成为“女强人”,并以此来实现所谓的男女平等、妇女解放。而我们的舆论甚至还推崇这种追求。但我们却想指出,就审美人格的追求而言,这实在是不可思议的事情。在我们的理解看来,“女强人”的追求恰恰使女性丧失了女性人格中最美的东西:温柔的美。

刚强永远应该是属于男人的美的品性。那些历史上的伟男,无一不具有刚强的品性:马克思之所以成为马克思,燕妮之所以那样执着、坚贞不渝地爱着马克思,不仅仅是因为马克思有渊博的知识,更主要的是因为他是“思想上统帅百万精兵的杰出而刚强的人”(燕妮语)。还有中国女性曾经推崇的高仓健,那是因为他在银幕上塑造的角色,在冷峻、坚毅的外表下总蕴藏着一种坚忍不拔的力量,使人感到有所依靠。而这正是真正男子汉们所应有的刚强的品性。确实,无论我们是男性还是女性,当一个男人充满刚强自信地站在我们面前时,我们的心灵肯定会感到一阵欣慰和踏实,觉得我们的人生将是有所依傍的。而当一个男人在我们面前表现得畏葸不前,优柔寡断,甚至唉声叹气不绝于耳时,我们肯定就会滋长一种难以言说的失落感。可见,刚强的品性对于男人来说是多么的重要!

把刚强理解为男性美最重要的品性,同时便意味着不必对其他的人格品性求全责备。前几年,在中国的青年女性中,曾兴起过一阵寻找男子汉的热潮。“到哪儿去寻找高仓健”之类的感慨不绝于耳。我们当然无意对这一现象做全面的评价,但我们却可以指出其中的一个偏颇之处,这就是,大多数的女性赋予心目中的“男子汉”太多的美的品性了:英俊、潇洒、纯朴、忠厚、有极强的事业心、大胆、果敢、无私无畏、百折不挠、豁达大度、智慧超人、感情细腻、忠于爱情、刚强而又不失温柔……这几乎不仅把男性所有的优美人格品性，而且也把女性的美好品性都“集萃”于一身了。如此地“寻找男子汉”当然注定要以失望而告终。女性的美是柔弱的美。我们认为，把柔弱视为女性美最重要的品性，决非男尊女卑。因为美是不分尊卑高低的，刚强是美，柔弱也是美，只要是美，就是等值的。而且，作为女性美的柔弱，不是软弱驯服的同义词，柔弱的美，有其特定的内涵：它是指女性细腻的感情和同情心；是指女性的含蓄和凝重融合而生的风韵；是指女性中那最崇高最伟大的最无私的母性之爱。黎巴嫩诗人纪伯伦曾以优美的文笔描绘过这种女性的美：“我们用什么样的字眼才能描述这女性柔情的奥秘？它渗进人的每一根神经纤维之中，永远使人领悟到快适的、缕缕不绝的温馨，让人类在世事纷繁的劳作后获得一片入梦的栖息之地……”或许这也就是卢梭说的“女性如果抛弃温柔，那无疑是在抛弃自己”的真实含义。

我们认为，温柔使女性极易富有同情心，并能体谅和理解别人，制造一种美的人际氛围。因为温柔和同情总是使受挫折的心灵得到抚慰，使受压抑而淤积的心绪得以排遣，使失重的心理得以平衡。温柔、理解也总使失败者重新恢复他的信心和勇气。我们几乎可以断言，世界上再伟大坚强的心也总希望枕伏在亲切温柔的臂弯里的。

在理论和实践中需要澄清的是，作为女性人格美的温柔和同情心，绝不是指女性的唯唯诺诺。显然，倘若那个女子把毫无个性、唯命是从理解为温柔，那么，事实上，她并未真正理解温柔这一伟大品性的深刻内涵。真正的温柔总是和个性、主见、执着以及坚韧相互衬托的。众所周知，燕妮这位伟大的女性，对马克思的爱充满着温柔体贴，但这种爱同时在清贫困苦的家庭生活中又表现出非凡的坚韧和执着的个性。这才是真正完美意义上的温柔之美。

由于美是一种恰到好处的和谐,所以男性的刚强之美和女性的柔弱之美也必须是恰到好处才可能是美的。男性的阳刚之气可以表现为自信、刚毅和坚强不屈,也可以表现为自负、粗暴和武断。同样,女性那柔弱之性,可以在高度的道德审美水平上为人生增添美的享受,也可以表现为脆弱以及无可奈何的屈从。男性的自信、刚毅和坚强不屈,女性的温柔和同情心是美的;但如果男性的自信、刚毅变成了自负、粗暴和武断,而女性的温柔、同情心表现为软弱和无能,那么这就走向了美的反面。因此,男性和女性在刚强和柔弱之间如何选择和表现美,这当然取决于我们自己的认识以及情感和意志的努力。但注重对恰到好处的"中道唯美"之人格境界的追求,无疑是至关重要的。

男性的刚强之美和女性的柔弱之美作为世代相袭的人格审美理想,丰富着人生的内涵。刚强最忌讳的是软弱,而与柔弱相悖的是骄横。正是在男性克服软弱的抗争中,在女性摈弃骄横的自我修养中,男性和女性自我所特有的美构成了人格的美。

五、简要的归纳与进一步探讨的问题

法国哲学家笛卡儿曾这样说过:人格的力量并不能使我们强过自然的力量,只不过使我们作为人而感到自豪与自由。我们本章对审美人格的具体探讨正是人的这一"自豪与自由"的特性在不同领域里的展现。撇开具体展开的论述,我们或许可以对本章内容做如下的概括。

(一)简要的归纳

由于艺术的本质是美,因而,我们强调艺术对自我人格塑造中的审美熏陶。所以,面对着日益物欲化的人生,19 世纪浪漫主义学家提出了"人,诗意地栖居于世界"的口号,这充满诗意的口号所昭示的也正是艺术美与人生美的内在同一。

由于性格与人格在某种意义上的同一,我们强调美的性格塑造对“审美我”的意义。因而,我们对审美人格的追求有时就意味着我们塑造自我美的性格。美的性格表现为健全的理智、积极的情绪和非凡的意志力,而这一切性格品性的综合也就是强者的性格。一个真正拥有美的强者性格的人,能在同命运和痛苦搏斗时始终保持清静恬淡的心境,始终保持积极达观的人生态度。这无疑是人格审美追求的一种壮美境界。在合唱部分加入了《欢乐颂》的贝多芬《第九交响曲》,正是揭示了人类心灵中这一深邃的思想:通过斗争战胜人生的苦难,终于取得胜利和内心的欢乐。反之,一个弱者,一个行动不力的人,一个只会诅咒命运而在厄运面前束手无策的人,则必然会导致更加悲惨的命运。所以,“性格即命运”,美的性格才能带来美好的人生。

我们在论述性格美塑造的基础上对“审美我”做优美和壮美的区分。如果说优美是“审美我”抒情轻逸的美学散步的话,那么,壮美则是“审美我”崇高甚至悲壮的搏击。对于“审美我”的这两种具体形态,我们很难区分孰高孰低,因为,这两种人格美的形态都是审美人格所必需的。今天在我们所赖以生存的地球上,正飘动着大工业社会和崇尚利益的商业文明给人格带来的不可避免的焦虑的阴影。快节奏的社会生活,工业生产给予人们的机械压迫,商品竞争导致人际关系的冷漠紧张,等等,正使人类失去曾经有过的悠然自得的审美情趣。人生本应有的美学散步,被挤压成了“来也匆匆,去也匆匆”的风雨兼程。面对着这一切,追求充满优美情趣或壮美情怀的“审美我”,无疑是心灵回归自由的唯一途径。

不仅如此,“审美我”还可以做两性的区分,这就是男性的阳刚之美和女性的阴柔之美。可以这样认为,男性的刚强之美和女性的柔弱之美作为我们人格审美中世代相袭的审美理想,丰富着我们人生的内涵。刚强最忌讳的是软弱，而与柔弱相悖的是骄横。因此，正是在男性克服软弱的自我斗争中，在女性摈弃骄横的自我修养中，男性和女性以自己所特有的美构成了自我气质的美、德行的美和人格的美。

（二）进一步探讨的问题

尽管我们在论述两性美时涉及到人格美的生理体态方面的美，但作为审美人格的塑造，我们更主要的是从内在德行品行的角度论述“审美我”的内涵的。因此，如下一个问题便是无法回避的：审美人格的美与道德人格的美之间的关系问题，或者是否可以说，“审美我”中的美德就等同于“道德我”中的善的德行。

我们认为，美与善的确有内在的关联。从西方思想史上的考察我们得知，在伦理学的创始人亚里士多德那里，他就是把美与善相提并论的，他在其《政治学》中明确认为，“美是一种善，其所以引起快感正因为它是善”①。这一思想无疑是深刻的，它表明，人格中那些真正可以称之为美的东西总因有了善的内在规定才可能是美的。善与美的统一，更是中华民族传统对完美人格的内在要求。在儒家的传统思想中，“仁”构成其学说的核心。因而，这种传统文化中体现出来的美学思想必然深深打上道德伦理的烙印。故孔子称：“韶，尽美，又尽善。”②“韶”是一种舞曲，这个舞曲是表现贤明的帝王舜的政绩的。孔子对此十分赞赏，因为在他看来，这个舞曲由于是善的，所以才是美的；同样，由于是美的，才是善的，即达到了尽善尽美的境界。孔子还说，“君子成人之美，不成人之恶”，“里仁为美”。③ 这里所说的美，实际上也是指德行上的善。孟子则更把美和人格联系起来，提出了一个著名的命题：“充实之谓美。”孟子声称的充实就是美德的充实，一个充

① 《西方美学家论美和美感》，商务印书馆 1980 年版，第 41 页。
② 朱熹：《四书集注》，岳麓书社 1987 年版，第 199 页。
③ 朱熹：《四书集注》，岳麓书社 1987 年版，第 343 页。

满着美德的人也就是美的人。故孟子进一步阐发道:“充实善信,使之不虚,是为美人,美德之人也。”孔子和孟子的这一思想对传统文化的影响极大。把美与善并提,认为完美的人就是一个充满着高尚道德情操的人,这无疑是我们的文化传统中极有价值的一个思想。所以,美与善是一致的,这就如法国思想家狄德罗所说的那样:“真善美是些十分相近的品质,在前面的两种品质之上加以一些难得出色的情状,真就显得美,善也显得美。”或者说,在我们的人格中,因为有真与善的充实才显得美。

正是基于这样的理解,我们甚至可以说,当美学的创始人鲍姆加登把美学定义为 Aesthetics 时,他忽视了一个最根本的东西:美还是一种善,即美是因善而在人那里形成的一种悦人的情感体验。因此,动物也有感觉,但动物没有审美体验,而人因为有善的欲求和因这个欲求而制定的善的规范,所以,目的性(即“善”)的愉悦体验就是美。因此,人格美最典型地体现了美的这种善的本质。

但问题在于,我们不能因此将美等同于善,将审美人格境界等同于道德人格境界,否则我们本书中将道德人格与审美人格分开来论述也就没有意义了。因为从根本上说,善是美的本质,而美则是善的升华。正是据此我们认为,在人格境界追求中,最高层次是审美人格,因为审美人格是道德人格的升华。这也就是说,当善升华为美的时候,这种善就变得非常富有魅力,人们倾向善就如同倾向美一样,而当自我人格实行一种善行时,不仅受到理智的支配,而且受到情感的驱动,是情理相统一的力量促进我们去从事那一桩桩高尚的事业。而且由于美的圣洁性,它对人的灵魂的洗涤,对高尚人格的构造,其作用几近于宗教。所以日本当代美学家今道友信说:“美作为精神价值,比作为道德最高概念的‘善’还要高一级。因此,我认为,美相当于宗教里所说的圣,美是与圣具有同等高度的概念。即美与理想的道德善相比,还要处于上位。美是作为宗教里的理想道德而存在的最高概念。”①今道友信这里所说的“宗教里的圣”当然是一个比喻，这个比喻表明，审美人格追求的美的确要高于道德人格中执着追求的善。也因此我们认为，与道德人格的执着与勉力而行不同，审美人格追求的人格境界是自由而充满诗意的世界。

① 今道友信：《关于美》，黑龙江人民出版社1983年版，第176页。

第九章　审美人格的理想与实现

既然审美人格是道德人格的升华，那么，在自我人生对人格境界的追求过程中，建构审美人格的理想并孜孜以求在实践中实现它，就具有最终的意义。

——题记

道德人格的审美追求构成人格境界的审美人格。人格的最高层次是审美人格，而审美人格的最终实现无疑有赖于审美人格的理想的建构与这个被建构的理想在自我人生实践中的实现。这是一个由现实人格走向理想人格的过程，也是人生由“真”经“善”而走向“美”的过程。也许正是从这个意义上，孟子要以充实来定义人格的美，即“充实之谓美”。

一、审美人格的真与善

我们如果摆脱审美人格的抽象释义，那么或许又可以把审美人格理解为道德人格的审美追求。美国著名的哲学家桑塔耶纳认为，这是善向美的转化，人格在这里追求的是“美善”，“这就是‘美善’，是对道德的善的审美要求。这也许是人性中最美丽的花朵”[①]。由此可见，我们人格境界的追求，不仅可能而且必须从真、善、美的统一中去实现。

---

① 乔治·桑塔耶纳：《美感》，中国社会科学出版社 1982 年版，第 21 页。

（一）审美人格的现实与理想

在马克思唯物史观的基本观点看来，和人类任何理想形态一样，一方面，人格理想当然要超越一定的人格现实，否则理想就不成其为理想了；但另一方面，理想之区别于空想就在于，理想是受现实条件制约，并以现实存在和发展的客观规律作为可能性根据的。所以，就审美人格而言，它固然要超越一定时代条件下的现实人格；但与此同时，时代和社会的现实又要对理想人格的塑造和追求起制约作用。我们认为，这种制约作用主要表现为：

其一，审美理想人格的道德品性及智慧才能方面的塑造和实践中的追求能否实现，直接取决于一定时代条件下的社会实践生活本身，因而，尼采所追求的充满了壮美色彩的那种理想人格——“超人”是不存在的。

其二，审美理想人格拥有怎样的才能品性，追求怎样的人格境界，也都只是现实社会生活条件的产物，是特定社会集团现实的物质利益的反映，因而不存在超越时代和阶级条件的所谓永恒的圣人人格。

其三，审美理想人格的精神风貌也总是时代和社会风尚的折射和体现。因此，我们在历史与现实的考察中可以发现，在人们所崇尚的不同的审美理想人格中，总是可以找到现实生活的影响痕迹，如航海家崇尚勇敢冒险的审美理想人格，游牧民族则追求强悍豪爽的审美理想人格，等等。

可以肯定地说，审美人格之理想是否符合社会时代的发展，既是这种理想人格是否真，也是衡量理想人格是否进步合理（即“善”）的唯一标准，因此也是这种审美人格能否得以实现的唯一现实保障。

因而，审美理想人格的建构中反映和把握时代和现实社会条件，反映现实人格的客观存在是至关重要的。普列汉诺夫在谈及恩格斯的理想时就这样说过：“他也曾有过‘理想’，但是他的理想从来没有脱离过现实。他的理想,也就是现实,但这是明天的现实,是将要发生的现实。”①我们认为,审美理想人格的塑造也同样必须是对现实人格的一种合乎规律的反映,如果脱离了客观的现实人格,那么这种理想人格只能是一种不可能成为现实的空幻人格。当然,这仅是问题的一个方面。事实上,理想与现实的关系还有另一个重要的方面,这就是以现实为根据的理想,它同时又必须是对现实的超越和升华。理想总是超越现实的。因而,审美人格的追求从理想人格的塑造上讲,这个被塑造的审美人格事实上又是一种被理想化了的人格,一定社会或团体要以这种人格的典型使其成为现实生活中行为主体效仿的楷模。这样,审美理想人格事实上就表现为人对道德现实的一种向“善”的超越。现实生活中是真、善、美与假、丑、恶并存的,但在审美理想人格中则是真、善、美的和谐统一,是真、善、美对假、丑、恶的积极扬弃。也因此,审美理想人格与现实人格的关系就可以归结为“应有”与“实有”的关系。正是这个“应有”的理想人格构成行为主体在人格完善和成熟方面的奋斗目标,并因此使行为主体的人格显示出美的风姿及由此而具有了激励主体积极向善的精神力量。倘若审美理想人格等同于现实人格,那它就不成其为理想,从而也就不会对行为主体产生如此巨大的德行与审美的激励作用。

因此,我们可以这样认为,从人类历史上看,任何一个时代的理想人格之所以是美的,那都是因为,这种人格超越了它所处的时代的现实人格之上。无论是中国古代儒家“仁义”的理想人格,墨家“兼爱”的理想人格,道家“真人”的理想人格,还是西方近代资产阶级“自由、平等、博爱”的理想人格,抑或是空想社会主义者“爱好劳动,彼此友善,关心整体,积极向上”的理想人格的塑造,都是作为超越现实的理

---

① 《普列汉诺夫哲学著作选集》第1卷,三联书店1962年版,第547页。

想形式而存在，并对人类行为实践产生积极的影响作用的。也因此，这些不同理想人格的理论和实践，都对人类社会历史的进步起到了积极的影响和促进作用。

因此，我们从审美人格的理想与现实统一的角度分析，可以肯定地说，审美人格的美不是抽象的。在现实生活中，为什么审美人格能极大地激发行为主体的创造热忱和进取精神？这个问题的唯一答案只能是，因为这种人格是真的和善的。因此，我们认为，真的原则和善的原则构成审美人格塑造的两大基本原则：

其一，审美人格的美首先必须是真的。这亦即是说，理想人格是对现实可能性的反映。所以理想人格不是一种不切实际的空想，它对人格风貌、品性、才能等的要求是从现实人格中概括出来的，有着真实的可能性根据。也因此，审美理想人格就总是表现为对现实生活中代表未来的那种人格的精当概括和反映。这样，特别重要的就是，由于人是社会的人，人的本质是在于它的社会关系的存在。因此，审美理想人格还总是要准确地把握现实社会的发展趋势，古语称，"识时务者为俊杰"，这里的"时务"正是社会发展的客观必然性趋势。所以，那些逆历史潮流而动者，无论其人格品性多么坚强，最终总要被时代的潮流所淘汰。其二，审美人格的美更要求是善的。这亦即是说，我们在理想人格的建构中又总要反映着社会和时代最大多数人超越现实、超越自我的美好理想。理想之所以称为理想，而不称为现实，就因为它要依照人格主体的意愿而超越现实，表现为一种"善"的目的和向"善"的实践努力。当然，这种"善"的愿望是以对现实可能性的把握为基础的，但同时更必须是反映最大多数人的共同愿望，从而也是符合社会历史进步潮流的。

显然，我们在审美理想人格的塑造中，如果不包含这种"善"的成分，那它就会丧失德行的力量。从这样一个规定来看，我们无疑应当首肯社会中每一个行为主体的自我人格设计,因为这也是一种超越自我现实存在的理想建构。但必须特别强调指出的是,这个自我设计必须遵循“善”的原则。如果我们这个自我设计走向了个人主义、利己主义、唯我主义,那么这就是一种“不善”的设计,而这种设计由于当然要遭到时代和社会历史的摈弃和否定,从而必然丧失美的社会现实根据。①

因此,审美人格的真与善的规定也就是理想人格的真、善、美三者的统一。任何一个科学的合理的能在人类生活实践中发生影响的并具有审美感染力的美的人格理想,总是真、善、美三方面因素的交融渗透与和谐统一。

显然,就人生的具体实践而言,审美理想人格的具体范式可以各种各样,艺术家型的、科学家型的、实业家型的、政治家型的、军事家型的、文学家型的等等,其具体内涵也极宽泛,如批判和怀疑精神,随机应变能力,勇于独创和锐意进取,富于同情心和正义感,具有崇高的利他主义精神,能真正爱和恨,等等。但一个真正科学的合乎一定社会现实发展要求,并体现时代道德精神风貌的审美人格塑造,总是必须包含真、善、美这三方面的基本规定的,否则,这种理想人格的塑造就丧失了其实践的根据。

(二)中西文化比较中的审美人格追求

在中西文化剧烈碰撞的今天,我们以真、善、美的统一标准来反省我们传统的理想人格理论以及审视西学东渐中的西方理想人格理论,无疑是有意义的。这个意义不仅在于,作为文化的存在物,我们永远无法摆脱传统的影响,更重要的还在于,一个走在现代化进程中的民

---

① 张应杭:《论大学生人生理想重建的范式及实现途径》,《南京师大学报(社会科学版)》1995 年第 2 期。

族，是需要相应的现代人格作为主体条件的。

从审美人格真与美相统一的价值原则来看，审美理想人格塑造的一个基本原则和必要前提必须是“真”。这也就是说，人在设计自己的人格理想目标时，必须以人性的实际可能性和社会历史条件所能提供的必然性作为前提。因而，如果把理想人格的追求视为高高在上的天国梦境或凡人无法企及的圣坛，就像中国传统理想人格中无私无欲的“圣人”人格一样，在现实生活世界是不可达到的，那么，这种理想人格也就丧失了真的根据，它的存在本身就遭受严重质疑，它的实现也成为遥不可及的悬置之物。

我们认为，按照在中国传统伦理文化规范和影响下的理想人格理论，人格的塑造过程虽然在特定的历史时期和主要方面展现了自身强大的人格约束力量和意志作用，但它的一大问题是，它以“礼制”的伦理规约为人格追求设定了一个极难达到的高标准来要求每一个人，认为只有如此才能完全符合社会与个人相统一、国家与个人相协调的人格理念。这就造成传统中国的理想人格就应该是那种无私无欲的圣人形象，其他低一层次的诸如“大丈夫”、“君子”等理想人格的光芒被淹没的局面。事实上，综观中国社会历史的沧桑流变，几乎没有多少人配得上“圣人”这一称号。普通人只有在道德教化的过程中，尽量符合礼制、习俗的要求，将自我的情欲压抑在等级森严的宗法家族的体制之中。自我人格所展现出来的自由境界和它对美的象征都化为对现实的屈从，甚或自我利益的一时满足。人格的美在这里无疑已失落了。

显然，我们在对审美人格塑造的过程中，在汲取传统人格理论的丰富营养，吸收它对理想人格达到自觉境界的伦理规约的同时，必须注重扬弃这种无私无欲的圣人式的理想人格追求。因为这种人格追求恰恰是对真、善、美品性的否定，从而也将在人的生活实践中带来极大的危害。从理论上分析,我们认为,这个危害性至少表现在如下三方面:第一,这种理想人格追求靠的是外在伦理制度和礼法体系的系统规制,将个人视为实现宗族、团体、民族、国家利益的手段,并且将个人牢牢地束缚在既有伦理制度之中,个人人格塑造的自由本性和主体能力都受到严重的阻滞;第二,这种理想人格的追求也常常使行为主体的自我意识磨灭殆尽,个人只能依附于宗法社会,任何出格的想法和行为都受到严格的惩罚,走向圣人之路充满偶然和任意,亦步亦趋地遵循这条道路必然将自我封闭在内心,循规蹈矩地匍匐于伦理社会所规定的每一个人生步骤;第三,这种圣人人格的追求遵循的是"正心诚意"式的自我反思之路,注重"向内做功",摒弃一切外在的手段,从而造成行为主体缺乏对外部世界和现实生活的理性关注和开拓进取。

也正是从这一点上,我们充分肯定在当代中国人的自我人格追求中存在的自觉或不自觉的反传统倾向。因此,在现时代,审美的追求绝不是成为无私无欲的圣人,"而是在协调自我欲求与社会道德规范要求的过程中使自己拥有理想的人格。这亦即是说,在理想人格的追求中并不意味着把自我的所有欲望剥夺殆尽,而是相反,每一个自我都能自主而有效地保持自身对利益关注的内在目的与社会道德要求之间的适应关系,从而顺利地实现各种现实的人生需要,以达到自我实现和自我完善的目的"①。

也因此,我们或许可以认为,如果在现实社会生活中,依然有人在审美理想人格的追求中力图使自己成为传统人格中的圣人,那么就一时的效果而言,其结果或许是"善"的。但是,从道德的最终目的,即人格的真、善、美全面发展和完善的角度考察,这种人格追求却是一种不

---

① 张应杭:《论市场经济条件下的理想人格塑造问题》,《浙江社会科学》1994 年第 3 期。

真的、虚假的追求,所以,是不善和不美的。而且,这种圣人式的所谓理想人格的追求,不仅导致人们无法形成道德上真、善、美的品性,而是常常相反,使人们走向人格上的虚伪和堕落。这种人格显然是对审美人格的一种无情否定。

在我们对传统人格进行反省和批判的同时,在中西文化日益交融的现时代,对西方理想人格理论的分析、借鉴和批判,对于我们正确理解并建构合理的审美理想人格,无疑具有重要的启迪意义。正如我们已看到的那样,这其中弗洛伊德的人格理论无疑最为引人注目。而且,无论我们是否意识到,这一理论事实上对当代中国人的人格追求实践已产生了极大的影响。根据弗洛伊德的研究,他认为,人格由“伊德”、“自我”和“超我”所组成。“伊德”是人与生就有的东西,主要表现为本能,这是人格中最原始的部分。由于“伊德”受快乐原则支配,因而它盲目地毫无节制地追求自身欲望的满足。而“自我”则是从“伊德”中分化出来的一部分,亦即是说,当一个人出生以后,由于和外界所必然发生的联系,从而接受了现实原则的陶冶和规范,就不再受快乐原则支配了。所以,“自我”在现实原则的指导下所追求的目标是:既要获得欲望的满足,又要避免社会的惩罚。而“超我”是道德审美化了的“自我”,在“超我”中形成了良心、德行等内涵。人类道德之所以存在并能延续至今,正是因为每一个人的人格中都存在着“超我”的成分。人类文明最高尚最完善的道德理想正是在个人的“超我”人格中得到巩固的。然而,弗洛伊德又认为,“超我”和“伊德”一样不理性,它不断地以犯罪感、过失感和内疚感的方式来惩罚人的内心世界,从而使人格处于一种紧张疲惫的状态之中。

这样,在弗洛伊德看来,“自我”便处于两面夹攻的窘境,一方面是来自本能的冲动,另一方面是来自道德规范的无情监督。那些意志力不够坚强的人,其人格往往在这其中走向变态和扭曲,从而成为精神病患者。而所谓的健康的、理想的人格，则是指那种“自我”有足够的理性和意志力把“伊德”的冲动和“超我”的约束处理得合理协调的情形。

我们无意于全面肯定弗洛伊德的这一人格理论，事实上，他在诸如“伊德”的分析中就带有极明显的泛性主义的偏颇，他对“超我”是非理性的断言也恰恰是错误的。但无论如何，这一理论对我们审美理想人格的合理建构是有借鉴意义的。它至少告诉我们，个人在道德理想人格的塑造中，既不能以自己的各种本能冲动为准则，也不可能完全遵循社会道德文化的灌输。最现实的途径是，道德主体以自己的理性和智慧在这两者之间寻找一个现实的可能性，即既满足自我生存和发展的需要，又能得到社会的承认、赏识和悦纳。而人格正是在其中完善并走向美的理想境界的。弗洛伊德把这个过程称为“升华”。我们理解，弗洛伊德在这个问题上的最大失误在于：一方面，他过于强调非理性的本能的力量对人格的影响，使“升华”往往变得格外艰难；另一方面，他把这个“升华”理解成是人格的一种极度的无奈和不情愿，忽视了这个“升华”体现出来的一种审美自由。因此，我们如果借助弗洛伊德“升华”的说法，那么可以认为，理想人格的建构无非就是现实人格的道德审美提升。在这个提升的过程中，我们的人格具有了美的意蕴。而理想人格的实现无非也就是现实人格升华在道德实践中的自由实现。

这样，我们的结论就是：审美人格必定是把自身的各种需求和社会“超我”的道德观念及价值标准有机统一起来的人格。这个人格美的实现过程是一个注重实际而又追求理想的过程。所以，人格美的追求和实践，就不是人按照无私无欲的目标去压抑自己，而是在其中意识到从而自觉自愿地协调个人欲求和社会道德规范、道德原则与道德理想之间的关系，并使这种关系的协调处于一种“中庸唯美”的境界。

显然,我们在这里决不是简单地照搬弗洛伊德的结论,它是我们的时代、我们的人格现实对人格美的真实要求。我们每个自我个体的行为正是从这个“升华”中实现符合最大多数人的意愿,从而符合道德上的善的规范的。也因此,个人的行为从中才获得“充实之谓美”的人格品性的。我们认为,这种人格才是现时代所要求的体现时代精神和风貌之美的人格,也才是我们现实人格所要求的可能达到的一种审美理想境界。

二、审美人格:在批判中建构

由于人的本质是社会关系的总和,因而,从来不存在所谓抽象的共同一般的人的本质。也由此我们认为,不存在抽象一般的审美人格之普遍理想,这样,作为人的行为品德的综合表征的人格美也因时代历史条件的不同而有不同,甚至是迥然相异的内涵。但在现时代,作为人格追求的最高追求目标之审美人格,人格美应该有其特定的内涵。

按照我们前已论述的真、善、美统一的要求,我们可以从当代中国人的现实生活出发,对其中较有影响和代表性的几种人格理论做一简述和评析。

其一是享乐主义的人格理论。这种人格理论的一个基本出发点是崇尚人的自然本性。在中国古代,从《列子·杨朱》的作者那里,我们可以看到这样一种人格理想的典型,亦即所谓的“欲尽一生之欢,穷当年之乐”,“人生如梦,为欢几何?”在《列子·杨朱》的作者看来,人之所以不敢放纵欲望和享乐人生,为四事故:“一为寿,二为名,三为位,四为货。有此四者,畏鬼畏人,畏威畏刑,此谓之遁人也。”这种“遁人”在他们看来无疑是人格的一种异化。在西方,享乐主义的人格理论以古希腊昔勒尼学派的快乐主义为发端，到了近代资产阶级思想家那里开始形成一种系统的人生观。爱尔维修、费尔巴哈等人就曾费尽笔墨地论证，人的本性是“趋乐避苦”的：“快乐和痛苦永远是支配人的行为的唯一原则。”

人生当然要追求幸福和快乐，但我们认为，问题在于，幸福和快乐从来不构成人格的理想，因为它只是人们在追求理想（包括人格美理想）的过程中所体验到的一种情感。所以，马克思说：“享乐哲学一直只是享有享乐特权的社会知名人士的巧妙说法……一旦享乐哲学开始妄图具有普遍意义并且宣布自己是整个社会的人生观，它就变成了空话。”①

其二是悲观主义的人格理论。这种人格理论把人生理解为一个充满痛苦的过程。悲观主义的人生观以叔本华的人生哲学最为典型。在叔本华看来，人的存在充满了欲望，这个欲望没有实现时有“求之不得”的痛苦，而当这个欲望得以实现时又有“不过如此”的倦怠和失望。于是，人生注定要陷于痛苦的磨难之中，“人生实如钟摆，在痛苦和倦怠之间摆动”②。人格也因此注定无法摆脱痛苦的体验。佛教哲学的世界观和人生观也带着浓厚的悲观和厌世情绪，即所谓的“苦海无边”，唯有采取禁欲的人生态度方能“回头是岸”。悲观主义的人格理论看到了人生的痛苦和磨难，这有其一定的深刻之处，但这种人格理论所得出的结论却是错误的。事实上，人生既然表现为是一个对自己的本质通过理想的实现而不断占有和丰富的过程，那么这个过程就必然要充满艰辛和坎坷。因此，我们的自我人格注定要忍受痛苦和磨难，而我们的人格正是在这个痛苦和磨难中变得坚强和富有个性。因

① 《马克思恩格斯全集》第3卷，人民出版社1960年版，第489页。

② 叔本华：《爱与生的苦恼》，中国和平出版社1986年版，第99页。

此，只要我们始终拥有理想人格追求，那么我们就会自觉地把这其中的艰辛、曲折和痛苦视为是现实对理想的考验，视为生活对自我人格提升的磨炼，从而使自己在这期间充满着乐观主义的执着和自信。

其三是实用主义的人格理论。这种人格理论把“方便”、“有用”作为人生处世的最高准则：“存在就是对我有用。”实用主义人格理想以美国哲学家詹姆士和杜威为主要代表。他们从实用主义的基本原则出发，把人生的价值和意义理解为“对于我们生活是有利益和好处的”。因此，这样一种人格理论在我们的现实生活中通常以追求实惠、好处而表现出来。

我们的理论从来不否认实用，从某种意义上讲，“善”就是好的、有用的。因此，理想人格对人生也具有“实用”的价值。但是，“实用”在这里只能是结果性的存在，显然在人生中并不是所有“实用”、“方便”和“有利”的东西都可以去追求，并都能够获得实现的。因为在这个过程中，至少还有法的、道德的规范之必然性的限制。正因为这样，实用主义的人格理论不仅使人抛弃远大理想的追求，而且这种以“实惠”、“方便”表现出来的追求常常还是一种道德审美上的“不善”和审美上的“不美”的追求。

其四是意志主义的人格理论。这种人格理论特别推崇人的意志，把人的意志视为最高的存在，而人格追求的本质和意义不过是意志的充分实现而已。意志主义的人格理论在尼采、萨特等人的人格理论那里表现得最为典型。尼采认为，人生不过是一个把“强力意志”充分弘扬和强加给别人及整个社会的过程，因此，超人的理想人格追求的就是一个以自我意志为中心的存在。萨特则把人生理解为一个自由意志获得实现的过程，在他看来，在一个人的主体人格中，自由意志构成人格最重要的方面。

意志主义的人格理论看到了意志对人生活的作用和意义，这无疑是对的。但这种人格理论却把意志因素不恰当地夸大了。其实,意志从来只是人为了实现理想的一个主体性条件,而不是人生的目的与理想本身。而且,从历史唯物主义的基本观点看,意志能否实现和多大程度实现,也是受一定的社会历史条件及道德规范必然性限制的。因而,人格意志从来不可能像意志主义人格论者所理解的那样,可以随心所欲地实现。

其五是虚无主义的人格理论。这种人格理论认为,人的本质与价值从根本上讲是“虚无”。中国古代的老庄哲学就宣扬一种典型的虚无主义人生理论。在老庄看来,天地无穷,人生有限,故而为了保身养性,作为人格的最高理想,“至道”和“真人”的追求应崇尚“无为”。所以,老子有所谓的“为者败之,执者失之。是以圣人无为,故无败;无执,故无失”①之说。在这种虚无主义的人格理论看来,只有“无为”方能“无所不为”。其实,虚无主义人格理论恰恰是对人生的否定。因为人的存在从本来意义上讲正是真实而有为的,“虚无”、“无为”恰恰不是人之本性。因而,在现实生活中,虚无主义人格理论所谓的“看破”和“归隐”之类的追求,实质上往往是一种虚假的追求。

(一)对壮美的追求:共产主义的人格理想

我们认为,在我们置身的现时代,作为一种真、善、美的理想追求,共产主义人格理想无疑应该成为我们现时代审美人格的理想建构。自马克思和恩格斯创立了共产主义的伟大理想的时刻起,一百多年来,这个理想一直以其巨大的魅力吸引着一切进步的人们,并激励着无数的志士仁人为人类社会历史的进步做出不朽的贡献。事实证明,共产主义的社会理想和人格理想已是一个开始在世界范围内不断成为现实的运动过程。

---

① 朱谦之:《老子校释》,中华书局 1984 年版,第 260 页。

然而,历史的曲折,尤其是当前国际共产主义运动暂时处于低潮的局面,使我们对共产主义的社会理想和人格理想有了极多的误解,于是,我们发现,一些人在没有真正了解共产主义理想人格的全部科学含义之前,便匆忙地宣称:我不信仰这个理想。其实,在我们看来,真正的共产主义人格理想是包含丰富而深刻的理论与实践内容的:

其一,共产主义人格理想把为最大多数人谋幸福视为人生的最高理想,并视为审美人格的最壮美的追求。这样的人格理想,使我们能从中获得崇高美。因为在这个过程中,我们短暂而有限的生命获得了别人与社会的赞赏和承认,从而使自我人生的人生价值也获得了实现。

其二,共产主义人格理想把人生理解为一种抗争的过程。这是一个不仅向自然界、向社会抗争,同时也是向自我抗争的过程。所以马克思强调,必须把生活理解为斗争,把“刚强”理解为人格的最珍贵的品性。而马克思不凡的一生,正是一个充满艰辛、曲折和坎坷的过程。但也正是因着这种艰苦抗争,人格美的追求才能最终得以实现。

其三,共产主义人格理想也充分关注和承认自我人格欲望的追求与满足对于人生价值实现的重要性。所以,马克思说:“共产主义并不剥夺任何人占有社会产品的权力,它只剥夺利用这种占有去奴役他人劳动的权力。”①因此,马克思在描绘理想社会中的理想人格时,这样认为:“需要有完整的人的生命表现的人,在这样的人的身上,他自己的实现表现为内在的必然性、表现为需要。”②他们的需要即他们的本性。所以,问题不在于以个人自我人格欲望表现出来的个人利益是否必要,而在于这种人格欲望是否正当、合理,或从道德上讲,是否“善”。

---

① 《马克思恩格斯选集》第1卷,人民出版社1972年版,第267页。
② 《马克思恩格斯全集》第42卷,人民出版社1979年版,第129页。

其四,共产主义人格理想还把人的自由全面发展视为社会发展的最高追求。因此,每一个社会成员的自我理想人格的造就具有最重要的意义。但与此同时,这一理论指出,自我理想人格的这一追求只能置身于个人与集体和社会的相互关系中才是可能实现的。由此可见,在对共产主义理想人格的追求中,几乎包容了我们现实人格实践中所有"善"与"美"的追求。因而我们可以认为,这是审美理想在人格美追求中的一种最大、最高和最善的要求。

所以,正如我们在一些共产主义人格理想追求的楷模那里所见到的那样,我们在对共产主义人格理想的追求实践中拥有最完美的人生;在为社会最大多数人谋利益的过程中实现人格的价值;在对共产主义理想社会和理想人格的不懈追求中实现人生目的;在自我与社会的完美统一进程中实现人格的自由全面发展。因而,共产主义人格理想应该成为我们当代中国人在实现人生追求中一种最真、最善和最美的人格理想建构。

(二)幸福——人格理想的追求与实现

我们可以从很多途径获得幸福的体验,但幸福作为一种道德审美情感上的愉悦与快慰的体验,只有在审美人格的理想追求与实现的过程中,才最有可能获得。因而,我们在这里甚至可以把幸福理解为人在追求及实现审美人格理想过程中而得到的自我愉悦和欣慰的一种道德审美感受,而不幸则是,这种追求遭到了否定或阻碍而产生的痛苦体验。从这一理解出发,我们甚至可以说,如果在现实生活实践中,一个人根本没能有效地确立一种审美人格理想,那无疑是人生一种莫大的不幸。

其实,伦理思想史上对幸福的探讨源远流长。亚里士多德曾认为,"幸福就是至善",亦即,"最高尚的事是最公正的事情,最优美的事情是健康,最快乐的事情,是欲望得到满足。……我们把这些性质,……视为即是幸福”①。亚里士多德把幸福和人格欲望的满足联系起来把握是正确的,但他对幸福的理解又是抽象的,因为道德上的公正和人的欲望的满足往往要发生矛盾。这样,从道德的规定性方面考察,在我们的现实人格中,并不是所有的欲望都是可以满足的,唯有“可欲之谓善”(孟子语)。故而莫尔认为,只有“正直高尚的快乐才是幸福”。这就如恩格斯指出的那样:“当一个人专为自己打算的时候,他追求幸福的欲望只有在非常罕见的情况下才能得到满足,而且决不是对己对人都有利。”②因而,真正的伦理意义上的幸福必须是建立在道德上的善的欲望满足和快乐的基础之上的。故我们强调审美人格的“真”与“善”的内涵,而人格理想作为人的欲望在行为品质方面的一种综合体现,正是人类生活实践中的一种善的建构。在我们的现时代,正如我们前面论述过的那样,这个善的审美人格理想应该合理地被理解为共产主义的人格理想。我们正是在对这个理想的追求过程中获得人生最深刻的幸福体验的。我们景仰和称羡马克思的一生,这是因为我们知道,马克思在其青年时代就自觉地把人生的幸福理解为一个追求崇高理想的斗争过程。他也正是在这种“为大家而献身”的人格理想的追求中,体验和领略到人生最伟大的幸福和快乐的。因此,我们有足够的理由这样说,在马克思的人格理想中,人格美的追求几乎已达到了极致的境界。或许这也正是马克思的人格至今仍具有如此巨大魅力的重要缘由。

所以,当我们把幸福理解为在对审美人格理想的追求与实现过程中获得的一种愉悦感受时,也就可以理解,为什么马克思在回答女儿的提问时要认为“斗争就是幸福”。因为个人人格理想的实现从来都

---

① 周辅成:《西方伦理学名著选辑》上卷,商务印书馆 1964 年版,第 288 页。

② 《马克思恩格斯全集》第 21 卷,人民出版社 1965 年版,第 331 页。

需要以对现实的超越和抗争才能表现出来。因为理想与现实是不等同的,现实中的包括自我人格现实存在着的诸种“惰性”的力量必然要阻挠我们审美人格理想的实现。这样,无论是社会理想、政治理想,还是人格理想,在实现自己的过程中无疑都需要行为主体敢于斗争,甚至是艰苦卓绝的斗争。尤其是当一个人意识到这一斗争有着崇高的“善”和壮丽的“美”的目的和价值时,他甚至可以在牺牲自己生命的同时,也依然能体验到人生真正的幸福。因为此时,作为人格自然基础的生命消失了,人格却因着善和美而在历史发展的长河永存。而这无疑是人生为理想而斗争的过程中体验到的最高和最有价值的幸福。

也正因为幸福的人格在这里是指对审美人格理想的追求及实现的体验,所以当人格理想实现时,我们固然可以体验到幸福,但更多的时候,对人格理想的执着追求本身就是一种幸福。故决不能把幸福和丰裕的物质生活享受等同起来。对人格理想的追求在更多的情形下是人生旅途中一场艰苦而曲折,需要极大意志和忍耐力作为保障的长途跋涉。但只要我们心中拥有一个确定的理想,且因此有着一个坚定的信念,那么人生中再艰难困苦的跋涉也会是一种幸福。

《钢铁是怎样炼成的》的作者奥斯特洛夫斯基在保卫苏维埃的战斗中双目失明,身体也变得极为孱弱,但正是在这样异常艰难的条件下,他的人格得到了磨炼和提升,呕心沥血写成了这部当代文学史上的不朽之作。他在描述自己对人生价值和意义的理解时,有过如下一段被广为传颂的名言:“人的一生应当这样度过:当回忆往事的时候,他不会因为虚度年华而悔恨,也不会因为碌碌无为而羞愧;在临死的时候,他能够说:‘我的整个生命和全部精力,都已经献给了世界上最壮丽的事业——为人类的解放而斗争。’”显然,这是一个真正坚强的共产主义战士对人生意义的崇高理解,是一个伟大的人格对人生幸福的深刻体验。从中我们看到,拥有对共产主义人格理想追求的人生是何等壮丽美好的人生。我们认为,这对我们理解人生幸福无疑有着极大的启迪意义。这就是说,我们必须把对人生幸福的追求建立在诸如对共产主义人格理想的追求之上。只有这样,无论这期间要经历多少艰难坎坷,也无论最终是否功成名就,我们都能坦荡而自豪地说:我们无愧于自己的人格,因为,我曾为一个美好的人格理想追求过和奋斗过,并为之而感到最大的幸福。

三、在理想与现实的对峙中造就审美人格

审美人格追求的确需要真、善、美的理想目标建构,否则这种追求就没有了目的和指向。但真、善、美理想人格的这种理论上的建构,正如黑格尔指出的那样,它作为一种"善的理念",必然还有一个在外部世界中实现自己的过程。马克思把这个过程合理地理解为一个能动的革命的实践过程。亦即表现为,通过自我的实践活动而使人格美的建构得以真正具体地实现。而且,从人类已有和正在有的审美人格追求的实践中,我们可以发现,这是一个在理想与现实的对峙中交织着痛苦与欢乐,常常带给我们孤独体验,有时甚至要在生与死的抉择和创造中才得到实现的过程。

(一)审美人格追求中的痛苦与欢乐

我们的生活实践表明,在我们对真、善、美理想人格追求的实践中,经常有一种我们挥之不去、却之又来的人生体验,这就是痛苦。当然,痛苦源于人生的诸种矛盾。这种矛盾体现在审美人格的追求中就表现为人格的理想与现实的对峙和冲突。我们拥有一个真、善、美的审美人格目标,可现实的人格及所处的社会现实环境又常常使这个目标的实现充满艰难曲折。这种矛盾的存在就必然使我们的人生没浸在或浅或深,或短暂或持久,或轻微或强烈的痛苦体验中。

因而,肉体的折磨固然使我们体验许多苦楚,但这还称不上痛苦,我们在这里指的所谓痛苦是那种在审美人格追求中的磨难、困顿和迷惘,它隐藏在人的内心深处,缠绕着我们的灵魂,使我们的人格处于一种永恒的冲突之中。按照我们的理解,我们在人格理想追求中存在的这种痛苦通常有如下诸种不同的表现形式:

其一是审美人格追求中超越自我的痛苦。这通常是我们人格美追求中体验到的最强烈最深沉的痛苦。我们或许可以称其为约翰·克利斯朵夫式的痛苦。在罗曼·罗兰的笔下,约翰·克利斯朵夫对事业、对爱情、对人生理想的执着追求,都为着一个目的:战胜自我人格中的惰性和虚荣,从而超越自我以达到人格的理想升华。他忍受了难以言状的困苦和折磨,但也因此使自己的人格得以显示出美的风范。我们在审美人格的追求中,超越自我的痛苦无疑是经常忍受和体验到的,因为,作为目标的理想人格无疑正是对自我现实人格的艰难超越。但唯有这个超越,才能使我们达到人格美的理想境界。

其二是审美人格追求中忧国忧民的痛苦。作为社会的人,我们在自我人格的追求中必然要关注社会,关心国家民族的兴衰存亡,并在这个为国为民奋斗的过程中造就自己的真、善、美的理想人格。这样,对国家和民族前途的忧虑也深深地使人陷于痛苦之中。这或许可以说是诗人陈子昂式的痛苦:“前不见古人,后不见来者。念天地之悠悠,独怆然而涕下。”在这首《登幽州台歌》中,我们看到,这种痛苦折磨得诗人涕泗交流。但也正是诗人这种忧国忧民的博大情怀和德行,深深地感动着我们无数的后来人。

其三是审美人格追求中体验到的爱情痛苦。费尔巴哈曾称:爱就是成为一个人。我们人类的爱情生活实践表明,爱情的确能使自我成为大写的人。可在这个“成为大写的人”的过程中却同样充满着艰难与不如意。这其中,失恋对人格的磨砺最为典型,恩格斯在描述爱情中的失恋之痛苦时曾称，这种痛苦是“最优雅、最高尚的痛苦”。

佛教在其教义“苦谛”中对人生的痛苦做过许多详尽的阐述和描绘。佛教因此告诫人们：人生苦海无边，而消除这一痛苦的唯一途径是“回头是岸”，即看破红尘，根绝一切俗念，达到一切皆空的觉悟。我们承认，佛教对人生的痛苦的揭示是有意义的，但它在解释痛苦时却走向了唯心主义的幻觉。佛教可以在自己的教义中宣称，一切痛苦都可以在彼岸世界消失，但现实的人生痛苦却依然要在我们的人格美追求中真实地存在着。所以，佛教宣称“回头是岸”，但“此岸”世界仍然充塞着人生的诸种痛苦。

其实，人类正是在正视痛苦并战胜痛苦的过程中，才真正到达理想的彼岸世界的，而我们的审美人格正是从中孕育和造就的。因为痛苦可以磨炼人格，如果没有痛苦的这种磨炼，那么，勇敢力量、坚忍不拔等人格品性往往就无从造就。诚然，快乐欢愉的体验对人生而言是轻松的，但痛苦和不幸的考验则使人格有了坚强和怯懦的区分。因而，叶欣巴哈甚至断言：痛苦是人类的导师，灵魂在痛苦的培育下才日益茁壮。事实也证明了这一点，那些被称为英雄或伟人的人，往往都经历了我们所无法想象的痛苦之后才获得成功的。古希腊斯多亚学派的伦理思想家曾告诫世人，不动心和平静能减轻或消除人生痛苦的重荷。但我们认为，这只是一种无可奈何的逃避，而且事实上人们往往做不到。因为，既然我们无法逃避人生，当然也就无法逃避痛苦。这样，对人生痛苦的冷眼旁观或无动于衷，也许会达到某种表面上的平静，但这个平静的背后无非是两种可能：或是因着无法消除的痛苦的真实存在而更加不平静，或是走向人格心态上可悲的迟钝和麻木。因此，无论哪一种情形，对审美人格的追求与实现而言，都只能是一种不幸，是一种不善和不美。

因此，我们或许可以这样说，在对人格美的追求中，逃避痛苦比战胜痛苦要容易得多,但人生却因此失却了一个造就自我人格坚强品性的机会。正是从这个意义上,我们认为,斯宾诺莎的如下一个说法是深刻的:如果有人感觉痛苦,那他就首先力求去掉痛苦,痛苦愈大,他用来反对痛苦的力量也必然愈大,从而,其人格亦必然显得愈伟大。

的确,我们或许都有这样的体会,人生中最大的痛苦莫过于知道"应当"做什么,可又不能在现实中真正完全地做到这一点。但唯其有这种理想与现实的矛盾冲突中的痛苦存在,才促使我们有一种改变现实的决心和冲动,然后在这个改变现实的过程中造就人生不平凡的业绩和自我的理想人格。所以,罗曼·罗兰断言:只有体验痛苦的人,才能懂得人生的真正价值。

其实,从另一方面而言,虽然人生的痛苦纠缠在一起,但人生并不像叔本华声称的那样,所有的一切都是痛苦的。因为人生毕竟还有另一种令人愉快的审美体验:欢乐。古希腊哲人伊壁鸠鲁尽管不恰当地把人性视为先天地具有趋乐避苦的本性,但他对快乐的研究却是给人启发的。他认为,人类有两种快乐的体验:其一是感性的、肉体的快乐,如人的嗜好的满足;其二是灵魂、精神的快乐,即心灵的平静和无纷扰。① 我们认为,正如真正的痛苦不是肉体的磨难而是精神上的困顿那样,真正的欢乐也不是肉体的恣情纵欲,而是一种精神上的愉悦和满足。这是一种对自己孜孜以求的人格理想获得实现之后的自豪和欣慰的感受。

因此,当我们正确地选择了适合自己个性的人格审美理想,并在对这一理想的追求过程中摈弃了自我人格中的缺陷而造就了真正审美的人格时,我们便能从中体验到人生真正的欢乐。而且,在这个过程中,甚至那些坎坷、困顿、挫折、失败也能和欢乐交织在一起了,因为

① 《古希腊罗马哲学》,商务印书馆 1982 年版,第 368 页。

我们的理性能自觉地意识到，这些坎坷、挫折、失败等都是为着实现一个美的人格理想而必须付出的代价。

尤其重要的是，人类生活的实践经验表明，在我们这一审美人格理想的追求中体验到的是快乐还是痛苦，往往取决于我们自己，取决于我们对人生的态度。所以亚里士多德认为：幸福还是不幸取决于人的自我灵魂。从这一理解出发，我们认为，在人格美的追求中，真正取之不竭的快乐之源是自我真、善、美德行的造就。我们可以肯定地说，在每个人的现实人格品性中存在着许多尚未发现的新大陆。如果每一个人都能成为寻找这些心灵新大陆的哥伦布，那么我们就不仅能体验到绵绵不绝的欢乐，而且所体验到的这种欢乐往往是最深沉持久的。

毫无疑问，我们对审美人格追求的真正目的和使命当然既不是忍受痛苦，也不是享受快乐，而是追求和实现自己的人生理想。但在实现这一目的和使命的过程中，痛苦和欢乐总构成人生两个永恒的体验。只要认真反省一下我们曾有过的人生，并对我们正在体验的人生做一审视，便可以得出一个基本的结论：因着理想与现实的对峙与冲突，在我们人生繁杂的表象背后是一条痛苦和欢乐组成的运动曲线。

所以，我们拥有人生，我们便拥有痛苦和欢乐；我们追求审美人格，我们就注定要在这个追求中体验痛苦和欢乐。柏拉图曾把人生的“产业”规定为健康、美德、力量与财富，谁追求它，谁就拥有它。但他同时认为，在人生的上述“产业”中，无一不蕴藏着痛苦和快乐的成分。健康是快乐的，但为了维护健康所做的努力又是痛苦的；美德是快乐的，但要使美德充塞于内心，又有一个痛苦的节制过程；力量是一种快乐，但力量又常常带来纷争的痛苦；财富则既是痛苦又是快乐的根源。不仅如此，我们还可以说，对上述人生“产业”，我们得不到它是痛苦的，得到它是快乐的；得到是快乐的，失去是痛苦的；失而复得又是快乐的;我们没得到它时,在追求它的过程中可能是快乐的,可得到它又不知如何拥有和使用它则是痛苦的。因此,在人生追求人格美的过程中,痛苦与快乐永恒地在这里更迭着。

其实,在审美人格理想与现实的对峙和冲突中,我们体验到的痛苦和快乐不仅相互包含和转化,而且其本身也往往具有相对的意义。古希腊哲学家普罗塔哥拉说过一句在哲学史上极负盛名的话:“人是万物的尺度,是存在的事物存在的尺度,也是不存在的事物不存在的尺度。”①如果摈弃其中唯心论的因素,那么我们认为,这句话是包含了相对真理的。从哲学主体性的立场出发理解,我们认为,在我们的生活实践中,痛苦和快乐的存在也是以人为尺度的。因此,劳作对于怠惰者而言是痛苦,而对于勤劳者而言则是快乐;节俭对于奢侈者而言是痛苦,而对于简朴者而言则是快乐。如果我们在理想人格的追求中,能以自己的人格存在作为人生痛苦和快乐的尺度,那么我们的人格无疑就是理想的,并因此而显得美好。

我们可以说,正是因着理想与现实的对峙和冲突,我们在审美人格的追求中必然就有了痛苦和快乐的交织,我们的人生通常也就注定是艰辛和曲折的。但也正因为有了人格美追求中的理想与现实的矛盾及对这种矛盾的痛苦和快乐的体验,才使我们的人生摆脱了单调和乏味,由此显得丰富和厚实,并在这个丰富和厚实中使整个人生涵盖着真、善、美的理想品性。

(二)审美人格在孤独中的深沉体验

孤独是我们在审美人格的追求中经常体验到的又一种情感。一些哲人甚至从哲学本体论意义上论证人格的孤独的必然存在:宇宙是孤独的,地球是孤独的,因而人类也是孤独的。而伤感主义美学家们

---

① 《古希腊罗马哲学》,商务印书馆 1982 年版,第 138 页。

则因此断言，孤独和审美是一对孪生兄弟，人类一切博大深沉的审美体验都是在孤独中获得的。我们知道，人是社会的存在，人必然在自己的观念中形成群体意识。这种社会的群体意识无疑是对孤独的否认。但这仅是问题的一方面。事实上，就生命存在形式的个体性而论，正如我们看到的那样，每一个人的人格就其借以存在的方式而言都是独立的，因此，每一个个体都有自己不同的观念、品性和人格追求。这种各异的观念、品性和人格理想的追求便使得人与人尽管是处于一个非常密切的社会关系之中，但他们的心灵壁垒没有必要也不可能被打破。从这个意义上讲，每个人都是孤独的个体，每一种人格的存在也必然都是孤独的。

倘若我们以这样一个观念来审视历史和现实中的人生，我们甚至可以发现一个极为普遍的现象，这就是，历史上的那些伟人们往往是最为孤独的个体。陈子昂是孤独的，这孤独在他的诗作“前不见古人，后不见来者，念天地之悠悠，独怆然而涕下”中表现得淋漓尽致。康德是孤独的，这位孑然一身的哲学大师，终生只能对着“头上的星空”冥思苦索。卢梭也是孤独的，并因此而写就了著名的《一个孤独者的思想散步》。马克思也是孤独的，每当孤独袭来时，他就在心里与亲爱的妻子燕妮谈心。所以他在给燕妮的信中曾这样写道：“我的亲爱的：我又给你写信了，因为我孤独，因为我感到难过，我经常在心里和你交谈，但你根本不知道，既听不到也不能回答我……”①还有贝多芬、凡·高，还有爱因斯坦，还有鲁迅，还有傅雷……他们都是孤独最强烈的体验者。我们同时又可以发现，这种孤独非但没有妨碍他们成为伟人，相反却使他们的人格有了一种深沉美的意蕴。所以他们的人格才显现出或是悲壮的美，或是深邃的美，或是优雅的美，或是充满力度

---

① 《马克思恩格斯全集》第 29 卷，人民出版社 1972 年版，第 512 页。

的美。

我们认为,伟人的孤独是因为,伟人的观念、品性和追求与众不同。于是,当一个哲学家、一个科学家、一个艺术家、一个作家站在时代的前列,以他那颗充盈热情、善良之心勃发出一种强烈的爱,勃发出一种要使全人类沉浸于幸福之中的强烈愿望去拥抱全人类,可人们并不理解他,甚至还对他的思想、他的行为进行非议和嘲讽时,他必然要由此体验孤独。尽管我们每一个人并不都能如此强烈地体会到这种伟人的孤独,但我们的人生依然会有孤独的体验,因为孤独是生命的本质情感之一。只要我们有自己独特的思想价值观念,独特的认知、情感、意志,独特的审美人格理想的建构和追求,那么,我们当中的每一个自我就注定与众不同。因着这种与众不同,我们就难免要忍受孤独。但正是在忍受孤独中,我们可以像伟人们那样实现自己追求的独特的审美人格。从这个意义上,我们甚至可以说,孤独赠给我们塑造审美人格的一个契机。

古训曾云,“居不愁者思不广,形不幽者思不远”,这里所谓的“幽”、“愁”者,即可理解为孤独,其所谓“广”、“远”则是人格的一种崇高的审美境界。所以,在我们的理解看来,这一古训实质上揭示了孤独对人格美塑造的一个真谛。

于是,我们在这里将要探讨的问题是,我们何以在孤独中能有效地体验人格追求中最深沉的审美情趣,实现崇高的审美理想和审美信仰呢? 英国哲学家罗素提出的一个思想或许能帮助我们解开这一奥妙。罗素认为,孤独的情感作为人类的一种精神本能,是对社会束缚的反抗。我们理解,这亦即是说,一方面,人作为社会的存在,必然要受社会的限制和束缚,我们无法摆脱社会存在对自我人生的限制,正如我们在前面已多次提及的那样,我们恰恰是在这个过程中才拥有自己的真实本质的;另一方面,人作为类的个体的存在,又总有摆脱这种限制和束缚，追求自己建构的符合个性的真、善、美理想人格的冲动。而孤独正是对这种冲动的一种最经常最深刻的情感体验。正是在孤独中，我们以自己的认识、情感、意志的品性去建构一个真、善、美的人格理想。因此，一方面，这个理想是独特的，是属于我自己的；而另一方面，理想之所以称作理想又必然是真的、善的、美的。丧失了“真”的基础，理想变成空想；丧失了“善”的属性，理想便会被社会无情地否定；丧失了“美”的品性，理想将无法激发人充盈的热情和执着的信念。正是在这个真、善、美的追求中，我们体验到深沉的人格美的意蕴。

因此，在孤独中，我们有了在认知上深沉的反省，以达到对自我人生使命和生命意义的认识，从而建构一个审美人格的理想目标。这无疑是一个艰难而痛苦的认知过程。高尔基在其著名的散文诗《人》中曾这样写道：“他置身于荒凉的宇宙之中，独自站立在那以不可企及的速度向无垠空间的深处疾驰而去的一块土地上，苦苦地琢磨着一个令人痛苦的问题：我为什么存在。”的确，在人类理性的探究和实践中，像“我为什么存在”这类的问题，总使我们每个人在独处时为之冥思苦索。罗丹的著名雕塑《思想者》之所以双眉紧锁，沉湎于痛苦而孤独的思索中，那正是一种对人类自身使命中诸如对自我人格存在的价值之类问题的深刻反省所使然。但也正是在这痛苦而孤独的思想中，《思想者》显示了其充满内涵的力度美。显然，没有对诸如“我为什么存在”这一痛苦问题的自觉反省，便不会有真、善、美的人生与真、善、美的人格。

事实上，正是在孤独中，我们在情感上才能从容地积淀起对人格的美学信仰，并在此信仰中从容地体验人生的诸种审美情趣：孤独使我们在烦琐的世态中求得简练，在喧闹的尘埃中求得恬静，在世俗的环境中求得超然，甚至在不公平的遭际和突如其来的厄运中求得安慰和自悦。爱因斯坦在给一位因找不到工作、处境困难，从而对生活悲观绝望的音乐家的信中曾这样写道:“千万记住,所有那些品质高尚的人都是孤独的——而且必然如此——正因为如此,他们才能享受自身环境中那种一尘不染的纯洁。”①显然,这种人格中“一尘不染的纯洁”在爱因斯坦看来正是与孤独相关的。

而且,我们也是在孤独中使自己人格中的意志品格得以磨炼,从而在战胜自己与超越自己的升华中体验到优美愉悦的审美人格的。俗语云,“耐得住寂寞是人生的一大绝技”。寂寞正是一种孤独的境遇。这样的孤独无疑是对意志的最好磨炼。海伦·凯勒虽因双目失明、两耳失聪而使自己笼罩在冷雾般的寂寞孤单之中,她也曾经为之酸楚和绝望过,但超凡的人格意志和信念使她战胜了自己。而当她在孤独中战胜自己时,她体验到了人生最美好的东西。于是,她在自传中这样写道:“寂寞孤独感浸透我的灵魂,但坚定的信念使我获得了快乐。我要把别人眼睛所看见的光明当作我的太阳,别人耳朵听见的音乐当作我的交响乐,别人嘴角的微笑当作我的微笑。”这里展现的正是一种极其令人称赞的优美人格。

所以,孤独作为生命个体对社会束缚的反抗,正是通过生命个体在认知、情感、意志诸人格品性的反省、静观和磨炼中检验到人格最深沉的美学意义的。伤感主义艺术家和美学家们断言,一切最博大深沉的审美体验都和孤独攸然相关,其根据或许也就在这里。也因此,在文学艺术发展史上,我们可以发现,许多精美绝伦的艺术作品的诞生,都是孤独的灵魂所孕育。曹雪芹在10年孤独的凄风苦雨中用心血写成了不朽之作《红楼梦》,歌德用了60个春秋的寂寞沉思在文学史上树立了《浮士德》这一丰碑。凡·高这位被称为世界上最孤独的人,他

---

① 海伦·杜卡斯,巴纳希·霍夫曼:《爱因斯坦谈人生》,世界知识出版社1984年版,第100页。

作画正如我们所看到的那样，完全是为了在画布上洒满他那炽热而骚动不安的灵魂。还有毕加索、海明威、萨特等等。正是他们那孤独的灵魂和智慧，才带给人类许多美的杰作。而在这些属于整个人类的杰作中，我们则体验到人类自身绵延不绝的美。所以，我们可以说，对于一个真正追求真、善、美理想人格的人，孤独是使他更加深刻、更加明智地体验美好人生的最有效的途径。

不仅如此，孤独对审美人格的追求还具有另一个积极的意义，这就是，孤独往往意味着是行为主体对外界诱惑的一种节制。世界和人生充满着诱惑，名誉、地位、金钱、漂亮的异性、赏心悦目的良辰美景，甚至是那一时的舒适和享受，无不带着诱惑的魅力，使我们不由自主地沉湎于其中。而且，人作为一种感性的欲望的存在，又注定无法摆脱诱惑的纠缠和困扰。这样，孤独作为人格品性中一种理性的节制，则能使我们在幽思和沉寂中抗拒诱惑。试想，如果我们毫无节制地把自己投掷在诸如功名利禄的海洋中，那么我们非但不能实现审美人格的追求，而且甚至会毁灭自我和人生。也许正是从这个意义上，日本哲学家三木清在《人生探幽》中这样认为："一切人间的罪恶都产生于不能忍受孤独。"我们也正是从这个意义上认为，孤独作为一种审美体验，它对审美人格的追求具有不可替代的意义和作用。为此，我们或许可以断言，谁不能体验孤独，谁就无法体验孤独对审美人格追求所具有的深刻意蕴。

但是，关于孤独对审美人格的意义问题，我们还需做进一步的思考。如果对理论界在孤独问题上的研究做一认真的审视，便可以发现如下一个事实，这就是，一些哲学家和心理学家在论述孤独时，往往在强调孤独对人格的积极审美意义之后，随即告诫人们，一定要十分注意避免"有害的孤独"和"消极的孤独"，但对于何为"有害"的孤独和"消极"的孤独却没有一个明确的界说。

我们认为,这种认识和观念上的失误,必然引起生活实践中的混乱。于是,我们常发现,在我们的生活实践中,那些无所作为的自卑情绪,那些厌世绝望的哀怨,那些因失意而滋生的忧伤,那些因妒忌别人的成功而不能自拔的惆怅,那些一味地追求功名可又不得意的颓废,以及那些孤独自傲不可一世的清高,等等,均被有意或无意地视为孤独,至多只认为,这是所谓的“有害的”、“消极的”孤独。其实,这是人们认识中的一个极大的偏差。我们认为,人类感情中那些因自卑、烦恼、忧虑、痛苦、失意、恐惧以及自傲所导致的类似孤独的心境可以用一个词来规范,这就是无聊。无聊从形式上看类似于孤独的情感,但无聊却正是灵魂的一种可悲的飘忽和不确定。至于孤独,永远蕴含着人格最深沉的审美意义。在孤独的境界中,心灵是确定的,因为在孤独中,我们借助理性的睿智和深邃,从而能更客观、更真实地观览人生,审视自我,为实现真、善、美的理想人格追求提供独特的认知、情感、意志等诸品性。我们也许可以这样来区分孤独和无聊:孤独是人格的坚定与执着,而无聊则是人格的飘忽不定。或者说,孤独是自我人格对人生意义的一种确信,而无聊则是自我人格对人生价值的无情否定。或者还可以说,孤独是人格的深沉、自信和获得,而无聊则是人格中的浅薄、动摇和失落。由于无聊也是一种人格上的情感体验,因而,它注定要阻碍我们对人格美的追求。一旦我们的心境被无聊感所攫取,那么,我们就无法去体验人生中哪怕是最易获得的审美体验,因为无聊感使我们空虚浅薄。

当然,我们谁也不敢说,在自己的人格体验中永远不会产生空虚无聊的心境。正如叔本华所论证的那样,只要生命搏动着欲望,而这欲望在未实现或实现了却发觉不过如此的过程中,必然要产生无聊的感觉。所以,追求审美人格在这里便意味着,一旦我们的心灵被空虚无聊感所侵袭,我们必须尽快摆脱或战胜它,否则,审美人格的追求就会无缘得以实现。

显然，走出无聊的自我认识论的前提无疑是要善于把握自我的情感体验中孤独和无聊的界限。真正的孤独是“孤而不独”的。因为孤独者在幽远、缄默的深思中不仅连接着生命的一切领域，而且穷尽着大自然的浩渺世界，并从中体验到自我人格中那思想的美、创造的美和博爱的美。无聊则是心灵被一种局外感、一种无意义感、一种冷漠感所占据，因而，尽管其表现形式和孤独一样，或许也是寂静独立，或幽居缄默，但无聊却根本无法体验到孤独所带给自我人格体验中的丰盈的审美享受。

在生活实践中，许多人之所以无法摆脱无聊的阴影笼罩，那是因为，他们常常把无聊误解为是一种孤独。叔本华就曾被我们中的一些人视为是孤独的哲人，但我们认为，与其说他是个孤独的哲人，还不如说他是一个被无聊感充塞的人更为妥切。因为，他的心灵是骚动不安的，他被生命的诸种欲望所俘获，过着放纵的生活，而这种生活又使他显得异常的痛苦。于是他对人生得出了一个悲观的结论：“任何人生都是在痛苦和空虚无聊之间抛来掷去的。”[①]虽然叔本华深谙空虚无聊对人格的消极影响，但他却未能走出这一消极的人格心态，这是叔本华的悲剧。与叔本华相比，之后的尼采则可以称之为真正孤独的哲人。我们显然不同意尼采哲学中许多偏激和武断的结论，因为那往往是偏见和狂妄的产物。但我们却得承认，这位孤独的哲人是一个充满坚定、自信的人。他的时代无法理解他，他却自信在为“下一个世纪的人写作”。正是这种孤独中的洞察和审视，使尼采对人生得出了和叔本华截然相反的结论：“人就是美，人生就是悲剧美。”[②]特别值得指出

① 叔本华：《作为意志和表象的世界》，商务印书馆 1992 年版，第 431 页。
② 尼采：《瞧！这个人——尼采自传》，中国和平出版社 1986 年版，前言第 7 页。

的是，由于人类感情的复杂和微妙，人格中的孤独感有时也会向无聊感转化。孤独原本是我们为了更深沉地寻觅和体验审美人格的一个手段，但这个手段却常常异化成目的，而不知不觉地使我们陷于一种无聊之中。当我们无法自制而被孤独所吞噬时，或当我们故作深沉为孤独而孤独时，抑或当我们把孤独理解为逃避人生的隐世时，这时的孤独就已丧失了原有的审美意义，而沦为与美相悖的空虚无聊了。

我们可以肯定地认为，走出无聊的最根本的途径是追求人格和精神世界的充实。亦即是说，如果我们是一个感到无聊的人，那么，只要我们认真地为自己的人格确立一个真、善、美的理想和信仰，并为之而孜孜奋斗，我们就能有效地走出无聊的阴影，从而去体验幸福、充实而欢快的人生美学意蕴。而我们审美人格的美的追求也就从中得以实现。

四、审美人格的最高追求：不朽

我们应该承认，对审美人格理想的一个最大也是最无情的限制因素是，从生理学上讲，作为人格的自然承担体，生命不可能是永存的。因而，无论我们人格的理想是否已得到实现，也无论我们的人生是否达到了如孔子声称的“仁者不忧”的审美境界，当我们的生命走完自己的历程时，这一切都将不复存在了。所以，甚至马克思也认为，“死似乎是类对特定的个体的残酷无情的胜利，并且似乎是同它们的统一相矛盾的”①。因此，每个人的生命都只是永恒历史发展长河中的一瞬间。生命诚然可贵，但死亡毕竟是一个真实的必然存在。尽管从古到今，有多少人想使生命永驻，但却从来没有一个人真正做到这一点。秦始皇就企图长生不老，以永久享有至高无上的权力和荣华富贵，可

① 《马克思恩格斯全集》第 42 卷，人民出版社 1979 年版，第 123 页。

他最终恰恰是死在东巡求长生不老药的途中。中国历代有极多的帝王将相效法秦始皇,或信道士的仙丹,或信方士之术,或信佛吃斋,都企求长生,可终究没有一个是长生的。因为科学证明,这只是一种虚幻的人生追求。所以,许多人本能地要把死亡看成是人生的一个最大的悲剧。甚至连蒙田也因此错误地把生的本质理解为死。因为在他看来,人的生命固然使人有了追求理想、目的、欲望的能力,但面对着死亡,这一切又都将不复存在和没有意义了,因而,人类生命的本质实际上只是一种死亡的不断更迭。

然而,在我们看来,死亡只是人生的一个事实,它并不构成人生的悲剧,更不因此而成为人生价值的否定因素。75 岁高龄的歌德在一次与友人散步时,看到了绚丽的日落,在一阵沉思之后,他吟诵了一句古诗:“西沉的永远是这同一个太阳。”①接着他快活地像孩子似的对友人说:“到了七十五岁,人总不免偶尔想到死。不过我对此处之泰然,因为我深信人类精神是不朽的,它就象太阳,用肉眼来看,它象是落下去了,而实际上它永远不落,永远不停地在照耀着。”②他以哲人的睿智和洞察力,揭示了人生可以有不朽的追求这一深刻的真谛,并以自己毕生的努力实现了这个追求。

是的,在我们的人生中,肉体可以死亡,灵魂也将随之消逝,因而,长生不老、灵魂不灭只是一些荒唐的幻想。但我们每个人却可以像歌德那样让自己的人格精神千古不朽,万世流芳。因而,从理论和实践的角度考察,自我人格走向不朽的追求正是实现歌德这样的一种人格追求,也就是使自己的人格精神如同一轮永不落的太阳那样照耀着后人。这无疑也就是审美人格的最高追求的实现。

---

① 爱克曼:《歌德谈话录》,人民文学出版社 1978 年版,第 42 页。

② 爱克曼:《歌德谈话录》,人民文学出版社 1978 年版,第 42 ~ 43 页。

我们理解,要使自己的生命超越死亡走向不朽,要使自我人格美的追求走向这一光辉的顶点,就必须有对人生理想的坚定而执着的追求。我们正是在这个追求的过程中使自己拥有被后人所乐道讴歌的伟大人格品性的。在这个问题上,我们认为,中国古代伦理思想家的理论与实践探求颇给我们以启迪。正如哲学家张岱年先生指出的那样,中国哲学离宗教最远,从不探讨灵魂不灭,而更注重生命如何以自己的创造和贡献达到不朽。[①] 我们可以发现,早在《春秋左传》中便有如下关于人格如何才能达到不朽的记载:"太上有立德,其次有立功,其次有立言:虽久不废,此之谓不朽。"[②]这亦即是说,立德、立功、立言是人生达到不朽境界的三个现实途径。

事实上,我们可以发现,中国古代的圣人贤者孜孜以求的莫不和这"三不朽"相关。我们民族史上那些至今英名永存的人,如老子、孔子、李白、杜甫、苏轼、文天祥、李世民、成吉思汗以及近代以来的严复、康有为、孙中山、毛泽东、周恩来等人,无一不是以独特的创造和不懈的奋斗精神,或立德,或立功,或立言,或兼而有之而使自己的生命永垂不朽的。正是从这个意义上,我们理解了明代思想家罗伦的如下一段精辟之言:"生而必死,圣贤无异于众人也。死而不亡,与天地并久,日月并明,其惟圣贤乎。"因而,生命的躯体无法永存,但生命在追求人生理想的过程中却可以通过立德、立功、立言而使其精神走向不朽和永恒。人格美在这个过程中也就达到了自己的极致境界。

毫无疑问,我们都希望自己能够使短暂的生命走向不朽,希望自己在社会历史的进程中英名永存,从而使审美人格的最壮美追求中具有一种积极的创造、奋斗和抗争精神。我们理解,中国古代思想家提

---

① 参见张岱年:《中国哲学大纲》,中国社会科学出版社 1982 年版,第 485 页。

② 转引自张岱年:《中国哲学大纲》,中国社会科学出版社 1982 年版,第 485 页。

出的立德、立功、立言之“立”正是这样一种创造、奋斗和抗争的过程，这无疑是一个艰辛而痛苦，并充满着失败挫折的过程。仅就“立言”为例，历史就留下如下的记载：司马迁的《史记》写了约15年，李时珍的《本草纲目》花了约27年，曹雪芹10年心血始成《红楼梦》，达尔文著《物种起源》花费约20年，而歌德的《浮士德》则几乎耗尽他一生的时间，写了整整60年。我们可以想象，这是多么艰辛的痛苦的创造过程。但也唯其有了这种坚定执着的创造精神，才使他们有限的生命获得了不朽的价值，使他们的人格精神至今仍被人们传颂。

可以肯定地说，创造的艰辛是必然的，因为生命的存在一方面很短暂，另一方面也很脆弱。而个体生命所面临的外部世界则往往是无限强大的。但也正是在这个以短暂抗衡无限，以脆弱抗衡强大的创造和奋斗中，生命得以延伸，审美人格的追求或以优雅或以悲壮的形式得以实现，而人格的美学意境也就在这优雅或悲壮中得以最终造就。所以，有哲人做了如下一个总结：“平庸的生命再长也是短促的，而轰轰烈烈的生命再短也是永生的。”我们要使自己的生命走出生与死的无奈夹角，就必须勇敢地投入轰轰烈烈的创造之中。没有创造，便没有生命，便没有审美人格追求的实现。

但是，在现实人生中我们发现，并不是所有的生命都能自觉地选择创造而使其不再变得短促的。在生与死的艰辛与痛苦的选择中，有许多人甘愿毁灭生命而选择死亡。在我们看来，德国存在主义哲学的代表人物海德格尔的哲学在一定意义上就是这样一种教人如何走向死亡的哲学。他曾把哲学定义为，“死亡使人突然面对自己，懂得生的意义”。为此他在自己的哲学中声称：“死是人的存在的最高可能性，为了领悟生命，最好的办法就是果敢地心甘情愿地选择死亡。谁自觉地走向死亡，谁就获得自由。”

与海德格尔一样，梅洛·庞蒂同样体认到了这一点：“死亡是个人独自担当的行为,它从存在的混沌一团中划出我们所属的这块特殊天地,它无与伦比地阐明了种种信念、梦想和激情所由此产生的这一不可穷竭的源泉——这一源泉悄然赋予了世界的景观以生机,死亡因此比任何生命的插曲都更好地让我们懂得了:是根本的偶然性使我们得以在世上露面并使我们从世上消失。"

梅洛·庞蒂是否因为认识到这种根本的偶然性而想像笛卡尔那样为它找到一个绝对可靠的基础?也许是,也许又不是。说"是"是因为梅洛·庞蒂确实在做着这样的尝试,想把偶然性引到必然性中,使之结束在必然性中。说"不是"是因为梅洛·庞蒂同时也清醒地意识到,必然性也在返回到偶然性之中,因而,"对死亡的沉思战胜不了死亡","对死亡的沉思是虚伪的,因为这是一种忧郁的生存方式"。

萨特这样描述梅洛·庞蒂:"他是这样一个儿童,他对我们徒劳无益的成长表现出确定性反感,他提出了一些大人们决不会回答的令人震惊的问题:我们为什么活着?我们为什么死?没有任何东西在他看来是自然的——也不应该有一个历史或一个自然。他不理解这是怎么发生的:必然性返回到偶然性,而所有的偶然性结束在必然性中。"

我们可以这样来设想,梅洛·庞蒂之所以想记录下他的个人生活,也许是因为,他感兴趣的不是这些个人生活的特殊性或偶然性,而是这些特殊性和偶然性是怎么产生出来的。他一度曾想过写小说,就是因为小说比起自传来更容易探索这一问题。但他最后还是选择了哲学,原因也许在于,这些特殊性和偶然性本身就是通过哲学发现的,因而,也只有通过哲学的方式来解答。当然,解答不是要消除偶然性,偶然性是消除不了的。

回到梅洛·庞蒂的死亡本身,一个有趣的,同时也值得思索的现象就是:如果说梅洛·庞蒂生前有意把他的个人生活消融在他的思想中,那么,这种突如其来的死亡恰恰以最极端、最尖锐的方式向他(我们)表明:生命是不可消融的,一个竭力想使自己消失的生命恰恰在其真正消失之际把它的全部特殊性都带出来了。

不仅是海德格尔和梅洛·庞蒂,许多作家、诗人也都以自己的作品,甚至以自我的生命证明:死亡是对生命痛苦的解脱,死亡对人格美的追求具有永恒的审美价值。席勒在《短歌》中甚至留下了这样的诗句:“这自杀的想象,实在富有迷人的力量,它好像是一个甜蜜的休息。”海明威在他的作品中则留下了这样的说法:“当人们希望一个温暖的、永久的团聚时,自己选择死亡是最完满的结局。人生如果是一场苦刑,那应早点结束,人生如果是一场漫长的旅程,那也应短些。”而且,海明威最后果真选择了自杀,令人无不遗憾地结束了他那“硬汉”的一生。

我们当然必须承认,“硬汉”海明威的自杀有其特定的根由,我们自然无法就其自杀这一现象而妄断海明威的人格因此不美。然而,就一般情况而言,我们认为,试图选择毁灭生命的方法而使自己摆脱生与死的对峙中的痛苦,这只能是一个虚假的解脱。对人生而言,这恰恰是和人生美学意境的追求相悖的。这当然不是因为我们选择死时依然是痛苦的,它要经过极多的犹豫和痛苦的煎熬,也不是因为我们选择的死亡带给生者的是更多的痛苦,而是因为选择死亡意味着我们选择了一种没有生命的人生,而这种没有生命的人生从来都是虚假和不可能存在的。一个生命降临人世,没有留下一点自己的痕迹,没有为这个世界增添一点真、善、美的色彩,也没能体验到人世间的许多幸福和欢乐就无声无息地逝去了,试想,人生还有比这更不幸的遭遇吗?

的确,就现象而论,正如一些人认为的那样,自我毁灭似乎是自我人格对生与死抉择中的一种审美豁达和洒脱。然而,这种豁达和洒脱仅仅是一种表象,就其实质而言,恰似作家笛福一针见血指出的那样:“自杀是胆怯无比的结果。”因为这是对生的创造、生的艰难、生的痛苦的一种胆怯和退缩。由于这种胆怯,自杀者也就无法体验到生命创造所带给人生的无限快乐和幸福。其实,我们的人生恰恰是在对生命的艰难、痛苦的创造中体现价值的。

因此,自杀对审美人格的追求是一种不真和不善。选择死是每个人都能轻易做到的,唯有选择生,而且在生命的创造中造就壮美的业绩,这才是生命的意义,也才是人格美追求的真实内涵。因此,我们可以说,生比死更为艰难,但也更有意义。死只要一时的决心,而生却要一辈子的勇气。

所以,在人格塑造的生与死的思考中,我们或许可以做如下的总结:大自然赐予我们生命,我们应该对生命有所创造和奉献,否则就愧对生命,没有创造的生命,其人格只有形式而无内容,只有现象而无本质。如果面对大自然赐予的生命,我们不仅没有创造和奉献,反而使之毁灭,那么我们的人格不但没有内容,没有本质,甚至也将失去形式和现象的存在,这无疑是对审美人格的一个最大否定。

对于生命的死亡与不朽的关系,高尔基做过如下一个形象的比喻:"死亡是一个捡破烂的女人,她把破旧、腐烂、无用的废物收进她那龌龊的口袋,时而也厚颜无耻地想偷窃生命的一些健康、有用的东西。但对于生命中那崇高的精神,这个捡破烂的女人是永远偷不去的。"显然,人格美的追求在这里就意味着,我们要在自己的德行中培养和造就这种连死亡也对之无可奈何的崇高精神。这种精神正是由真、善、美的人生理想和人格理想所赋予的。在人生中,如果没有了这种精神,那么我们就只能随肉体的死亡而让自己永远地销声匿迹于历史发展的长河之中。

所以,斯宾诺莎说:"自由人的智慧不是关于死的默念,而是关于生的沉思。"因为死的默念、想象、恐怖,都无助于人生和人格获得不朽。唯有对生的沉思、反省、审视,并因此在对人生理想和人格理想的建构和创造中，或立德，或立言，或立功，从而为我们所处的世界留下一点有价值的东西，使这个世界能因此而怀念我们曾经有过的生命。一旦做到这一点，那么我们无疑就已超越了生与死的对立，而使自我人生走向不朽，从而实现了审美人格的最高的追求。

可以肯定地说，我们的人生旅途无论多么遥远，迟早有一天会走到生命的尽头。在现实生活中，我们常可以发现，许多人只是非常恐怖而无奈地等待死亡的来临，而不愿以生命的创造、抗争和奋斗去实现自我人格的不朽价值。这无疑是人生理想追求的一种不幸。因着这种不幸，我们自然也就无法拥有真、善、美的理想人格，从而无法领略真、善、美的理想人生所带给自我人格的道德审美体验。

人的社会本质和价值追求的社会性决定了，一个人生命的价值不是以生命的时限来衡量，而是以他为这个社会留下过什么有价值的东西来评判的。因而，如果我们能以自己对审美人格的追求和创造而使自我的生命永远活在后人的心中，那么我们就可以幸福而自豪地说："我超越了死亡，走向了不朽。"我们的人格乃至整个人生的道德审美价值也就在这其中获得最终也是最真、最善和最美的实现。

五、简要的归纳与进一步探讨的问题

（一）简要的归纳

可以对本章的内容做如下简单的归纳：我们认为，任何一个科学的、合理的，因而能够付诸自我人生实践的审美人格目标建构，必须是现实人格与理想人格的辩证统一。这亦即是说，一方面，人格美的塑造必须是对现实社会及现实人格提供可能性的一种正确把握，这就如黑格尔所深刻指出的那样："人格无条件地具有真理性。"否则，一种审美人格目标尽管也可以在观念上超越现实，但却因不真而无法实际地做到这一点，最终只能流于空幻。但另一方面，我们同时更强调，审美人格的追求又必须高于现实人格。因为理想人格作为对现实人格的超越和升华，必须对人格进行真、善、美的塑造，没有这种以真、善、美为原则对自我人格的超越和升华，审美人格就没有激励人们为之孜孜以求、奋斗不已的魅力和感召力。

从审美人格理想与现实相统一的要求出发，我们认为，马克思所描绘的"有完整的人的生命表现的人"①正是一种共产主义的理想人格。而这一共产主义的理想人格之所以代表我们现时代对人格真、善、美理想的最高追求，是因为，这个人格理想首先是"真"的，即它不仅把握住了社会历史发展的客观必然趋势，而且反映了许多人在不了解共产主义审美人格理想的全部真实含义的情况下便肯定地说：我们是匆匆地得出"我不信仰"的结论的。当然，之所以出现这种情况，和我们以往在"左"的思想影响下过于高远地理解共产主义的人格理想相关。这种过于高远（即所谓高大全）的共产主义人格理想由于脱离"真"的根基，自然要遭到特别崇尚务实进取的现时代人们的摈弃。但我们不能因噎废食。为此，我们在这里依然执着地强调共产主义审美人格理想的建构与追求，因为，这是我们在现时代人格美的最真和最善的追求。

如果说，共产主义的审美人格理想的建构为我们实现人格美提供了重要的价值指向的话，那么，积极地去追求和创造则是人格美实现的唯一途径。创造是艰辛的，我们注定要在这期间忍受痛苦，体验孤独，但创造又是别无选择的。否则，我们的生命将没有意义。事实上，我们恰恰是在忍受痛苦、体验孤独的创造过程中，孕育了人格的最深沉的美学意蕴的。特别重要的是，如果我们是一个积极的创造者，那

① 《马克思恩格斯全集》第42卷，人民出版社1979年版，第129页。

么，我们的人格甚至可以在“立德”、“立功”和“立言”中超越死亡，而具有不朽的审美意蕴。如果我们做到了这一点，这无疑意味着，我们对审美人格的追求达到了一个最高的境界。

所以，我们坦然地承认如下一个事实，我们的人生旅途无论多么遥远，每个人迟早有一天会走到尽头，因为我们总要走向死亡。也因此，超越死亡以求英名永存无可非议地构成人类的一种永恒的希冀。但是，使这种希冀成为现实的唯一途径只能是创造。所以，死亡终究是不必忧郁的，因为“死亡是最伟大的平等”，倒是生使我们感到沉重。正是在生中才有了人格的伟大与平庸、崇高与卑微、英名永存与默默无闻的分野，并从中有了美与不美的区别。所以，一个人生命的价值，不是以生命的时间来衡量，而是以他为社会创造了多少财富来评判的。我们每个人的人生目标无疑应在自己短暂的一生中，以自己的创造和奋斗，造就自己伟大、崇高的人格以使自己英名永存，使自己有限的生命有一个不朽的永恒归宿。正是这个永恒与不朽表明了，我们对审美人格的追求已臻于极境。

（二）进一步探讨的问题

由于我们把人格境界的最高阶段理解为审美人格，因此，自然而然地，我们在本书中把对人生的幸福理解为对审美人格理想的追求与实现。然而，这样来界定幸福本身或许是可以做进一步探讨的。我们给出的只是我们的答案。

古往今来，每个人都按照各自的方式谋求幸福，人们对幸福的理解和感受始终同特定条件中的特定个体相联系。幸福的范畴究竟是主观的还是客观的，是感性的还是理性的，是动态的还是静态的，等等，这些问题历来使诸多研究者产生着意见分歧。1961 年，在一次专门讨论幸福问题的日内瓦国际会议上，瑞士的一位学者才格莱表示：“你的幸福从属于这一件事件，他的幸福从属于一件完全不同的事情……某人只以安安静静为满足,某人却以兴奋激动为快。有一些坐着的幸福,也有一些活动的幸福;有一些带笑容的幸福,甚而也有一些带叹息的幸福。"[①]不能否认,悲观者也有他自己的幸福观,雕塑家米开朗琪罗在一首诗中甚至写道:"一生下来便死去,是最幸福的人。"看来,对人生的幸福问题几乎很难给定一个彼此能形成共识的答案。

我们把幸福理解为对审美人格的追求与实现,无非是想强调,只有追求和创造的人生才可能是因充实而美,因满足而感到幸福的。所以,人的生命不是"生"和"命"的拼凑,而是高于生命本身的东西,是人的整个生命活动,也就是人的追求真、善、美的生活意义。歌德曾经谈到,能够满足人的关于生活意义的东西,不是占有,不是权利,也不是感觉上的满足,如果人们停留在所有这些东西上,就脱离了自身的整体性,因而不会是幸福的。在歌德看来,只有事业上的主动,才能使人认识到生活的意义,而当他这样享受他的生活时,他便充满了存在感,他是充实丰富的。歌德的晚年,正值收获的黄金季节,满载着成就与荣誉,然而,他总结自己的一生时却说:"我这一生基本上只是辛苦工作。我可以说,我活了七十五岁,没有哪一个月过的是真正的舒服生活。就好象推一块石头上山,石头不停地滚下来又推上去。"[②]歌德从毕生辛勤创建的事业中,赢得了自身存在的充实丰富的幸福感。"一朝开始便永远能够将事业继续下去的人是幸福的。"[③]这是俄国作家赫尔岑对幸福的理解。因为,当个体投身于人类的进步事业时,他不仅能体验到生活的充实感,而且能超越现时、超越自我,使生命获得一种连续感和延伸感。这就是中国古代哲人所谓的不朽人生。所以,英国哲学家罗素这样说:科学家献身于超越他个人之力的巨大事业,

① 陈根法,吴仁杰:《幸福论》,上海人民出版社 1988 年版,第 3 页。

② 爱克曼:《歌德谈话录》,人民文学出版社 1978 年版,第 20 页。

③ 陈根法,吴仁杰:《幸福论》,上海人民出版社 1988 年版,第 218 页。

这个事业在他身后还要继续下去……他在这共同事业中超越了自己生命的短暂,使自己的生命获得了永恒的性质,就算他的肉体死亡了,他的生命的一部分以研究成果的形式还存留在这个世界上,还能继续为人类服务,这是至高无上的幸福。因为,人的生命在这个事业中得到了拓展。

人的生命的延长和幸福的恒久,不限于表现在科学或艺术的创造领域。瞿秋白有这样一段话:“生命只有一次,对于谁都是宝贵的。但是,假使他的生命溶化在大众的里面,假使他天天在为这世界干些什么,那末,他总在生长,虽然衰老病死仍旧是逃避不了,然而他的事业——大众的事业是不死的,他会领略到‘永久的青年’。”①所以,以事业的创造作为生命的人,必将在事业的延续中获得生命的常青。而这就是幸福。1955 年春天,在人们为爱因斯坦逝世举行的葬礼上,死者生前的一位朋友朗诵了当年歌德悼念席勒的诗句:“我们全都获益不浅,/全世界都感谢他的教诲;/那专属他个人的东西,/早已传遍广大人群。/他像行将陨灭的彗星,光华四射,/把无限的光芒同他的光芒永相连结。”无疑,这种人格是最美的,这种生命是最幸福的。所以,我们试图以自己的论证来表明,一个因创造精神而使自我拥有审美人格境界的人生,就是最幸福的人生,这也可以说是我们在本书中最后得出的一个基本结论。

---

① 《瞿秋白文集》第 1 卷,人民出版社 1953 年版,第 441 页。

结束语

三十多年前,我们还是青春激扬的年轻人,从大学校园里走出不久,我们渴望在改革开放的洪流中,可以最终实现四个现代化、民族复兴和个人生活的美好理想。虽然我们不过是中国教育事业的一个从业者,但是我们认为,自己从事的职业有重要的价值,我们可以在这个工作中实现自我以及帮助他人实现自我。

改革开放以来,我们国家在经济、政治、文化等各方面都取得了巨大的历史性跨越,中华民族复兴的“中国梦”蓝图已经变得日益清晰完整。虽然前途光明,但道路依然曲折。反观一下改革开放以来当代中国人的现状,我们必须承认,国人在自我人格塑造中正处于一种不尽如人意的窘境中。这个窘境用理论界一个出现频率很高的概念来表述,那就是,人的全面发展与社会经济进步的“二律背反”现象:一方面是社会主义市场经济、商品竞争促使自我人格从传统的虚幻的“圣人”人格中觉醒、进取、开拓,自主人格意识萌生,这意味着我们自我人格追求中进步的趋势;但另一方面,市场经济的功利原则又不可避免地诱发一部分人人格意识中自私、利己之欲望的膨胀,即出现如英国学者汤因比分析的“魔性欲望”的恶性膨胀,一切向钱看和坑、蒙、拐、骗等丑恶现象的某种程度上的盛行,甚至共和国成立后一些已近绝迹的丑恶现象的沉渣泛起,无一不表明着,我们在自我人格追求方面存在的一些问题甚至已达到触目惊心的程度。

所以时至今日,谁也不会否认,市场经济所激发的人与人之间因利己目的而相互竞争与自我人格完善的冲突已是市民社会领域的一个不可忽视的事实。因此,问题便可被归结为,当代中国人如何应对市场经济的利己目的与人的自由全面发展指引下的自我人格完善之间愈演愈烈的冲突,从而有效地实现理想人格境界的追求。或者借用流行的说法,这个问题也可归结为,当代中国人如何摆脱成为单一的"经济人",而使自己同时也是"觉悟人"、"道德人"和"自由人"。透过时下功利主义(或称现实主义)和理想主义见仁见智的争论,我们认为,在本书结束时对这个问题做如下三方面的总结和归纳也许是有意义的。

一、借鉴语义分析的方法,增强认识自我、实现自我理想人格的能力

语义分析方法曾是西方哲学中一项比较重要的分析方法。这种方法固然有过度注重价值判断上的语言分析和逻辑形式等片面性,但这一方法本身的积极意义在于,它借助语言分析和逻辑演绎对一些基本概念进行条分缕析,从相对客观的角度审视诸如人格、自我、善等概念的具体所指及其有效范围。这正好可以为我们在认识自我、实现自我人格的过程中首先清除语义上的障碍,也避免一些价值误区。

在当代中国人的价值观念与意识中,人性自私这个问题成为困扰人们自我实现和重塑完美人格的最大障碍和疑虑。但是,正如罗素指出的那样,自私这一概念本身就是含糊的。因此,若要讨论人性自私,首先就要弄懂自私到底指的是什么。正如我们在本书中已论述过的那样,在不同意义和条件下使用"自私",它的含义和具体所指就会有很大的不同,人们借此对自私的评价也会出现极大的差异。若从自然

本能而言,自私通常是指人的求生欲望和趋利避害的动物式生存特性。这可以说是人格的一种自然的、客观的存在方式。如果不加分析地指责这个意义上的自私心理,那么,的确正如爱尔维修所抱怨的那样:“对人的自私心引起的后果发脾气,这意味着抱怨春天的狂风、夏日的炎烈、秋天的阴雨和冬天的严寒。”这里的自私正如自然环境的客观变化一样,不能为人所左右,从而抽离了人的意志自由,那还哪有什么人格可言呢?如果从人的生存和发展需要的满足上来理解“自私”,那么,这种自私通常与人的物质需要和为满足这种物质需要而进行的生活资料的生产与再生产相关。这个自私同样没有摆脱人的生物性特征,只是它拓展到人的需要得以满足的社会形式和社会内容上面。英国社会生物学家正是从这个意义上提出了他的“自私的基因”的观点。这种观点透露出,自私的人性并没有什么人的主体性和创造性可言,它同样服从外在自然和社会规律的制约。只有从人与人之间的社会关系角度,从道德伦理的视角看待“自私”问题,我们才能看到“自私”的本质。自私作为一种伦理态度和价值原则,亦可称之为“利己主义”或“唯我主义”。“这种自私的追求有两个最基本的特征:一是以自我为中心,谋取和扩展个人私利,漠视或逃避对他人和社会所应履行的责任和义务;二是以自我为目的,把别人作为手段。……从这样一个意义上来理解自私,那么由于它和人的社会本质相悖,从而才是我们的伦理学理论必须批判和摈弃的。”①

显然,如果我们不区分“自私”的不同含义,便任意对自私做出某种价值评价,只会将问题复杂化,也得不出什么有意义的结论来。其实,在自我人格追求中,不仅需要具体分析“自私”的语义含义,正如我

---

① 孙慧玲,应杭:《批判·困惑·重建——当代大学生道德意识论》,《浙江大学学报(社会科学版)》1994年第4期。

们在本书中已展开论述的那样，在其他的诸如“利己”、“自爱”、“个人主义”、“集体主义”等范畴，同样也存在一个语义分析的问题。

我们理解，这或许是现时代增强当代中国人价值判断、重建自我人格理想的一个重要的逻辑前提。

二、在人的自由全面发展中寻求理想人格的善恶标准

现如今，学术界对自我人格价值追求过程中的善恶评价标准有诸多看法，其中最有代表性的观点认为：“善”的即为利他主义的行为，而“恶”的即为利己主义的行为。但这个标准必然会遇到如下不可解决的困难，这就是，事物推动历史进步的客观作用与其价值评价之间往往产生诸多不一致的地方。这正如恩格斯谈及资本主义社会的发展时所指出的那样：“卑劣的贪欲是文明时代从它存在的第一日起直至今日的动力。”[①]显然，“卑劣的贪欲”正是市场经济得以飞速发展、生产力极大提高的原动力，它标志着价值观上个人主义和利己主义的“恶”。这一典型正好反映了历史进步与其价值评价相背离的事实。在当前市场经济条件下，我们也面临着这一问题。如果不加以正视和彻底解决，不对个人主义和利己主义的历史作用及其先天局限性有一个清晰的认识，我们的社会道德重建、价值观建构都会面临从现实市民社会而来的巨大阻力。恩格斯也早就指出，解决这一问题，必须转换一个视角，不是以是否促进社会进步作为价值观上善恶的标准，而是从是否促进人的全面发展这一全新的共产主义理想出发来寻找评价标准。

我们认为，要在价值观上做出正确的善恶评价以及确定真正的道德标准，必须将其与人类自身的生存发展状况联系在一起。我们知

① 《马克思恩格斯选集》第4卷，人民出版社1972年版，第173页。

道，自由全面发展是每个人的理想目标，不论个人在自己的人格塑造和社会实践中是否意识到了这一点。将人对自我自由全面发展的需要上升为一种道德标准，也就超越了对人性、人的本质、理想人格等的片面理解，从而也就真正解决了上述客观历史进步与其价值评价之间的矛盾问题。虽然事物发展可以带来客观的历史进步，但它是以牺牲人的尊严，牺牲人的自由为代价的，这种发展必定是“非正义”的，在道德评价上是被否定的。

因此，我们几乎可以说，只有将人的自由全面发展作为道德评价的根本标准，才能正视市场经济的客观历史作用及其所造成的对人的异化的“恶”的结果。我们当前在社会主义市场经济体制之下，注重全面发展、综合协调、以人为本，从而实现社会经济、文化等可持续发展，正是看到了，这一冲突需要以全新的道德标准加以理解和纠正。

历史与现实的考察也表明，商品经济与道德是有冲突的。马克思在分析资本主义的商品经济时曾这样指出过：“在它已经取得了统治的地方把一切封建的、宗法的和田园诗般的关系都破坏了……它使人和人之间除了赤裸裸的利害关系，除了冷酷无情的‘现金交易’，就再也没有任何别的联系了。”①虽然，我们正从事的商品经济活动与资本主义的原始积累过程中的商品经济有本质的不同，但是我们依然能感受到商品经济的某些共性。所以，我们可以发现，就商品经济活动的现实来看，现状的确是令人忧虑的：不仅是坑蒙拐骗行为屡禁不止，不仅是“全民皆商”的价值取向使人几乎沦为锱铢必较的“经济人”，也不仅是昔日“为人民服务”的营销信念堕落为“为人民币服务”的巧取豪夺，更令人不安的还在于，等价交换的商业行为正被演绎成各色人等的一种基本的人生信条和为人处世的生活方式。

① 《马克思恩格斯选集》第1卷，人民出版社1972年版，第253页。

即便如此,我们也依然反对对当今中国的现状做一简单的恶的评价。因为这是当今中国在谋取社会进步,从而也是价值观进步所必然付出的某种代价,是我们实现人的自由全面发展这一最大的善的目标的过程中所必须承受的。

我们理解,这是市场经济条件下,我们讨论人格境界的现实出发点。

三、超越“个人本位”和“社会本位”的两极对立,确立真正集体主义的价值原则

个人与社会的关系问题无疑是我们得以在这个世界上安身立命所需要正确处理的一对基本关系。从人的社会关系存在而言,我们都是处于个人与社会的辩证统一之中。这个辩证统一意味着个人与个人、个人与集体、个人与社会、个人与人类的矛盾的真正解决。关于这一点,马克思曾这样充满憧憬地写道,假定我们作为人进行生产,我们每个人便在自己的生产过程中双重地肯定了自己和另一个人:第一,当你享受我的产品时,我意识到,自己创造了与另一个人的本质的需要相符合的物品;第二,对你来说,我是你与类的中介人,你意识到,我是你的本质的补充;第三,对我来说,你是我与类的中介人,通过创造你的生命表现,我也证实和实现了我的人的本质、社会的本质。①

显然,这是个人与集体、社会、人类的矛盾的解决。一方面,集体因为是自由人的联合体,因而不再是虚幻的集体,而成为真实的集体;社会不再是与单个人相对立的抽象物;人类不再四分五裂,而成为自由人融汇在一起的大家庭。另一方面,个人不再是原子式的、偶然的、自私自利的个体,他成为集体、社会、人类的有机组成部分;他是独立

① 参见《马克思恩格斯全集》第42卷,人民出版社1979年版,第37页。

的自由的个体,但同时他又把促进全人类的发展当成自己的本性、需要和内在冲动。所以,马克思深刻指出:“共产主义者既不拿利己主义来反对自我牺牲,也不拿自我牺牲来反对利己主义……无论利己主义还是自我牺牲,都是一定条件下个人自我实现的一种必要形式。”[①]在共产主义社会中,“个人关于个人间的联系的意识也将完全是另外一回事,因此,它既不会是‘爱的原则’,或 devotement(自我牺牲精神),也不会是利己主义。”因此,在处理个人与社会的关系问题上,我们在承认个人有追求自我正当利益的基本权利的同时,还要积极反对个人本位主义的价值原则。无论在当前市场经济条件下,人们对个人主义、利己主义有多么崇奉,它对个人价值和社会地位的肯定有多么坚决,我们都需要时刻保持警惕。因为一方面,它本身所包含的对个人自由全面发展的社会空间的剥夺,使人只是成为了孤立的、原子化的存在,使人与人之间的关系表现为物与物之间的关系。这些反而不利于人走向全面发展。另一方面,社会意识领域对“社会本位主义”思想的批判还是不够,个人运用其理性思维和自由意志反对社会对个人的侵扰,还是缺乏应有的警觉。因此,按照人的自由全面发展这一道德标准,不论个人本位主义,还是社会本位主义,都是我们应该反对的。

在扬弃了个人本位主义和社会本位主义的误区之后,当代中国人需要确立独特的“社会我”的理想人格范式,以真正的集体主义原则引导个人与社会重新走向统一。从权利与义务的相互关系来看,这种真正的集体主义原则正是要求:一方面,个人有义务按照集体的规则行事,要维护集体的利益,为整体发展贡献自己的力量;另一方面,集体也要为个人实现自身的正当权利创造社会空间,为个人实现自身的全面发展、塑造自我理想人格提供一切社会条件。我们认为,在改革开

① 《马克思恩格斯全集》第 3 卷,人民出版社 1960 年版,第 275 页。

放深入发展和社会主义市场竞争愈趋激烈的今天,倡导这样一种真正的集体主义原则对于当代中国人的自我人格的实现和真、善、美人格境界的追求,尤其具有理论和方法的意义。因为在我们的理解看来,这是我们理想人格追求在当今这一发展过程中最切合实际的一种价值选择和道德目标。

可以肯定,处于转型时期的我们,在自我人格境界追求中出现自我肯定和自我张扬的倾向是必然的。但正如人们已看到的那样,这种自我肯定和自我张扬似乎只是物质性的。竞争、物质利益、商品经济,几乎使中国人陷于物的追逐而无暇旁顾。这当然是中国历史进步的必然。但是,在物的追求中,我们却见到了一系列令人为之不安的情形:人们不再崇尚利他主义和献身精神;不再关注自我善良、同情、博爱的优美人性的塑造;不再相信正义、气节和勇敢;在工作中更多地计较实惠、报酬;在爱情追求中更多地注目于肉体与性的相互取悦;在对社会和他人的相处中唯我主义不可思议地膨胀;等等。正如许多有识之士指出的那样,在当代中国人的自我人格追求中,由于物的追逐,正滋长着极为可怕的冷漠。“当利益成为唯一的价值,很多人把信仰、理想、道德都当成交易的筹码,我很担心,‘怀疑’会不会成为我们时代否定一切、解构一切的‘粉碎机’? 我们会不会因为心灰意冷而随波逐流,变成钱理群先生所言‘精致利己主义’,世故老到,善于表演,懂得配合?”①

我们以为,要走出这种不幸和悲哀的困境,首先就必须摆脱物的羁绊。我们知道,物毕竟不构成人生的全部,甚至也不构成人生最主要的部分。人作为人的存在,还应有更高的内涵。这个内涵便是真、

① 卢新宁:我唯一的害怕——在北大中文系毕业典礼上的致辞。http://blog.ifeng.com/article/33274878.html。

善、美的理想人格实践追求。雨果说，“人有了物质才能生存，人有了理想才谈得上生活”，其基本的含义或许亦正在于此。

诗人舒婷在一首诗中曾这样写道：“也许/由于不可抗拒的召唤/我们没有其他选择。”①顺应时代的召唤，我想我们必须拥有一份对理想人格境界追求的执着。这既是对现时代“物欲人格”的超越，又是为迎接新时代而重建人文精神的一种理性抉择。这，可以说也是本书的一个最终的结论。

① 舒婷：《舒婷诗文自选集》，漓江出版社 1997 年版，第 44 页。

参考文献

[1]陶渊明. 陶渊明集[M]. 北京:中华书局,1979.

[2]朱熹. 四书集注[M]. 长沙:岳麓书社,1987.

[3]张岱年. 中国哲学大纲[M]. 北京:中国社会科学出版社,1982.

[4]陈根法,吴仁杰. 幸福论[M]. 上海:上海人民出版社,1988.

[5]邱琳枝. 人生哲学教程[M]. 福州:福建人民出版社,1986.

[6]许良英,赵中立,张宣三. 爱因斯坦文集:第三卷[M]. 北京:商务印书馆,1979.

[7]北京大学哲学系外国哲学史教研室. 十八世纪法国哲学[M]. 北京:商务印书馆,1963.

[8]路德维希·费尔巴哈. 费尔巴哈哲学著作选集:上卷[M]. 荣震华,李金山,等,译. 北京:商务印书馆,1984.

[9]路德维希·费尔巴哈. 费尔巴哈哲学著作选集:下卷[M]. 荣震华,王太庆,刘磊,译. 北京:商务印书馆,1984.

[10]陆一帆. 人的美学[M]. 广州:中山大学出版社,1986.

[11]高瑞泉,袁振国. 人格论[M]. 上海:上海文化出版社,1989.

[12]曲炜. 人格之谜[M]. 北京:中国人民大学出版社,1991.

[13]龚群. 人生论[M]. 北京:中国人民大学出版社,1991.

[14]宋惠昌. 道德修养讲话[M]. 北京:求实出版社,1984.

[15]刘再复. 性格组合论[M]. 上海:上海文艺出版社,1986.

[16]左盈,建新.灿烂人生语[M].北京:中国旅游出版社,1993.
[17]李翔德.美的哲学[M].太原:山西人民出版社,1982.
[18]周辅成.西方伦理学名著选辑:上卷[M].北京:商务印书馆,1964.
[19]《世界文学》编辑部.外国优秀散文选[M].天津:百花文艺出版社,1984.
[20]爱克曼.歌德谈话录[M].朱光潜,译.北京:人民文学出版社,1978.
[21]北京大学哲学系美学教研室.西方美学家论美和美感[M].北京:商务印书馆,1980.
[22]黑格尔.精神现象学:上卷[M].贺麟,王玖兴,译.北京:商务印书馆,1983.
[23]季塔连科.马克思主义伦理学[M].黄其才,等,译.北京:中国人民大学出版社,1984.
[24]阿纳托利·费季.美的启迪[M].张婕,文沛,亦舟,译.北京:社会科学文献出版社,1986.
[25]苏霍姆林斯基.教育的艺术[M].肖勇,译.长沙:湖南教育出版社,1983.
[26]基·瓦西列夫.情爱论[M].赵永穆,范国恩,陈行慧,译.北京:三联书店,1984.
[27]拉罗什福科.道德箴言录[M].何怀宏,译.北京:三联书店,1987.
[28]今道友信.关于爱[M].徐培,王洪波,译.北京:三联书店,1987.
[29]今道友信.关于美[M].鲍显阳,王永丽,译.哈尔滨:黑龙江人民出版社,1983.
[30]三木清.人生探幽[M].张勤,张静萱,译.上海:上海文化出版社,1987.

[31]乔治·桑塔耶纳. 美感[M]. 缪灵珠,译. 北京:中国社会科学出版社,1982.
[32]罗素. 西方哲学史(上、下卷)[M]. 北京:商务印书馆,1982.
[33]L. J. 宾克莱. 理想的冲突——西方社会中变化着的价值观念[M]. 马元德,等,译. 北京:商务印书馆,1983.
[34]恩斯特·布洛赫. 希望的原理:第一卷[M]. 梦海,译. 上海:上海译文出版社,2012.
[35]韦恩·W·戴埃. 你的误区[M]. 崔京瑞,王南,译. 北京:工人出版社,1986.
[36]卢梭. 爱弥儿:下卷[M]. 李平沤,译. 北京:商务印书馆,1978.
[37]休谟. 人性论[M]. 关文运,译. 北京:商务印书馆,1980.
[38]北京大学哲学系外国哲学史教研室. 西方哲学原著选读:上卷[M]. 北京:商务印书馆,1981.
[39]北京大学哲学系外国哲学史教研室. 古希腊罗马哲学[M]. 北京:商务印书馆,1982.
[40]拉法格. 财产及其起源[M]. 王子野,译. 北京:三联书店,1962.
[41]让-保尔·萨特. 存在与虚无[M]. 陈宣良,等,译. 北京:三联书店,1987.
[42]康德. 道德形上学探本[M]. 唐钺重,译. 北京:商务印书馆,1957.
[43]黑格尔. 法哲学原理[M]. 范扬,张启泰,译. 北京:商务印书馆,1961.
[44]契尔那葛卓娃,契尔那葛卓夫. 教师道德[M]. 严缘华,盛宗范,译. 上海:华东师范大学出版社,1982.
[45]罗素. 为什么我不是基督教徒[M]. 沈海康,译. 北京:商务印书馆,1982.
[46]蔡特金. 列宁印象记[M]. 马清槐,译. 北京:三联书店,1979.

[47]黑格尔. 美学:第二卷[M]. 朱光潜,译. 北京:商务印书馆,1979.
[48]弗兰西斯·培根. 培根论人生[M]. 何新,译. 上海:上海人民出版社,1983.
[49]赵鑫珊. 科学·艺术·哲学断想[M]. 北京:三联书店,1985.
[50]尼采. 快乐的科学[M]. 余鸿荣,译. 北京:中国和平出版社,1986.
[51]刘少奇. 论共产党员的修养[M]. 武汉:湖北人民出版社,1980.
[52]奥古斯丁. 忏悔录[M]. 周士良,译. 北京:商务印书馆,1981.
[53]郑扬眉. 再塑一个你——个性心理探幽[M]. 济南:山东人民出版社,1987.
[54]叔本华. 爱与生的苦恼[M]. 陈晓南,译. 北京:中国和平出版社,1986.
[55]尼采. 瞧! 这个人——尼采自传[M]. 刘崎,译. 北京:中国和平出版社,1986.
[56]弗里德里希·席勒. 审美教育书简[M]. 冯至,范大灿,译. 北京:北京大学出版社,1985.
[57]马克思,恩格斯. 马克思恩格斯论艺术:第四卷[M]. 北京:中国社会科学出版社,1985.
[58]邵洵美. 幽默解[M]. 上海:时代图书公司,1936.
[59]罗丹. 罗丹艺术论[M]. 沈琪,译. 北京:人民美术出版社,1978.
[60]普列汉诺夫哲学著作选集:第一卷[M]. 北京:三联书店,1962.
[61]朱谦之. 老子校释[M]. 北京:中华书局,1984.
[62]海伦·杜卡斯,巴纳希·霍夫曼. 爱因斯坦谈人生[M]. 高志凯,译. 北京:世界知识出版社,1984.
[63]叔本华. 作为意志和表象的世界[M]. 石冲白,译. 北京:商务印书馆,1982.
[64]瞿秋白文集编辑委员会. 瞿秋白文集:第一卷[M]. 北京:人民文

学出版社,1953.

后　记

从事高校公共课教育以来，我深深感觉到，在这个“教书育人”的过程中，自己不但是一个教育者，同时也是一个被教育者。我们的备课教案内容，不仅仅是教材书本，更多的是来自活生生的历史、人物和周围的社会生活实践。有些时候，在对我们身边的不如意、不道德、不健康、不正常的现状进行批评与反思之余，我常常还充满着对这个时代的感激之情。因为正是这个复杂、纷纭变化的时代令我们有了“指点江山，激扬文字”的义务与责任。虽然渴望过“岁月静好”的生活，但生活还警示了我们，“静好”的感受更来自于对理想人格的不懈怠、不动摇地执着追求，来自于灵魂的安宁。因此，生活中的努力还是我们不断地、自觉或不自觉地增强和增加个人的教养、修养、学养与涵养的过程，同时也是把自己的体会与收获不断地通过我们的教学与生活实践分享和传达给我们的学生的过程。也因此，无论是凡俗的日常生活，还是繁忙的教学工作，对人格境界的探寻与追求都成为我们人生最重要的内容与目标。

本书实现并彰显了这一目的。在此，感谢黑龙江大学马克思主义学院院长隽鸿飞，院长助理文记东老师；感谢黑龙江大学出版社副总编刘剑刚，责任编辑杨琳琳女士。因为没有他们的支持和帮助，就没有本书最终的出版。

孙慧玲